本书由以下项目资助

国家自然科学基金重大研究计划"黑河流域生态-水文过程集成研究"重点项目
"荒漠植物大气水汽利用机制及适应机理研究"（91125025）

"十三五"国家重点出版物出版规划项目

黑河流域生态-水文过程集成研究

荒漠植物大气水汽吸收利用

李 双 肖洪浪 王小华 杨 秋 张慧文 王 芳 著

科学出版社 龙门书局

北 京

内 容 简 介

本书以中国西北典型荒漠植物为研究对象，应用植物生理生态学、生态水文学、气象学、同位素和荧光示踪技术等多学科的理论与方法，了解不同荒漠植物大气水汽吸收现象，探讨非饱和大气湿度条件下植物大气水汽吸收的边界条件，分析水汽由叶到茎（不同茎级）再到根的传输过程与利用量，建立水汽吸收量估算模型，进而估算生长季植物大气水汽利用量；通过荧光示踪、气-植-土系统水势监测分析，揭示不同荒漠植物水汽吸收部位，探索植物吸收水汽的分子生物学响应机制以及水势动力学机制；基于植物水分、水势、氧化系统酶、气体交换和叶绿素荧光参数的分析，认知非饱和大气湿度条件下水汽利用对荒漠植物生长的生理生化意义。

本书可供从事生态水文学、植物生理生态学、分子生物学、地理学、资源保护和环境科学等专业相关领域研究的科技人员及高等院校相关专业师生参考使用。

图书在版编目（CIP）数据

荒漠植物大气水汽吸收利用/李双等著. —北京：龙门书局，2021.6
（黑河流域生态-水文过程集成研究）

"十三五"国家重点出版物出版规划项目　国家出版基金项目

ISBN 978-7-5088-5904-0

Ⅰ.①荒… Ⅱ.①李… Ⅲ.①黑河-流域-荒漠-植物-水汽-吸收-研究②黑河-流域-荒漠-植物-水汽-利用-研究　Ⅳ.①Q948.112

中国版本图书馆 CIP 数据核字（2021）第 038873 号

责任编辑：李晓娟　王勤勤/责任校对：樊雅琼
责任印制：肖　兴/封面设计：黄华斌

科学出版社　龙門書局　出版
北京东黄城根北街 16 号
邮政编码：100717
http://www.sciencep.com

中国科学院印刷厂 印刷
科学出版社发行　各地新华书店经销

*

2021 年 6 月第 一 版　开本：787×1092　1/16
2021 年 6 月第一次印刷　印张：14 3/4　插页：2
字数：350 000

定价：188.00 元
（如有印装质量问题，我社负责调换）

《黑河流域生态-水文过程集成研究》编委会

主　编　程国栋

副主编　傅伯杰　宋长青　肖洪浪　李秀彬

编　委（按姓氏笔画排序）

于静洁　王　建　王　毅　王忠静

王彦辉　邓祥征　延晓冬　刘世荣

刘俊国　安黎哲　苏培玺　李　双

李　新　李小雁　杨大文　杨文娟

肖生春　肖笃宁　吴炳方　冷疏影

张大伟　张甘霖　张廷军　周成虎

郑　一　郑元润　郑春苗　胡晓农

柳钦火　贺缠生　贾　立　夏　军

柴育成　徐宗学　康绍忠　尉永平

颉耀文　蒋晓辉　谢正辉　熊　喆

《荒漠植物大气水汽吸收利用》撰写委员会

主 笔　李　双　肖洪浪

成 员　王小华　杨　秋　张慧文　王　芳

总　　序

　　20世纪后半叶以来，陆地表层系统研究成为地球系统中重要的研究领域。流域是自然界的基本单元，又具有陆地表层系统所有的复杂性，是适合开展陆地表层地球系统科学实践的绝佳单元，流域科学是流域尺度上的地球系统科学。流域内，水是主线。水资源短缺所引发的生产、生活和生态等问题引起国际社会的高度重视；与此同时，以流域为研究对象的流域科学也日益受到关注，研究的重点逐渐转向以流域为单元的生态-水文过程集成研究。

　　我国的内陆河流域占全国陆地面积1/3，集中分布在西北干旱区。水资源短缺、生态环境恶化问题日益严峻，引起政府和学术界的极大关注。十几年来，国家先后投入巨资进行生态环境治理，缓解经济社会发展的水资源需求与生态环境保护间日益激化的矛盾。水资源是联系经济发展和生态环境建设的纽带，理解水资源问题是解决水与生态之间矛盾的核心。面对区域发展对科学的需求和学科自身发展的需要，开展内陆河流域生态-水文过程集成研究，旨在从水-生态-经济的角度为管好水、用好水提供科学依据。

　　国家自然科学基金重大研究计划，是为了利于集成不同学科背景、不同学术思想和不同层次的项目，形成具有统一目标的项目群，给予相对长期的资助；重大研究计划坚持在顶层设计下自由申请，针对核心科学问题，以提高我国基础研究在具有重要科学意义的研究方向上的自主创新、源头创新能力。流域生态-水文过程集成研究面临认识复杂系统、实现尺度转换和模拟人-自然系统协同演进等困难，这些困难的核心是方法论的困难。为了解决这些困难，更好地理解和预测流域复杂系统的行为，同时服务于流域可持续发展，国家自然科学基金2010年度重大研究计划"黑河流域生态-水文过程集成研究"（以下简称黑河计划）启动，执行期为2011~2018年。

　　该重大研究计划以我国黑河流域为典型研究区，从系统论思维角度出发，探讨我国干旱区内陆河流域生态-水-经济的相互联系。通过黑河计划集成研究，建立我国内陆河流域科学观测-试验、数据-模拟研究平台，认识内陆河流域生态系统与水文系统相互作用的过程和机理，提高内陆河流域水-生态-经济系统演变的综合分析与预测预报能力，为国家内陆河流域水安全、生态安全以及经济的可持续发展提供基础理论和科技支撑，形成干旱区内陆河流域研究的方法、技术体系，使我国流域生态水文研究进入国际先进行列。

　　为实现上述科学目标，黑河计划集中多学科的队伍和研究手段，建立了联结观测、试验、模拟、情景分析以及决策支持等科学研究各个环节的"以水为中心的过程模拟集成研究平台"。该平台以流域为单元，以生态-水文过程的分布式模拟为核心，重视生态、大气、水文及人文等过程特征尺度的数据转换和同化以及不确定性问题的处理。按模型驱动数据集、参数数据集及验证数据集建设的要求，布设野外地面观测和遥感观测，开展典型流域的地空同步实验。依托该平台，围绕以下四个方面的核心科学问题开展交叉研究：①干旱环境下植物水分利用效率及其对水分胁迫的适应机制；②地表-地下水相互作用机理及其生态水文效应；③不同尺度生态-水文过程机理与尺度转换方法；④气候变化和人类活动影响下流域生态-水文过程的响应机制。

黑河计划强化顶层设计，突出集成特点；在充分发挥指导专家组作用的基础上特邀项目跟踪专家，实施过程管理；建立数据平台，推动数据共享；对有创新苗头的项目和关键项目给予延续资助，培养新的生长点；重视学术交流，开展"国际集成"。完成的项目，涵盖了地球科学的地理学、地质学、地球化学、大气科学以及生命科学的植物学、生态学、微生物学、分子生物学等学科与研究领域，充分体现了重大研究计划多学科、交叉与融合的协同攻关特色。

经过连续八年的攻关，黑河计划在生态水文观测科学数据、流域生态-水文过程耦合机理、地表水-地下水耦合模型、植物对水分胁迫的适应机制、绿洲系统的水资源利用效率、荒漠植被的生态需水及气候变化和人类活动对水资源演变的影响机制等方面，都取得了突破性的进展，正在搭起整体和还原方法之间的桥梁，构建起一个兼顾硬集成和软集成，既考虑自然系统又考虑人文系统，并在实践上可操作的研究方法体系，同时产出了一批国际瞩目的研究成果，在国际同行中产生了较大的影响。

该系列丛书就是在这些成果的基础上，进一步集成、凝练、提升形成的。

作为地学领域中第一个内陆河方面的国家自然科学基金重大研究计划，黑河计划不仅培育了一支致力于中国内陆河流域环境和生态科学研究队伍，取得了丰硕的科研成果，也探索出了与这一新型科研组织形式相适应的管理模式。这要感谢黑河计划各项目组、科学指导与评估专家组及为此付出辛勤劳动的管理团队。在此，谨向他们表示诚挚的谢意！

2018 年 9 月

前　　言

　　我国西北干旱区面积辽阔，因位于中纬度亚欧大陆腹地，远离海洋，海洋湿润气流被山岭阻隔而难以深入，加之受夏季风影响较少，气候干燥，降水量少，湿润程度低，植被类型以荒漠植物为主，主要由旱生或超旱生半乔木、灌木、半灌木及旱生草本植物组成。干旱区生态系统非常脆弱，是气候与环境变化区域响应的敏感区。

　　干旱区的生态环境直接影响着人们的生产生活，而随着社会经济的发展、人口的增长，人类活动加剧了干旱区生态环境的脆弱性。为了保护脆弱的生态环境，自20世纪90年代开始，西北地区实施了退耕还林、天然林保护、生态重建等修复工程。在干旱区生态环境建设过程中，应充分考虑区域水资源承载力，遵循植物的需水与耗水规律。水是植物体的重要结构组成部分，对植物生命活动的正常进行起着决定性作用。植被生态系统的维系主要依靠降水、地表水和地下水等水资源。植物体重要的生理活动与生化反应均有水的参与，因而水分的多寡与水文过程影响着植物分布格局、生命过程和形态特征。长期以来，干旱区植物水分关系及其对干旱胁迫的适应机制的研究是干旱区生态水文领域研究的热点与重点，明确干旱区主要优势植物种群的用水特性，可为干旱区植被种类的选择、合理布局、经营提供科学依据。

　　年降水量低于200 mm的干旱区包括新疆全部、青海柴达木盆地、甘肃河西走廊、宁夏北部以及内蒙古贺兰山以西地区，约占中国陆地面积的24.5%。在某些极端干旱区，年降水量仅为几毫米，如黑河下游额济纳旗气象站统计资料显示，额济纳旗多年（1957~1998年）平均降水量仅39 mm，荒漠植物尤其是地下水深埋地区的荒漠植物，显然不能只依赖极少量的降水来维持生存和繁衍，因此解读荒漠植物大气水汽利用方式、利用量和生理生态效应的研究成为荒漠生态水文研究领域的难题。水的存在形态包括固态、液态和气态。传统理论认为在土壤–植物–大气连续体（soil-plant-atmosphere continuum，SPAC）中，植物通过根系从土壤中吸取水分，向上输送到茎、叶，以保证植物生长。然而，早在1676年就有学者开始探索植物直接从大气中吸收水分的现象，此后研究者通过一系列实验相继证实了植物地上部分尤其是叶片具有直接从大气中获取水分的能力，并且叶片直接吸水是植物普遍具有的一项生理功能。目前，有关荒漠植物地上部分直接从大气中获取水分并吸收利用的研究鲜有报道，因此荒漠植物的相关研究更具有生态水文学、生态学的科学价值与意义。

　　本书以国家自然科学基金委员会"黑河流域生态–水文过程集成研究"重大研究计划中的重点项目"荒漠植物大气水汽利用机制及适应机理"为依托，综合运用同位素水文学、生理生态学、分子生物学的先进技术和方法，借助气象资料、小环境气象自动监测系统、叶面湿度传感器和水势仪监测环境水热变化；采用茎流仪实时监测荒漠植物茎干液流大小、方向及其时序变化；采用光合荧光测定系统监测植物的光合气体交换参数和叶绿素荧光参数；采用同位素示踪技术和荧光示踪技术辨析植物叶片吸水后的水分运移过程、吸收量以及吸水部位；采用生理生态学方法测定植物大气水汽利用的生理生态响应特征。通过以上精良的仪器设备和可靠的实验技术、成熟的研究方法的集成应用，根据野外调查、室内分析、相关领域学者研究资料和历史文献，课题组开展了荒漠植物大气水汽利用机制及适应机理研究，揭示了荒漠植物利用大气水汽的现象，估算了利用量，探讨了荒漠植物吸收利用大气水汽的生理生态学意义以及分子生物学响应机制与水势动力学机制，实现了非饱和大气湿度条件下荒漠植物大气水汽利用过程及其机制的基础科学创新。重点表现在以下四个方面：①认识了干旱区荒漠植物吸收和传输大气水汽的独特的水分利用方式；②明确了荒漠植物是否具备利用非饱和大气水汽的能力和限制，进入叶片的部位以及向下传输过程；③了解了荒漠植物大气水汽利用的特有生理、生态属性和功能；④初步提出了荒漠植物大气水汽利用定量估算方法，实现了生长季水汽利用量的估算。

  本书涉及的主要内容来自国家自然科学基金重点项目"荒漠植物大气水汽利用机制及适应机理"课题组各阶段的研究成果，是课题组成员团结协作和积极探索的结晶。第1章主要概述了植物对大气水汽、凝结水利用的策略与生理生态响应以及监测手段，由李双、杨秋、王小华撰写。第2章重点阐述了多个野外样地近几十年来的气温、降水变化特征及趋势，由李双撰写。第3章着重介绍了基于不同研究目标的实验方法，由肖洪浪、李双、王小华、张慧文撰写。第4章主要探讨了基于茎干液流、同位素和荧光示踪方法揭示的柽柳、白刺、霸王、梭梭等典型荒漠植物大气水汽吸收现象与边界条件，由李双、张慧文、杨秋、王小华撰写。第5章论述了景泰、李井滩、额济纳旗等不同样地多种荒漠植物的茎干液流的时序变化特征，对比分析了不同样地植物耗水特性，由李双撰写。第6章主要分析了基于茎干液流、同位素示踪方法监测的荒漠植物大气水汽吸收传输过程与利用量，由李双和张慧文撰写。第7章主要对生长季柽柳耗水与水汽利用总量进行了估算，由李双、王芳和杨秋撰写。第8章着重阐述了荒漠植物水汽吸收部位与利用机制，由王小华、李双撰写。第9章主要揭示了荒漠植物大气水汽吸收的生理生态意义——以柽柳为例，由李双撰写。第10章主要对各阶段研究工作中存在的不足及今后拟开展的方向进行了展望，由李双和张慧文撰写。全书由肖洪浪统稿。

  由于笔者水平有限，书中难免有疏漏之处，敬请各位同仁及广大读者批评指正。

作　者
2020年8月

目　　录

总序
前言

第1章　绪论 1
　1.1　研究背景 1
　1.2　大气水汽监测及其生态水文应用 2
　1.3　植物大气水汽吸收利用研究进展 4
　1.4　植物叶片水分吸收途径的研究 9
　1.5　荒漠植物对微降水和凝结水的利用研究 12

第2章　研究区生态环境特征 16
　2.1　景泰寺滩村样地生态环境特征 16
　2.2　李井滩样地生态环境特征 24
　2.3　荒漠生态系统区气候水热变化综合分析 31

第3章　实验系统与观测方法集成 41
　3.1　实验方法与监测项目 41
　3.2　土壤-植物-大气实验观测系统的集成 57

第4章　荒漠植物大气水汽吸收现象与边界条件 59
　4.1　荒漠植物大气水汽吸收现象实证 59
　4.2　荒漠植物大气水汽吸收的边界条件 95

第5章　不同样地荒漠植物耗水特性 100
　5.1　寺滩村样地柽柳耗水特性 100
　5.2　李井滩样地荒漠植物耗水特性 113

第6章　荒漠植物大气水汽吸收传输过程与利用量 121
　6.1　柽柳大气水汽吸收传输过程与利用量 121
　6.2　李井滩样地植物水汽吸收传输过程与利用量 132

第7章　生长季柽柳耗水与水汽利用总量估算 137
　7.1　生长季柽柳耗水特性 137

  7.2　降水事件对柽柳茎干液流的影响 ………………………………………… 150
  7.3　大气水汽同位素法估算植物水汽利用量 …………………………………… 161
第 8 章　荒漠植物水汽吸收部位与利用机制 ……………………………………………… 165
  8.1　不同荒漠植物水汽吸收部位及特征 …………………………………………… 165
  8.2　荒漠植物水汽吸收利用的细胞分子生物学响应机制 ………………………… 190
第 9 章　荒漠植物大气水汽吸收的生理生态意义——以柽柳为例 ………………………… 197
  9.1　水汽吸收对柽柳气体交换参数的影响 ………………………………………… 197
  9.2　水汽吸收对柽柳叶绿素荧光参数的影响 ……………………………………… 202
  9.3　水汽吸收对柽柳生化参数的影响 ……………………………………………… 204
第 10 章　研究展望 ………………………………………………………………………… 208
参考文献 …………………………………………………………………………………… 210
索引 ………………………………………………………………………………………… 224

第1章 绪 论

传统理论认为，在土壤-植物-大气连续体（soil-plant-atmosphere continuum，SPAC）中，植物通过根系从土壤中吸取水分，向上输送到茎、叶，以保证植物生长。然而，植物直接从大气中吸收水分的相关研究已经经过了两个世纪的不懈探索，许多学者实证了植物地上部分，尤其是叶片，具有直接吸收利用大气水汽、雾水、露水等水资源的能力，并可以将吸收的多余水分逆向传输到根部和根际土壤，称为"负蒸腾"。本章主要从大气水汽监测、植物大气水汽的吸收利用及其生理生态响应、植物叶片水分吸收途径、荒漠植物对微降水和凝结水的利用策略等方面的研究进展进行概述。

1.1 研究背景

西北干旱、半干旱区因位于中纬度亚欧大陆腹地，远离海洋，海洋湿润气流被山岭阻隔而难以深入，加之受夏季风影响较少，气候干燥，降水量少，湿润程度低。年降水量低于 200 mm 的干旱区包括新疆全部、青海柴达木盆地、甘肃河西走廊、宁夏北部以及内蒙古贺兰山以西地区，约占中国陆地面积的 24.5%（施雅风，1995；刘贤赵等，1995）。在某些极端干旱区，年降水量仅为几毫米，如额济纳旗气象站统计资料显示，额济纳旗多年（1957~1998年）平均降水量仅 39 mm，而潜在蒸发量高达 3534 mm（陈仁升等，2005），且 2008 年气象站仅记录了 8 mm 的降水。由于水资源匮乏、气候干旱、温差大、风沙多、土壤贫瘠且盐碱化严重，我国西北干旱、半干旱植被类型以荒漠植被为主，主要由旱生或超旱生半乔木、灌木、半灌木及旱生草本植物组成。

水是植物体的重要结构组成部分，对植物生命活动的正常进行起着决定性作用。水分的多寡与水文过程影响着植物分布格局、生命过程和形态特征。水分利用是荒漠生态系统研究的关键生态水文问题。中国西北干旱区水资源极度匮乏，水分胁迫（特指干旱胁迫）是目前影响荒漠植物生长与分布诸多环境因子中的关键因子。大气降水是植物利用的主要水源，然而在干旱荒漠区，大气降水极端稀少且又极不确定，以脉冲形式间断地输入使植物长期处于干旱胁迫之中，而对于植物更有意义的是频繁发生的相对稳定可靠的小量级降水或隐匿降水（又称凝结水，如雾水、露水和土壤吸附水等），其中叶片吸水是植物利用隐匿降水的重要机制。虽然隐匿降水量非常小，但是却对荒漠生态系统的维持和存续具有重要影响。

我国荒漠分布区大陆性气候极其显著，温差大、雨量极少、植被十分稀疏，土壤蒸发作用强烈，不利于雾水和露水的生成。在难以利用降水和隐匿降水的情况下，荒漠植物仍然能够生存，说明必然有其他的特殊水源，这个特殊水源可能就是通过叶片吸收的非饱和大气水汽。因为荒漠地区在白天日照强，温度高，空气湿度非常低，但是在凌晨和傍晚温度低，近地面空气湿度增大，虽然不能达到饱和，但是也能增加到相对较高的湿度（如80%左右）。这些非饱和的大气水汽对植物来说弥足珍贵，很可能就是荒漠植物在遭受干旱胁迫时维系生长的水源，其间的吸收利用机制值得深入研究。

水的存在形态包括固态、液态和气态。传统理论认为，在SPAC中，植物通过根系从土壤中吸取水分，向上输送到茎、叶，以保证植物生长。然而，目前已有众多学者通过一系列实验相继证实了植物地上部分，尤其是叶片具有直接从大气中获取水分的能力，并可以将吸收的多余水分逆向传输到根部和根际土壤（Breazeale et al., 1950; Hultine et al., 2004）。长期以来，干旱区植物水分关系及其对干旱胁迫的适应机制的研究是干旱区生态水文领域研究的热点与重点。目前，有研究指出某些植物可以通过叶片直接吸收饱和的大气水汽，但是荒漠植物地上部分直接从大气中获取水分并吸收利用的研究鲜有报道。本研究属于荒漠植物生态水文的未涉足领域，而正是荒漠植物的相关研究更具有生态水文学、生态学的科学价值与意义，研究结果可能给予荒漠植物的水分利用方式新的定义。

1.2　大气水汽监测及其生态水文应用

大气水汽是水循环过程中最为活跃的成分，是全球水循环的重要组成部分。21世纪以来，大气水汽的稳定同位素研究已与水循环、气候变化研究紧密结合，这些过程试图揭示全球范围内水循环过程以及气候变化的机理，使大气水汽的氢氧同位素成为土壤、植被、大气和海洋之间不同形式水分运动的最佳示踪剂，为研究水文和生物、生态过程提供最佳的技术支持。大气水汽的氢氧同位素特征是近年来研究水汽来源以及局地水循环的热点。大气水汽的稳定同位素组成对于揭示水循环的水汽来源以及水汽输送都具有十分重要的意义。

1.2.1　大气水汽的监测研究

Craig和Gordon在1965年首次进行了近地表海洋水汽的同位素组成的测定，随后近地表的大气水汽的同位素系统研究在欧美地区（Rasmusson, 1968; Gat et al., 2003）也相继展开。另外，大气水汽的同位素也应用于土壤-植物-大气的气体交换。例如，Bariac等（1987）分析了小麦作物农田土壤-植物-大气中水$\delta^{18}O$的时空变化，并构建了蒸发模型，分析空气动力学因子的影响；Brunel等（1992）也用此方法进行了稻田的蒸散发的估算。Wang等（2005）利用土壤、植物和大气中的水汽同位素对冠层尺度的气体交换进行了研究。

上述研究对大气水汽的同位素测定前提是在野外对大气水汽的收集。大气水汽的收集，大多数是利用冷阱法，然后带回实验室在质谱仪上分析大气水的稳定同位素。温学发（2007）总结了大气水汽样品的收集与分析工作的特点，即样品收集受到冷阱装置的设计、冷阱温度和空气湿度等一系列因素的影响。同时，样品分析时，其精度和准确性受样品收集效率与分析仪器精度的双重制约。其实，收集水汽样品的时间频率已经限制了水汽短时间尺度内的变化特征，这就限制了水汽在不同生态系统、植被与大气相互作用方面的研究，使其应用范围大大缩小。另外，研究植物气体交换时是基于同位素稳态假设，Dongmann等（1974）和Harwood（1998）发现Craig-Gordon模型的稳态假设只在中午蒸发最大时成立。水循环的五个过程——水汽蒸发、水汽输送、凝结降水、水分入渗以及地表和地下径流，其中针对后三个过程的研究已取得了丰硕的成果。但是由于水汽蒸发和水汽输送在野外的实时监测困难，野外实时研究较少。另外，有些水文学过程研究是以现场实时的高频数据测定为前提的，如流域水通量的计算，降水过程中水体的变化以及融雪的瞬时过程变化等，这些过程的精准估算一直以来都是困扰生态学与水文学发展的热点和难点。目前，如何在野外实时监测大气水汽以及液态水的稳定同位素特征，是生态学与水文学的前沿问题。

近年来，激光气体分析仪提供了便携式的连续测定功能（王竹青等，2009），实现了液态水和大气水汽的实时在线测定。Lee等（2005）首次利用激光气体分析仪进行了大气水汽$\delta^{18}O$的原位连续观测研究。大气水汽$\delta^{18}O$观测精度（小时尺度）与同位素质谱仪（Finnigan MAT253, Thermo Fisher Scientific Inc., USA）相比，也是可以保证的。随后，有关近地层高分辨率水汽的稳定同位素的时间序列的研究出现在海洋表面、对流层上部、森林生态系统、农田生态系统和城市生态系统。

国内关于大气水汽的研究主要集中在青藏高原地区暖温带农田生态系统和森林生态系统（余武生等，2005）、华北地区农田生态系统（张玉翠等，2011）和亚热带地区（牛晓栋，2015），研究内容主要涉及水汽同位素的时空分布规律及影响因素。对于水循环具有特殊意义的西北地区而言，利用大气水汽稳定同位素开展荒漠植物吸收利用大气水汽以及定量化的研究，对了解荒漠植物利用大气水汽这一水循环路线的作用具有十分重要的意义。

1.2.2　大气水汽同位素的生态水文应用研究

近年来，随着设备技术的革新，实时野外测定大气水汽的稳定同位素已成为现实。目前大气水汽稳定同位素分析仪的应用主要体现在以下方面：①在生态系统方面进行地表蒸散分割研究（Moreira et al.，1997）；②在气候气象方面进行气象模拟以及气象现代过程的研究（尹常亮等，2008）；③在水文方面进行降水的水汽来源和水汽输送过程的研究（田立德等，2001）。大气水汽稳定同位素研究已取了大量成果，这些成果为研究大气水汽在生态和水文方面的应用做出了重大贡献。

目前，国内开展的大气水汽来源以及特征的研究主要局限在农田生态系统，如张玉翠等（2011）进行了高频实时气态稳定同位素分析，研究农田水汽氢氧同位素组成特征时发现，生态系统边界层水汽稳定同位素组成日变化比较稳定，不同时段的蒸发和蒸腾水汽同位素组成特征有所区别。杨斌等（2012）测定的农田生态系统冬小麦和夏玉米生长季的日变化表现为单峰曲线，同时以大气水汽$\delta^{18}O$的原位监测数据为基础，利用Craig-Gordon模型开展了华北平原农田土壤蒸发 $\delta^{18}O$ 的日变化及其影响因素的研究。袁国富等（2010）利用原位连续测定水汽 $\delta^{18}O$ 的值，以及利用 Keeling Plot 方法区分麦田蒸散，结果表明中午时段小麦的蒸腾满足了同位素稳态假设，94% 以上的蒸散来源于植物蒸腾，但小麦受到水分胁迫时稳态假设并不成立。目前，对降水的同位素同步实时测定还处于起步阶段，对降水和大气水汽的来源以及生态系统中植物冠层水分特征等方面的研究较缺乏，未来可望在生态、水文、气候和海洋等领域有更加广泛的应用。

1.3 植物大气水汽吸收利用研究进展

植物利用大气水汽的研究并非一个全新的主题，目前大量的工作开展了相关方面的研究。本节从植物大气水汽吸收利用过程及利用量、植物大气水汽利用的生理生态学意义以及植物对大气水汽利用的监测手段三方面梳理植物大气水汽吸收利用的研究进展。

1.3.1 植物大气水汽吸收利用过程及利用量

目前，关于植物叶片水分利用的研究工作主要集中在热带云雾林带、美国加利福尼亚北海岸林带以及非洲纳米比亚地区。例如，生长于美国加利福尼亚海岸红杉林 80% 的优势种（Limm et al., 2009；Limm and Dawson, 2010）通过其叶片吸收雾水或露水来度过炎热干燥的夏季；美国加利福尼亚南部的大果松、北美黄松，其叶能吸收利用大气水汽，使其在近凋萎点的薄土壤中能存活（Stone et al., 1950）；生长于纳米比亚纳米布沙漠中沙丘上的三芒草（Ebner et al., 2011），其地上部分通过吸收雾水使该物种在纳米布沙漠非常干旱的年份也能存活。

1. 植物大气水汽利用机制

水分短缺是我国西北干旱区最主要的气候特征之一。干旱区通常降水频率较高但降水量少，以小降水事件（≤5 mm）为主。但在许多研究中，≤5 mm 的降水因仅能湿润浅层土壤，而不能增加根系区土壤含水量，故被认为是无效降水（Nobel, 1976；Fabeiro et al., 2001；Tian et al., 2003）。我国学者根据腾格里沙漠的生态系统的多年研究也提出了无效降水的概念（陈文瑞和陈秀贞，1965），主要基于土壤-植被系统的基本认识，认为降水首先转化为土壤水然后再被植物利用，为此定义 ≤5 mm 的降水为无效降水，忽略了植被具有直接利用土壤水以外水源的能力。然而，早在 1676 年就有学者开始探索植物直接从大气中吸收水分的现象（Franke and Bonn, 1986），此后研究者通过一系列实验相继证实了植物地上部分，尤其是叶片具有直接从大气中获取水分的能力。

20 世纪中期以来的研究表明，许多植物地上部分，尤其是叶片具有直接吸收利用雾水、露水、水汽的能力，如番茄、豌豆、甜菜、南瓜、薄荷等作物（Breazeale et al., 1950, 1951；Stone, 1957a, 1957b；Duvdevani, 1964；Went, 1975），红杉、橡树、白杨等乔木树种（Burgess and Dawson, 2004；Breshears et al., 2008），叶片吸水可能是陆生植物普遍具有的水分获取途径。热带附生兰会利用其气生根周围的组织直接吸收气态水

(Burgess and Dawson，2004；郑玉龙和冯玉龙，2006；Breshears et al.，2008）的模拟实验说明，附生植物和非附生植物叶片都能吸收雾水。纳米布沙漠中的景天科植物可直接吸收水汽（Capesius and Barthlott，1975），我国的沙生植物雾冰藜（*Bassia dasyphylla*）能利用凝结水（庄艳丽和赵文智，2008），大多数叶面被毛的草本植物可通过叶片吸收利用小降水（吴玉等，2013）。

目前认为，叶片吸收大气水汽的主要驱动力是叶片内外水势梯度的差异，而叶片表面特殊结构，如排水器、毛状体、角质层等，成为叶片吸水的主要部位与通道。一些实验结果认为，SPAC 中水分运移遵循水势理论，水分既可从土壤进入植物，释放到大气中（蒸腾）；也可从大气进入植物，释放到土壤中（负蒸腾）。Jensen 等（1961）以叶-水界面代替叶-气界面，用向日葵和番茄实验验证了在适当的水势梯度下水分正（根→茎→叶→大气）反向（大气→叶→茎→根）运移都可以很好地进行，水分通过植物地上部分比通过根组织更容易，从而认为植物体内水运移的阻力排序为根>叶>茎。Stone 等（1950）发现，当土壤含水量到达萎蔫点时，植物可以直接吸入大气水汽并传递到根部。植物叶片直接吸水的驱动力是叶片湿润时增大了表皮的渗透势（Monteith，1995；Kerstiens，1996），植物叶片吸收水汽的驱动力是叶片与大气水势差（Yates and Hutley，1995）。

叶片吸收的水分首先用于补给叶片储水组织，然后将剩余的水分向下经嫩枝、枝条、茎干传输到根部，甚至由根部向根际土壤补充水分（Burgess and Dawson，2004；Fisher et al.，2007；Eller et al.，2013）。加利福尼亚针叶林叶片吸收的露水可通过木质部反向输送（Burgess and Dawson，2004），某些雾水至少入渗到树木根区所处深度才能被植物根系吸收利用（Ingraham and Matthews，1995）。番茄叶片吸收大气水汽的实验证明，从雾水中吸收水分的速率比饱和大气中更快，叶片吸收的水分传输到根部并释放到根际的土壤中，番茄仅依靠叶片从饱和大气中吸收的水便可长到成熟、开花、结果（Breazeale et al.，1951）。

Rundel（1982）认为，叶片表面各部位的水势差形成了叶片吸水的动力，但不同地理位置刺羽耳蕨（*Polystichum munitum*）叶片吸水的差异不能简单地归结于叶片表面可利用水分多寡或水势梯度，还应考虑叶片表面水分通道的差异，而因不同样点刺羽耳蕨叶片表面粗糙程度不同，且因各样点风力不同，对叶片表面角质层破坏力度不同，各样点叶片吸水能力存在差异（Limm and Dawson，2010）。叶片表面角质层的特征会受到叶龄和环境的改造（Shepherd and Griffiths，2006）。不同种或不同林地叶片吸收的差异可能是由于叶片形态特征存在差异（Bruijnzeel and Veneklaas，1998）。

2. 植物大气水汽利用量

植物大气水汽利用量的研究目前处于起步阶段，仅少数工作基于实验观测推断估算了水汽利用量。植物叶片吸收的水分占植物日水分蒸腾的5%~10%（Wetzel，1924），植物吸收大气水汽对整个生态系统或植物的水量平衡贡献的水量不多（Monteith，1963）。Limm 等（2009）使用单位叶片面积吸水量和叶片含水量增加率两个参数评价了 10 种植物叶片吸水能力，结果表明，叶片吸水可增加叶片含水量2%~11%。单位叶片面积吸水量和叶片含水量增加率两个指标均包含了叶肉组织水分亏缺状态，而且前者还包含了叶片吸收面属性信息（郑新军等，2011）。

综合利用同位素技术与液流仪等方法对美国加利福尼亚红杉叶片吸水进行研究，多年实验结果表明，在浓雾期，木质部逆向液流向土壤传输的瞬时流量在高峰期时为最大蒸发量的5%~7%，最大的叶片吸收速率可达同期同等叶片最大蒸腾速率的80%，叶片直接吸收的水分可占叶片总含水量的6%（Burgess et al.，1998；Burgess and Dawson，2004）。在夏季干旱期，红杉所吸收水分的8%~42%和被子植物所吸收水分的6%~100%来自冷凝雾，温带森林植物所利用的水分中有30%~40%是通过雾珠得到的（Dawson，1998）。在加利福尼亚红杉林生态系统中，不仅不同物种之间存在叶片吸水能力的差异，同种物种之间也因地理位置的不同叶片吸水能力存在差异，如刺羽耳蕨的叶片吸水能力表现出地域差异（Limm and Dawson，2010）。

在加利福尼亚海岸草原生态系统中，用D、^{18}O同位素结合二源混合模型测定了7种多年生草本对雾的利用，发现植物在夏季干旱期通过根系吸收的水分有28%~66%来源于雾，并且靠近海岸的植物对雾的利用比例高于内陆，不同物种对雾的利用比例也存在差异，某些物种被严格限制在雾影响的区域范围内（Corbin et al.，2005）。

植物叶片吸水量还与植物生活型有关，而生活型又是以植物休眠芽着生位置高低进行划分的。郑新军等（2011）对准噶尔盆地东南部5个群落的51种荒漠植物的叶片水分吸收策略的研究发现，单位叶片面积吸水量基本随着休眠芽的升高逐渐降低，并认为这种关系与叶面凝结水和冠层截留雨水的垂直分布格局密切相关，因为在较低垂直高度上，凝结水量较多，且持续时间较长（Barradas and Glez-Medellín，1999）。

1.3.2　植物大气水汽利用的生理生态学意义

植物水汽利用的生理响应可分为直接响应与间接响应，其一，直接利用大气水汽，对植物产生许多积极生理影响，如增加叶片含水量，叶和枝条水势（Boucher et al.，1995；Gouvra and Grammatikopoulos，2003），并且使植物气体交换增加，增强叶片光合速率（Munné-Bosch et al.，1999），能够防止植物脱水（Burgess and Dawson，2004），提高生存能力，促进植物生长（Boucher et al.，1995）；其二，间接利用大气水汽，也可对植物生理状态产生影响，如有效地降低叶-气水汽压差，降低气孔导度，缓解植物叶片内部水分亏缺，补充和阻止蒸腾水分损失，降低叶片萎蔫程度等（Allen and Breshears，1998；Barradas and Glez-Medellín，1999；Breshears et al.，2005，2008；Limm et al.，2009）。也有研究认为，叶片吸收的水分很快被蒸腾消耗掉，并不会对叶片内部水分含量很高的植物产生影响（Monteith，1963），也不会对整个生态系统产生影响，其吸收的水分仅占植物日水分蒸腾的5%~10%（Wetzel，1924）。

Grantz（1990）从植物对大气湿度信号的感知、传输等方面阐述了植物对大气湿度的响应问题，认为气孔和表皮对大气湿度有较好的响应，但气孔的湿度响应机制仍然是未知的。Boucher等（1995）对北美乔松（*Pinus strobus*）通过设置不同土壤水分状况，发现叶片周围饱和水汽和凝结水显著增加了植物叶片水势、气孔导度及促进了根的生长，在土壤水分亏缺的情况下，这种现象更为明显。Martin 和 von Willert（2000）在温室中［最大光通量 2000 mol/（m²·s）；温度 20~30 ℃；水汽压差 1.1~4.4 kPa］确认叶片吸水可以激发/促进 CO_2 固定，并且有助于这些植物度过干旱期。Eller 等（2013）认为，叶片吸水的生理生态效应不仅仅局限于提高气体交换、促进植物生长与存活，当叶片吸收的水分被输送到根部及根际土壤时，这部分水分还有利于降低植物根系栓塞，延长根系寿命（Domec et al., 2004, 2006; Bauerle et al., 2008），有益于根际菌群（Querejeta et al., 2007），甚至还可以增加土壤养分的有效性（Dawson, 1997; Pang et al., 2013）。在生态适应方面，一些研究证明，荒漠植物为了更好地捕获水汽，叶片普遍退化，且多绒毛、粗糙度大，正是这样的形态有益于叶片利用更多的大气水汽（Went, 1975; Zimmermann et al., 2007）。从较大的地域程度上讲，如果一个区域的植物群落叶片吸水量大于另外一个群落，那么这种叶片吸收大气水汽的差异将会引起生态系统水量平衡的空间变化（Limm and Dawson, 2010）。

1.3.3 植物对大气水汽利用的监测手段

1. 传统测定方法

测定方法如下：首先控制土壤含水量，使植物受到干旱胁迫，当植物出现萎蔫后，将植物移出，确定土壤的含水量。萎蔫点的确定利用 Briggs 和 Shantz（1912）提出的凋萎湿度（植物由于不能吸取到足够水分而使细胞失去膨压，呈现萎蔫状态时的土壤湿度）和萎蔫系数（当植物进入永久萎蔫时，以干土重量或容积的百分数来表示土壤含水量的方法）。然后将植物的地上部分用密封材料包围起来，接近土壤的一端封闭，将其放入雾室一段时间，随后将叶片用吸水纸吸干，再次称重。最后将叶片烘干，得到干重。Yates 和 Hutley（1995）通过测定进入雾室前后植物叶片含水量与叶片水势的变化，分析植物叶片吸水现象。

传统测定方法的实验装置简单，它在早期研究植物叶片吸水的证实实验中占有重要地位，但存在以下几个缺点：①只能进行定性描述，未能测定植物叶片的吸水量，不能量化植物叶片的吸水状况；②多是在实验室内进行的控制试验，与野外自然条件下的状况相差甚大。

2. 现代测定方法

早期以实验室模拟饱和水汽、雾、露等生境，观测植物响应的相关实验为主（Breazeale et al., 1950; Stone et al., 1950; Stone, 1957a, 1957b, 1963）。目前可以利用野外实测、取样、监测等方法认识植物大气水汽利用过程，结合叶片和茎的水势、含水量、细胞渗透势等生理指标来鉴别水分吸收与达到的部位（Boucher et al., 1995; Yates and Hutley, 1995; Monteith, 1995; Kerstiens, 1996; Burgess et al., 1998; Burgess and Dawson, 2004）。下面几种方法得到较为广泛的应用。

（1）树干液流法

Huber 在 19 世纪 30 年代发明了热脉冲法，并测定了树干液流（Huber, 1932），

Marshall 在 50 年代基于对流热交换的精密分析发展了目前树干液流的计算公式（Marshall，1958）。1960 年 Vieweg 和 Ziegler 首次提出热平衡技术，且 1967 年 Daum 对其进行了改进。20 世纪 80 年代，包裹式热平衡技术趋于成熟，并得到广泛应用，Bauerler 等（2002）实现了豆类和草本植物的茎干液流的准确测定。热脉冲树干液流仪已经成功应用于植物树干液流的测定（Higuchi and Sakuratani，2006；Helfter et al.，2007），且证实了树干液流逆向传输（负蒸腾）的事实，即叶片/茎吸收的水分向茎/根方向的输送（Burgess and Dawson，2004；Irizarry et al.，2005）。

该方法的优点是可以高精度、实时、动态、长期、自动监测不同级别枝条的茎干正向、逆向液流变化，同时可定量估算植物大气水汽利用量，且不需要离体测定，对植物损伤小；结合气象、水势数据，可以判断植物吸收利用水汽的边界条件等。缺点是不能直接测定叶面吸水过程，滞后反映水汽实际进入植物相应部位的时间。

（2）水势梯度法

水势梯度法的基本原理是 SPAC 中水分总是沿水势降低的方向运动。水势的测定方法因测定对象的不同而存在差异，主要有热电偶法、压力室法和小液流法等。直到目前，水势梯度法用于植物大气水汽利用的研究中，以叶水势的相关工作为主（Stone，1963；Rundel，1982；Gouvra and Grammatikopoulos，2003；郑玉龙和冯玉龙，2006）。

该方法的优点是通过测定植物地上部分和地下部分不同部位的水势、土壤水势，结合大气水势，可判断水分在 SPAC 中运移的动力条件。缺点是由于植物体负压较大，需要专门测定大负压的仪器，但大负压的仪器往往精度会降低，而且植物水势监测多是离体测量。

（3）染色示踪法

染色示踪法结合高倍电子显微镜往往用于植物水分运移及分配过程的研究，如非共质体示踪染料为植物吸收水分的指示剂，植物根系表面染色剂（磺胺邻二甲氧嘧啶-G）的累积率用于估算植物体内水通量（Varney and Canny，1993）。根据植物各组织的细胞内染色剂的浓度也可估计水在植物共质体内的运输途径（Varney et al.，1993）。Liu 和 Gaskin（2004）用两种染色剂（俄勒冈绿和罗丹明 B）示踪了蚕豆叶片对除草剂的吸收。Sano 等（2005）用盐基性红色染料和酸性品红对植物木质部流进行染色，结合光学显微镜对活树的水分运输途径进行了研究。利用品红对植物木质部流染色广泛用于监测植物体内的木质部流量，也用于植物水在韧皮部的运输途径（Liu and Gaskin，2004；Keller et al.，2006）。

该方法的优点是通过荧光染色示踪，结合荧光显微镜和扫描电镜，可以认知水汽进入植物叶片组织的部位，植物对水汽吸收、运移的过程；结合气象数据，可以判断植物吸收水汽的边界条件等。缺点是采集后的样品要求低温保存，而野外长途跋涉对样品的保存不利；离体采样，无法自动连续监测叶片吸水过程，且因离体采样间隔的设置可能会影响植物水汽吸收临界条件的判断，多数荧光示踪剂对水势有一定影响；费用较高、实验环境要求较高。

（4）同位素示踪法

氢氧稳定同位素作为示踪剂，在 20 世纪 80 年代开始被用于植物的水分来源研究，在植物吸收利用大气水汽的研究方面也得到应用。近年有如下代表性工作：Aravena 等（1989）推断"浓湿雾"维持着智利北部山区植物的生长；在某些地段的海岸针叶林中，雾水至少入渗到树木根区所处深度（Ingraham and Matthews，1995）；内陆干旱区，云雾较少发生，但露水和土壤吸附水的生成量与发生频率常常大于降水，露水和土壤吸附水是植物、生物结皮、昆虫和小型动物的重要水源，甚至可能是维持植物生存的唯一水源（Jacobs et al.，2000；Richards，2004）；雾水对海岸林、热带云雾林具有重要的水分补给作用，有时甚至超过降水（Ingraham and Mark，2000；Martorell and Ezcurra，2002；Beiderwieden et al.，2008；Breshears et al.，2008；Metzner et al.，2010）。

该方法的优点是植物茎木质部水分的同位素组成能反映出植物利用的不同水源稳定氢氧同位素信息。同位素示踪可以认知叶片吸收的水汽在植物体内的运移过程，并且利用二源或三源线性混合模型指示植物水分来源，并确定水汽对植物茎、叶中水的贡献率；结合气象、水势数据，可以判断植物吸收利用水汽的边界条件；可以从量上对植物叶片和大气水关系的研究提供可能等。缺点是不能同步实测，离体取样，无法实时捕捉植物体内的水分运移过程，且因离体采样间隔的设置可能会影响植物吸收利用水汽的边界条件的判读；植物对同位素有选择吸收的倾向，影响水汽贡献量的计算；滞后反映水汽实际进入植物相应部位的时间。

随着干旱区植物叶片吸水的生态重要性越来越明显，同位素技术和树干液流法相结合将成为研究的主要方法。考虑以上方法的优缺点，在荒漠植物大气水汽吸收利用机制及适应性机理研究过程中，应集成运用生态水文学、植物生理生态学、同位素和荧光示踪技术等先进手段，以保证研究工作全面、有效的开展。

1.4 植物叶片水分吸收途径的研究

植物的光合作用与蒸腾作用主要通过叶片进行，叶片的形态和机能因植物种类、生境特点的不同而有所不同。叶片的解剖学特征对植物叶片吸收大气水汽具有重要的影响。叶表吸附的水分进入叶肉细胞后可进一步逆向传输到植物其他部位。

1.4.1 叶片水分条件与吸水部位

水分进入植物体叶内的速率取决于叶片中水分平衡，当植物处于水分胁迫时，植物叶片会减弱吸水的能力（Stone et al.，1950）。Vaadia 和 Waisel（1963）研究表明，地中海松（*Pinus halepensis*）处于水分胁迫时，会减小叶片水分的吸收速率；Dawson（1998）利用同位素标记技术证实了红杉叶片处于水分胁迫时，会影响吸收水分的速率。另外，叶片吸水的速率还与水分的相态有关，一般叶片对液态水的吸收速率比气态水要快，Vaadia 和 Waisel（1963）利用 HTO（氚水）的液态与气态研究了水分进入向日葵和松树叶片以及在体内的传输速率，发现进入叶片的流速在饱和重水气态条件下比重水液态条件下要慢。

植物的形态结构和解剖结构是影响植物叶片水分吸收的重要因素（Meidner，1954）。

Went（1975）认为，干旱区一些植物具有小而厚的叶片，并不是为了通常意义上的减少蒸腾，而是为了从大气中吸收更多的水分，因为小的叶片有利于感知和截留雾、露、大气水等水分。Zimmermann 等（2004）的研究也支持此理论，发现叶片小而多有利于搜集水分，并且下雨时，单个叶片会卷成漏斗状，并可通过毛细作用吸收几微升的水分。

叶表皮对于水分吸收的影响，传统的观点认为植物的表皮是疏水层，会阻止水分进入植物组织内（Milburn，1979），但随着对化学污染物在叶表面湿润和干燥状况时的沉积进行深入研究发现，叶表皮不再是水分吸收的阻力（Meidner，1954；Vaadia and Waisel，1963；Yates and Hutley，1995）。

已有研究报道排水器、具有吸收性的毛状体、角质层甚至气孔都可以成为叶片直接吸收水分的部位（Benzing et al.，1978；Martin and von Willert，2000；Limm et al.，2009；Burkhardt et al.，2012）。例如，在潮湿空气中，叶片防水性较低，雾水可以从巴西林仙（*Drimys brasiliensis*）叶片表面的角质层直接进入叶片内部，吸入的这部分水分对叶片含水量的贡献达42%，且叶片吸水产生的逆向液流速率可占日最大蒸腾速率的26%（Eller et al.，2013）。

Drable（1907）对比了蒲公英的平滑和皱缩两种叶型吸水情况，结果表明，皱缩叶具有较强的捕捉和固着水分的能力。Wood（1925）研究表明，叶片表面含有蜡质的桉树属植物（*Eucalyptus corynocaly*）、苹婆属植物（*Sterculia diversifolia*）、阿拉伯橡胶树（*Acacia decussate*）不能吸水，但是表面无蜡质的滨藜属植物（*Atriplex vesicarium*）却能吸收相当量的水。Haines（1953）通过比较榆科植物 *Chaetacme aristata* 叶片的上下表皮吸水速率，得出表皮细胞的上表皮比下表皮吸水速率快的结论。Grammatikopoulos 和 Manetas（1994）以橙花糙苏（*Phlomis fruticosa*）为研究材料，开展了两种叶型——毛发叶和非毛发叶的近轴面喷水试验。结果表明，毛发叶的保水性更强，忍受干旱期的时间更长。庄艳丽和赵文智（2008）研究结果表明，中国西北内陆干旱区雾冰藜的长柔毛可以提高叶表的保水力，从而延长叶表水滴的持续时间。另外，随着对植物叶片吸水的深入研究，研究者开始关注木质部的黏液成分对植物叶片吸水的影响。Zimmermann 等（2007）研究表明，木质部以及叶片内的黏液对于植物吸收大气水汽有重要的促进作用。在自然条件下无论干旱与否，植物叶表面或多或少地有水分存在，对于叶表面含有盐腺的荒漠植物，因为经常处于水分胁迫状况下，其表面水势比周围大气的水势低，因此，对水分具有很明显的感知能力。

植物叶面湿润性是各种生境中常见的一种现象，表现了叶片的亲水能力，可通过测定植物叶面接触角（θ）的大小来判断湿润性大小。通常认为，$\theta<90°$ 为湿润，即亲水性；$\theta>90°$ 为不湿润，即疏水性。其中 $\theta<40°$ 为超级亲水性，$\theta>150°$ 为超级疏水性（Fogg，1947；Yoshimitsu et al.，2002）。最新研究认为，植物叶面湿润性受叶表面精细结构及叶表面成分影响（Koch et al.，2009；Burkhardt，2010）。亲水性植物，如许多开花植物叶表有乳头状或折叠状的细胞形态结构，这些植物的叶表面仅有光滑的 2-D 蜡层，没有 3-D 蜡晶体结构。几乎所有的自然沉水植物和部分浮游植物具有亲水性，其叶表面由扁平或稍微凸起细胞构成相对光滑的叶表面（Barthlott and Neinhuis，1997）；而超级疏水性植物叶表面具有由蜡叠加而成的 3-D 细胞结构，如莲（*Nelumbo nucifera*）、水稻（*Oryza sativa*）、粉绿狐尾藻（*Myriophyllum aquaticum*）（Barthlott and Neinhuis，1997；Burton and Bhushan，2006；Bhushan and Jung，2006）；叶表具有软毛的超级疏水性植物，如耳状虎耳草（*Saxifraga auriculata*）、水浮莲（*Pistia stratiotes*）、羽衣草（*Alchemilla vulgaris* L.）（Otten and Herminghaus，2004）。

叶表面盐腺能分泌盐分、蜜腺能分泌糖分或其他分泌物，如黏液，这些物质是亲水性分子，能通过范德瓦耳斯力有效地吸附大气中的水分子于叶表面上（Martin and Juniper，1970）。Rundel等（1980）认为吸附于叶表面的水分子在叶表形成一层水膜，将通过两种方式被植物吸收利用，一种是通过叶表面小孔，如吸水器或水孔进入叶肉细胞，这种方式不需要消耗能量；另一种是通过水势差进入叶肉细胞，由于叶表有分泌物，刚吸附于叶表面的水膜处于高渗透势，随着水分子越积越多，水膜渗透势不断降低，当降低到一定程度时，水分子将会在消耗一定代谢能量后被泵入叶肉细胞。

1.4.2 叶片大气水汽吸收途径

叶表或嫩茎对大气水汽的吸收包括两个过程。一个是大气中的水分子或水分子团被叶表面物质吸附或浓缩于叶表，主要包括角质层或绒毛的吸附作用、吸湿性叶面粒子的潮解和几何形状引起的毛细凝聚。另一个是被吸附或浓缩于叶表的水分被传输进叶肉细胞。大气水汽被吸附或浓缩于叶表，形成不可视化叶片湿度，Burkhardt和Hunsche（2013）把叶表的这种湿度称为微观叶片湿度。随着叶表湿度越来越大，最后形成可视化的宏观叶片湿度。宏观叶片湿度可用人工叶片电阻测量法测定。微观叶片湿度被解释为一种特定的露珠形式，肉眼无法看到，平均厚度不足 1 μm，大约只有早晨露珠厚度的 1/100（Monteith，1963）。气候学上的仪器不够灵敏，不能检测它。

近些年，水分从叶表吸收进入叶内过程的研究取得了重要的进展，主要有两条途径。一条是以 Schönherr 等为首提出的不可见的水溶性孔途径，他们认为疏水性的角质层中有水溶性孔，水或溶质离子从叶表通过水溶性孔进入叶内叶肉细胞，这种水溶性孔的孔径平均变化范围在 0.45~1.18 nm（Chamel et al.，1991；Schönherr，2000，2006）。当空气干燥时，孔收缩或消失，水的渗透性降低；当空气湿度高时，如在雾水或降水情况下，角质层膨胀，形成水溶性孔或水溶性离子通道，允许叶和嫩茎吸收水分（Schönherr，2006）。由于叶表角质层成分的复杂性以及角质层的侧向不均匀性，有些角质层中有水溶性孔，有些没有，且水孔部位也并非一致。

另一条是可见的开放孔途径，如以 Burkhardt 等为首提出的水活化气孔途径（Eichert et al.，1998；Eichert and Burkhardt，2001；Eichert and Goldbach，2008；Burkhardt et al.，2012）。Eichert 和 Goldbach（2008）用激光共聚焦显微镜观察荧光纳米离子从气孔吸收过程，最终证明了气孔对水、溶质和分散物质的真正吸收。Burkhardt 等（2012）对气孔吸收进行了进一步阐述，新叶是疏水性的，气孔由于其疏水性和几何形状，往往阻止水滴进入。但真正的叶片表面是不干净的，沉淀的气溶胶颗粒可能改变疏水性和水表面张力。一旦盐离子累积，这种疏水性逐渐消失。叶片表面上的盐通过干湿循环的原动力（Burkhardt et al., 2009) 导致液态水扩展进入气孔, 最终使液态水和质外体中的离子结合到一起 (Canny, 1999), 并沿气孔角质层壁在内部和外表面之间形成一个持续的连接体, 这个过程称为"水活化气孔"(hydraulic activation of stomata, HAS)(Burkhardt, 2010; Burkhardt et al., 2012)。

其他的可见开放孔, 如叶表特化器官排水器或吸水苞也能对亲水性物质进行吸收。Martin 和 von Willert (2000) 对生长于非洲南部世界上最干燥的纳米布沙漠中的景天科青锁龙属 (*Crassula*) 的 46 种植物进行检测发现, 27 种叶表有吸水器特化器官, 其叶能吸收叶表面水。仙人掌属中, 如姣丽球、斑锦球通过刺上的小孔来吸水 (Schill and Barthlott, 1973); 凤梨科的一些物种, 当叶片湿润时吸水苞立即吸收水分 (Dolzman, 1964, 1965)。

1.5 荒漠植物对微降水和凝结水的利用研究

气候湿润的地区, 微降水量 (降水事件≤5 mm 的降水累积) 和凝结水量与总降水量相比微不足道, 但干旱区最基本、最主要的气候特点之一就是干旱少雨, 微降水和凝结水是十分重要的水资源, 尤其是对浅根系植物、草本植物而言。目前已有许多学者开展了荒漠地区微降水特征及其生态水文效应的研究。

1.5.1 荒漠植物对微降水的利用策略与效率

干旱区通常降水频率较高但降水量少、以小降水事件 (≤5 mm) 为主, 对年降水量的贡献比较稳定。例如, 1950~2000 年, 小降水事件占黑河流域中上游总降水频次的 82%, 40.7% 的降水间隔期<10 天 (张立杰和赵文智, 2008)。1998~2007 年, 小降水事件占准噶尔盆地沙漠南缘总降水频次的 89.8%, 平均每间隔 6 天左右有一次降水 (王亚婷和唐立松, 2009)。美国西部 316 个样点 1972~2002 年的日降水数据显示≤5 mm 的降水事件占总降水频次的 24%~65%, 平均约 47%, 并且大多数降水间隔期小于 10 天 (Loik et al., 2004)。美国科罗拉多 (Colorado) 中心平原实验区 42 年的日降水数据显示, 82% 的降水发生在植物生长季节, 其中超过 50% 的降水属于小降水事件 (Dougherty et al., 1996) 并且有大量的微阵雨发生 (Sala and Lauenroth, 1982)。

干旱、半干旱区降水具有三个显著特征: 降水是生态系统最重要的环境限制因子; 降水具有明显变异性; 降水事件的发生难以预测 (Noy-Meir, 1985)。一些研究表明, 不经常的、间断性的并且具有很大不可预测性的脉冲式降水 (pulse precipitation) 导致土壤水分和养分等关键资源的可获取性也呈不连续的脉动状态 (Jankju-Borzelabad and Griffiths, 2006), 这种降水模式及其引发的资源脉动 (resource pulse) 可能是干旱区生态系统结构、功能类型和演替的一个重要驱动因子 (Noy-Meir, 1985; Ehleringer et al., 1999; Huxman et al., 2004)。把多个脉冲式降水作为一个独立的、与生物过程有关的降水事件来考虑有助于植物功能的研究 (Reynolds et al., 2004)。即使小的脉冲式降水也会对生物地球化学循环产生影响 (Austin et al., 2004)。

降水量和降水强度会影响土壤水分恢复状况和荒漠植被对降水的利用，进而影响生态系统中物种的生存、组合、结构以及功能群（Dodd et al., 1998），反之，植物对雨水的不同利用能力也会影响生态系统功能过程（Schwinning et al., 2002, 2003）。在半干旱、干旱生态环境中，降水及其对生态系统过程的影响长期受到众多学者的关注。赵文智和刘鹄（2011）从半干旱、干旱环境降水脉冲对生态系统的影响，以及生态系统对降水事件的响应两方面进行了全面的综述。但以往的研究主要集中在较长时间尺度（如年、季和月）降水状况与生态系统中物种功能类型组合以及生产力的统计关系（Le Houérou, 1984; Le Houérou et al., 1988; Neilson et al., 1995）。近些年来，随着稳定同位素示踪技术逐渐在植物生理/生态学中被广泛应用，学术界开始关注半干旱、干旱地区季节内降水格局的变化，以及生态系统对脉冲式降水的响应，并开展了降水脉冲强度、频率和持续时间对半干旱、干旱生态系统各种生物学过程影响的相关研究工作（Schwinning et al., 2002; Knapp et al., 2002; Lauenroth and Bradford, 2009）。

在许多研究中，≤5 mm 的降水因仅能湿润浅层土壤，而不能增加根系区土壤含水量，故被认为是无效降水（Nobel, 1976; Fabeiro et al., 2001; Tian et al., 2003）。然而，有研究发现，尽管干旱、半干旱地区降水十分稀少，但每一次降水事件所引发的短期水资源富集均可以在一段时间内满足植物的生长需要（Schwinning and Sala, 2004）。Sala 和 Lauenroth（1985）研究表明，浅根系分布的草本植物能更有效地利用小降水事件，而较深根系分布的木本植物倾向于利用较大降水事件，因为较大降水事件可以补充深层土壤水分，而小降水事件则能有效地补充表层土壤水分。修罗团扇（*Opuntia polyacantha*）可以利用 2.5 mm 的小降水，短期而言它更加依赖于可利用的降水频率而不是降水量（Dougherty et al., 1996）。浅根系一年生草本植物对 5 mm 以下的降水有不同程度的响应，而根系分布较深的半灌木、灌木对这部分降水没有响应，因为小降水（≤5 mm）仅能湿润表层土壤（王亚婷和唐立松，2009）。但 Zhao 和 Liu（2010）发现，灌木泡泡刺（*Nitraria sphaerocarpa*）和沙枣（*Elaeagnus angustifolia*）可以对小降水事件（≤5 mm）产生响应，细的枝条甚至可以对 1 mm 的降水产生响应，随着降水的增加，液流速率先快速增加再逐渐减弱，雨后茎干液流启动比雨前提前 1 h，并认为荒漠区大多数降水事件对植物的生长与生存非常重要。由此可见，植物对降水的利用，因植物本身的差异而存在不同，相同生活型的植物因生长环境的不同也可能对降水的响应存在差异。有研究表明，中国西北中、西部地区降水呈增加趋势（施雅风等，2003；靳立亚等，2005），评估干旱区降水格局变化背景下不同时空尺度降水脉冲对生态系统的影响和生态系统的响应是未来研究的重点（Patrick, 2008）。

1.5.2 荒漠植物对凝结水的利用策略与效率

凝结水是指在天气晴朗、无风或微风的夜间或清晨，由于地面或物体表面辐射冷却，地面或物体表面温度低于附近空气露点温度时，在地面或者物体表面凝结而成的水（郭占荣和刘建辉，2005），这里提到的凝结水除露水、土壤凝结水外，还包括雾水。任何形式的水分补给都可能对干旱、半干旱地区的生态系统起到积极作用（Kidron et al., 2000）。尽管干旱区凝结水量相对稀少，但作为一种比较稳定的水资源，对干旱区一些动植物的生存非常重要（Stone, 1963; Kidron et al., 2000）。

凝结水研究的焦点问题之一是凝结水能否被荒漠植物吸收利用，关于这个问题存在着两种不同的观点。一种观点认为，由于凝结水量较少，且多以蒸发的形式耗散掉，不能改善植株的水分含量和光合作用，对植物生长的生态意义不大（Grammatikopoulos and Manetas, 1994）；另一种观点认为，凝结水可以被植物吸收利用。植物对凝结水的利用又可分为间接利用和直接利用，间接利用主要指植物通过根系吸收土壤吸湿凝结水或者滴落至土壤表层的凝结水。一些拥有发达水平根系的沙生植物，其浅层根系分布于沙丘表层，可以凭借根系吸收利用沙粒吸湿凝结的水分（张兴鲁，1986）。陈荷生和康跃虎（1992）对宁夏沙坡头地区一年生植物的研究认为，它们的生长繁殖主要得益于降水及吸湿凝结水对沙地表层含水量的改善。但因沙坡头地区年凝结水约 3.3 mm，且沙物质分子对其的吸收作用主要发生在 0~3 cm 层位，所以该区域多年生的半灌木、灌木受凝结水的影响可以忽略（曾文炳等，1995）。直接利用主要指叶片直接吸收凝结水。叶片直接吸水是植物普遍具有的一项生理功能（Goldsmith et al., 2013），如番茄、向日葵、草莓等作物（Breazeale et al., 1951; Jensen et al., 1961; Baguskas et al., 2018）。从针叶乔木到阔叶乔木和灌木再到林下蕨类，红杉林生态系统 80% 的优势树种具有叶片吸雾能力（Limm et al., 2009）。热带云雾林的许多植物均表现出叶片吸水现象（郑玉龙和冯玉龙，2006; Goldsmith et al., 2013; Bassiouni et al., 2017）。许多荒漠植物也具有叶片吸水能力，如纳米布沙漠凤梨科植物（Martin and von Willert, 2000），我国干旱区灌木多枝柽柳、梭梭、红砂（Li et al., 2014; Wang et al., 2016）以及一些一年生短命植物（庄艳丽和赵文智，2008）。

关于叶片吸水的大量证据主要来自加利福尼亚海岸的红杉林，在干旱的季节，频繁的雾天天气使植物的叶片经常处于湿润状态（Dawson, 1998; Burgess and Dawson, 2004; Limm et al., 2009; Limm and Dawson, 2010），该地区 80% 的物种表现出叶片吸水的能力（Limm et al., 2009）。生长在热带和亚热带的山地云雾林也表现出叶片吸水现象（Yates and Hutley, 1995; Bruijnzeel and Veneklaas, 1998; Eller et al., 2013）。当 0.8 mm 的降水事件发生时，热带云雾林林下 6 种植物出现了逆向液流（Goldsmith et al., 2013）。雾作为我国亚热带湿润、半湿润山区常见的生态水文要素，在旱季对地表径流的间接补给量达 24.1%（陈建生等，2016），直接影响和制约着山地植被的生存与繁衍。这些生态系统的共同特点是植被遭受到季节性干旱的影响。事实上，已有研究表明荒漠植物也具有叶片吸水功能。例如，来自南非纳米布沙漠的景天科青锁龙属叶片具有表皮排水器的 27 种植物可以直接吸收利用沉积在叶片表面的露水或雾水（Martin and von Willert, 2000）。荒漠被毛植物雾冰藜通过叶片吸收露水，改善了叶片水分状况（庄艳丽和赵文智，2010）。大多数叶面被毛的草本植物可通过叶片吸收利用小降水（吴玉等，2013）。对于荒漠植物，尤其是一年生草本植物而言，叶片吸水策略使它们可最大限度地利用有限的水资源，助其度过持续的干旱并完成生活史（郑新军等，2011）。

凝结水研究的焦点问题之二是吸收凝结水对植物生理生态影响如何。凝结水主要通过影响生态系统的水分与能量平衡对植物产生作用，其效应在水分亏缺严重时表现更明显（Boucher et al.，1995；Eller et al.，2016），尤其是在旱季，其生态学意义重大（Burgess and Dawson，2004；Eller et al.，2013，2016；Emery，2016）。有学者认为，凝结水对植物生理生态会带来积极影响，凝结水对植物生长具有重要的生理生态意义，如改善植物体内水分条件和促进植物光合作用（Boucher et al.，1995；庄艳丽和赵文智，2010），有利于植物种子萌发（Gutterman and Shem-Tov，1997），云雾遮挡效应减少植物潜在蒸散发、改善植物水分状态（Baguskas et al.，2018；Gerleinsafdi et al.，2018），可通过直接降低气温或湿润植物表面而降低叶温，减少叶面蒸发耗水（Ritter et al.，2009；方静，2013）；也有学者认为凝结水对植物生理生态会带来负面影响，如凝结水降低了植物的光合作用（Letts and Mulligan，2005），导致光合作用降低的原因是凝结水打湿叶片，引起二氧化碳在湿润的叶片表面的扩散性降低，进而导致光合作用同化二氧化碳量减少，即削弱了光合固碳能力。产生这种差异的主要原因可能是源于光合速率测量时间的不同，前者的光合作用测量一般发生在中午前后，此时凝结水湿润的叶片已经由湿润变干，且叶片含水量有所改善，而后者进行光合作用测量时叶片仍处于湿润状态。另外，凝结水可能会导致植物病的传播，对农作物生长不利。我国学者在凝结水形成机理、过程及凝结量等方面已经做了许多研究，但对荒漠动植物利用凝结水的研究较少，尤其是定量化分析，因此，积极深入开展荒漠植物叶片对微降水、凝结水的吸收利用研究工作，尤其是定量化方面的工作具有重要的生态意义。

植被冠层内凝结而成的露水或者冠层拦截的雾水由小水滴在植物叶片和枝干上逐渐汇聚成大水滴后在重力作用下滴落至地表，进而部分水分也可被浅根性植物的根系吸收利用。有些小降水事件或者凝结水虽然不能有效地改善土壤水分状况，但可以湿润植物叶片，水分可以通过叶片表面直接进入叶内（Kerstiens，1996），从而对植物的生理过程产生影响。植物叶片可以通过叶片表面的气孔、表皮毛、排水器或不完整的角质层等其他组织直接吸收凝结水（Benzing and Burt，1970；Yates and Hutley，1995；Martin and von Willert，2000），另外，已有研究表明，树皮在渗透势的作用下也能吸收利用凝结在树皮表面的水分（Katz et al.，1989；Zimmermann et al.，2004）。

第 2 章　研究区生态环境特征

柽柳、梭梭、白刺、红砂、霸王等是我国西北干旱区广泛分布的典型荒漠植物，它们均对干旱生境具有较强的适应能力，且均具有吸收利用大气水汽的特性。不同植物在同一生境或同种植物在不同生境，其利用大气水汽的能力和方式存在一定差异。我国干旱区面积广阔，年均降水量空间分布不等，为了更好地揭示不同干旱程度下典型荒漠植物吸收利用大气水汽的特点，本书于 2012 年 6~9 月、2013 年 6~9 月、2014 年 6~8 月，选择多年平均降水量分别为 180 mm 的甘肃景泰寺滩村、147 mm 的内蒙古阿拉善孪井滩示范区等研究区，从时空尺度上进行野外条件下的模拟实验，探讨典型荒漠植物吸收利用大气水汽的特性。

2.1　景泰寺滩村样地生态环境特征

本节从生态因子概况和气候变化时序特征两方面阐述甘肃景泰寺滩村研究区的生境特征，前者主要涉及研究区的区域位置、地貌与土壤条件、气候水文条件、植被概况；后者主要从气温和降水的季节、年代际、突变性两个维度三个层面分析研究区的气候时序特征。

2.1.1　寺滩村样地生态环境因子概况

1. 区域位置

寺滩村样地位于甘肃景泰寺滩村附近的旱地退耕还林地（37°14′N，103°48′E）。研究区深居内陆，位于甘肃中部，黄河西岸，西通河西走廊，南接黄土高原，北临腾格里沙漠，为黄土高原与腾格里沙漠南缘过渡地带，距离景泰县城约 25 km，地处干旱川区，海拔 1828 m。

2. 地貌与土壤条件

景泰地区构造属祁连山褶皱系东端，北抵阿拉善地块南端。由于受喜马拉雅运动影响，山区周期性上升，平原区相对沉降。纵观全貌，地势西南高东北低，地形地貌大致分为中低山地、洪积冲积倾斜平原、石质剥蚀丘陵和风沙地貌四种类型。

景泰绿洲土壤类型多样，主要为灰棕漠土和灰钙土，且具有明显地带性分布。研究区土壤类型以灰棕漠土和灰钙土为主。试验地土壤剖面物理性状见表 2-1。0~2 cm 为有机质层；2~40 cm 为淋溶层，土粒有黏性，块状，20~40 cm 细根明显分布；40~110 cm 为淀积层，有一定量中根，少量毛根，且 60 cm 处有钙积层，质地砂壤，少量团粒结构；110~170 cm 为砂土质地，极少量细根。

表 2-1 试验地土壤剖面物理性状

深度/cm	质地	容重/(g/cm³)	田间持水量/(g/cm³)	风干土含水量/%
0~40	黏土	1.33	2.42	1.41
40~110	砂壤土	1.25	2.76	1.39
110~170	砂土	1.21	2.77	1.01

3. 气候水文条件

景泰地处亚欧大陆中心，属于季风区与非季风区过渡地带，县境内气候呈现出明显的大陆性气候特征，属于干旱区。该试验地具有降水稀少、蒸发量大、冬季寒冷、夏季炎热、气温日较差和年较差均较大、光热资源充足、风力强劲而频繁的气候特点，终年受大陆气团控制，属于典型的温带干旱大陆性气候，年日照时数为2723.9 h，日照百分率为62%，年平均太阳辐射量为147.8 kcal[①]/cm²。根据国家气象基准站记录，景泰1957~2013年年均气温为8.7℃，极端最高气温为39.4℃，出现在2010年7月28日，极端最低气温为-27.3℃，出现在1958年1月15日；≥0℃的年活动积温为3614.8℃，≥10℃的年活动积温为2988.7℃，无霜期为120天左右，是我国除青藏高原和柴达木盆地外光热资源最丰富的地区之一；年平均降水量为180 mm，降水分配不均，降水集中在夏秋，约60%的降水集中在7~9月，冬春干旱，年潜在蒸发量为3038 mm，相当于降水量的16倍之多，干燥度为2.33~4.51，年平均相对湿度为49%；风沙日数较多，平均风速为2.0~3.1 m/s，瞬时最大风速可达21.7 m/s。

景泰绿洲属黄河中上游地区黄河干流水系，境内只有黄河干流从东部通过，是全县唯一的常年地表径流，其余为间歇性洪流。该试验地地下水资源极不丰富，水质较差，矿化度高，利用率低。该试验地地下水埋深约50 m，所以柽柳根系无法获取地下水，且亦无人工灌溉补给土壤水分，因此该试验地柽柳生长的水源主要来自大气降水和土壤水。

4. 植被概况

试验地由于干旱缺水，植被覆盖度低，是生态环境的脆弱区。为了保护脆弱的生态环境，1990年当地政府响应国家政策开始实施以沙化地、坡耕地、盐碱地为主的退耕还林工程，自2002年来，寺滩村已有300多公顷老砂田及漫水地被逐步退耕还林，成为生态林用地。2003年该试验地被退耕还林，用于种植多枝柽柳，成为生态建设林用地，其行株距为4 m×2 m。林地内草本植物主要有碱蓬（*Suaeda glauca*）和灰绿藜（*Chenopodium glaucum* Linn.）等。柽柳的平均株高为170cm，茎干基径平均为3.2 cm。

2.1.2 景泰地区近几十年气候变化特征

景泰地区近几十年气候变化所用气象数据来自中国气象数据网。本节将从气温、降水

---

① 1 kcal=4186.8 J。

的季节、年代际以及突变检验三方面分析景泰地区的气候变化特征。

1. 气温的时间变化特征

（1）气温的季节变化

景泰的春季、夏季、秋季、冬季气温均呈上升趋势，气温变化倾向率分别为0.312 ℃/10a、0.183 ℃/10a、0.358 ℃/10a、0.547 ℃/10a（图2-1），冬季升温幅度最大。春季气温在20世纪60年代、70年代、80年代偏低（图2-1），分别比多年平均值偏低0.07 ℃、0.75 ℃和0.70 ℃；20世纪90年代、2000~2009年、2010~2015年气温偏高，分别比多年平均值偏高0.09 ℃、0.95 ℃、0.83 ℃。其中20世纪70年代气温最低，2000~2009年气温最高。夏季气温20世纪70年代比60年代降低0.68 ℃，降温幅度最大，2000~2009年比20世纪90年代升高0.86 ℃，升温幅度最大。夏季气温在20世纪70年代、80年代、90年代偏低（图2-1），分别比多年平均值偏低0.50 ℃、0.67 ℃、0.13 ℃；20世纪60年代、2000~2009年、2010~2015年气温偏高，分别比多年平均值偏高0.09 ℃、0.72 ℃、0.81 ℃，其中20世纪80年代气温最低，2010~2015年气温最高。夏季气温20世纪70年代比60年代降低0.59 ℃，降温幅度最大，2000~2009年比20世纪90年代升高0.85 ℃，升温幅度最大。秋季气温在20世纪60年代、70年代、80年代偏低（图2-1），分别比多年平均值偏低0.65 ℃、0.63 ℃、0.32 ℃；20世纪90年代、2000~2009年、2010~2015年气温偏高，分别比多年平均值偏高0.45 ℃、0.65 ℃、0.83 ℃，其中20世纪60年代气温最低，2010~2015年气温最高。秋季气温从20世纪60年代到2010~2015年，每一年代均高于前一年代的气温，分别升高0.02 ℃、0.31 ℃、0.77 ℃、0.20 ℃、0.18 ℃，80年代到90年代升温幅度最大。冬季气温在20世纪60年代、70年代、80年代偏低（图2-1），分别比多年平均值偏低1.38 ℃、0.72 ℃、0.40 ℃；20世纪90年代、2000~2009年、2010~2015年气温偏高，分别比多年平均值偏高0.86 ℃、1.16 ℃、0.81 ℃，其中20世纪60年代气温最低，2000~2009年气温最高。冬季气温从20世纪60年代到2000~2009年，每一年代均高于前一年代的气温，分别升高0.66 ℃、0.32 ℃、1.26 ℃、0.30 ℃，可见冬季气温从20世纪80年代到90年代升温幅度最大，2010~2015年比2000~2009年降低0.35 ℃。

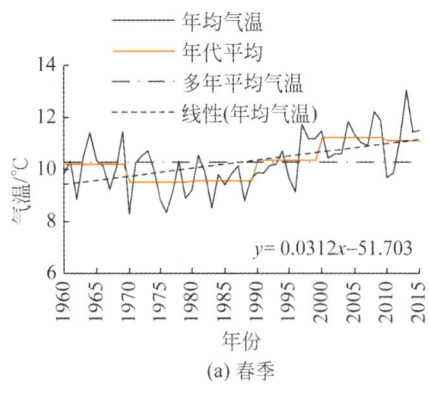

(a) 春季

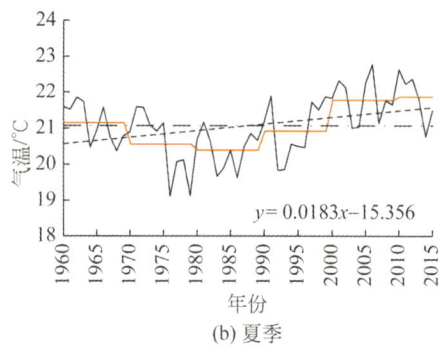

(b) 夏季

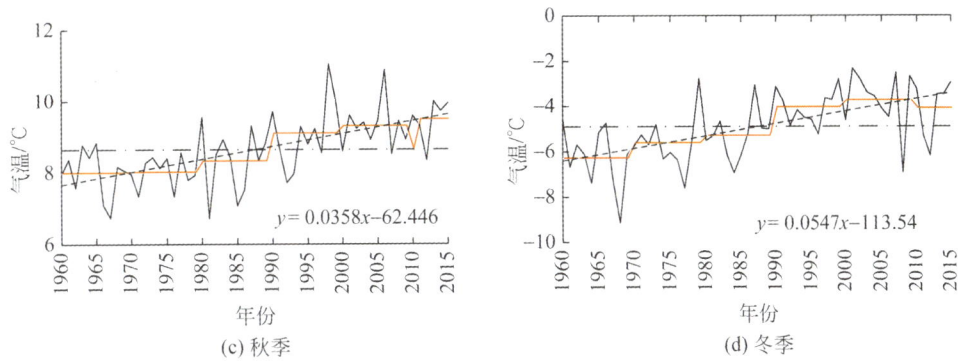

图 2-1 景泰气温的季节变化特征

从图 2-2 可以看出,景泰四季的气温累积距平曲线呈"凹"形(凹向负值),春季在 1996 年之前,气温累积距平值以负值为主,累积距平负向增加约 0.55 ℃/a;1996 年以后,气温累积距平值以正值为主,累积距平正向增加约 0.86 ℃/a。夏季气温累积距平转折点也出现在 1996 年(图 2-2)。1996 年之前,夏季气温累积距平值以负值为主,累积距平负向增加约 0.49 ℃/a;1996 年以后,气温累积距平值以正值为主,累积距平正向增加

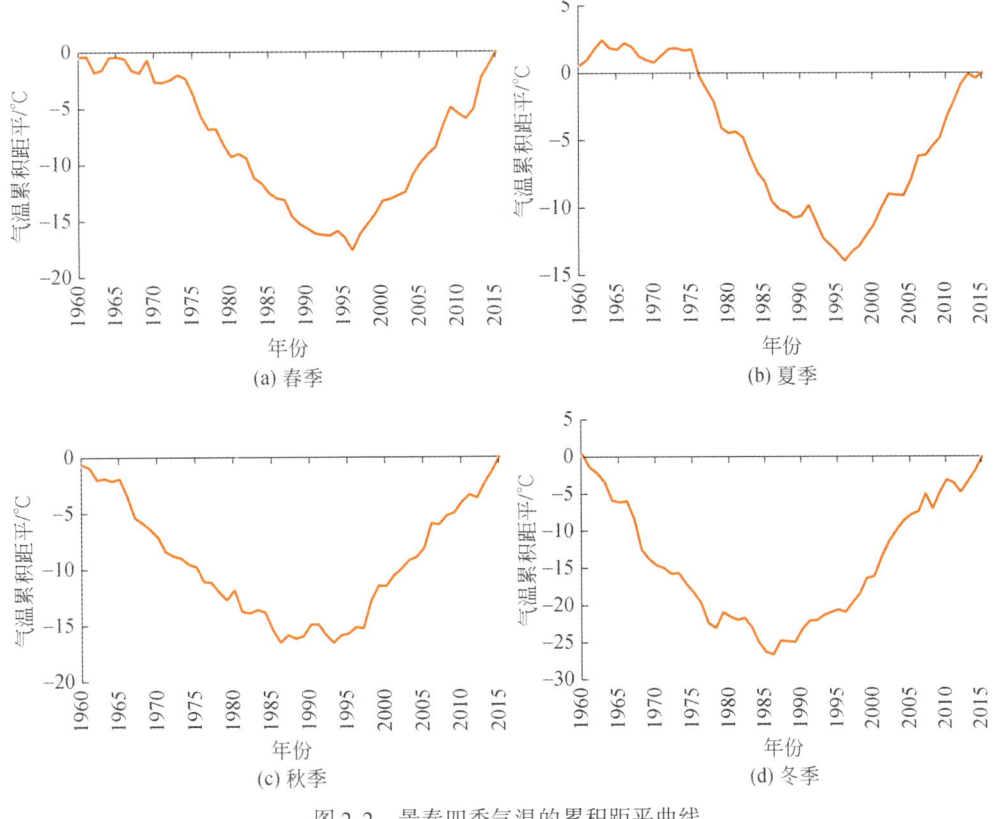

图 2-2 景泰四季气温的累积距平曲线

约 0.78 ℃/a。秋季在 1986 年之前,气温累积距平值以负值为主,累积距平负向增加约 0.61 ℃/a;1986~1996 年,气温变化平稳;1996 年以后,气温累积距平值以正值为主,累积距平正向增加约 0.74 ℃/a。冬季在 1986 年之前,气温累积距平值以负值为主,累积距平负向增加约 0.99 ℃/a;1986 年以后,气温累积距平值以正值为主,累积距平正向增加约 0.92 ℃/a。

(2) 气温的年代际变化

景泰气温变化倾向率为 0.349 ℃/10a(图 2-3),1960~2015 年约上升 1.95 ℃。年均气温在 20 世纪 60 年代、70 年代、80 年代偏低,分别比多年平均值偏低 0.51 ℃、0.62 ℃、0.51 ℃,20 世纪 90 年代、2000~2009 年、2010~2015 年偏高,分别比多年平均值偏高 0.29 ℃、0.86 ℃、0.83 ℃,其中 20 世纪 70 年代气温最低,2000~2009 年气温最高。20 世纪 70 年代比 60 年代、2010~2015 年比 2000~2009 年的气温分别降低 0.11 ℃、0.03 ℃;而 20 世纪 80 年代与 70 年代、90 年代与 80 年代、2000~2009 年与 20 世纪 90 年代相比,气温分别升高 0.11 ℃、0.80 ℃、0.57 ℃,表明自 20 世纪 80 年代至 2000~2009 年气温逐渐升高,其中从 20 世纪 80 年代到 90 年代升温幅度最大。

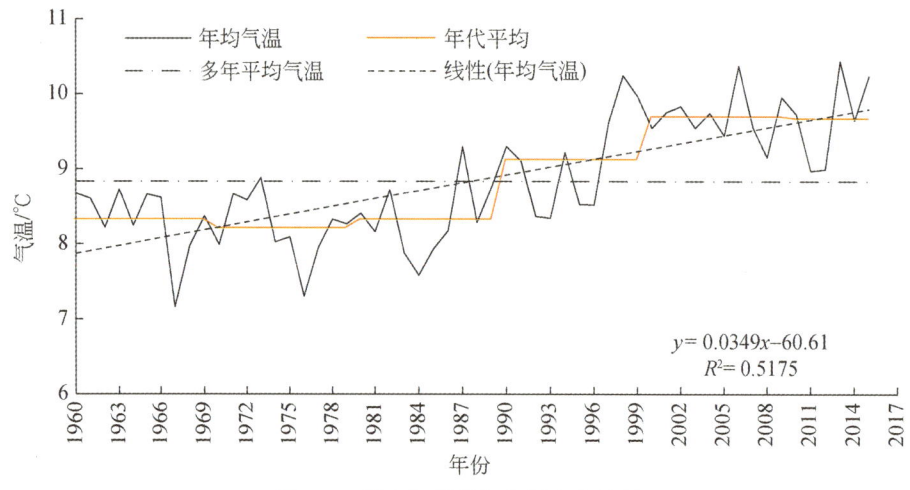

图 2-3 景泰气温的年代际变化特征

如图 2-4 所示,景泰气温累积距平曲线呈"凹"形(凹向负值),在 1986 年之前,年均气温呈下降趋势,气温累积距平值以负值为主,累积距平负向增加约 0.60 ℃/a;1986~1996 年,气温变化平稳;1996 年以后,气温呈显著上升趋势,气温累积距平值以正值为主,累积距平正向增加约 0.56 ℃/a,表明自 20 世纪 90 年代中期之后气温明显变暖。

(3) 气温突变检验

由图 2-5 UF 曲线可以看出,自 20 世纪 80 年代中期以来,景泰气温上升趋势较为显著,且 20 世纪 90 年代末以来这种增暖趋势均大大超过了显著水平 0.05 临界线(显著水平 $\alpha=0.05$ 的临界值为 1.96),甚至超过 0.001 显著水平,表明景泰气温上升趋势是十分

图 2-4　景泰年均气温的累积距平变化

显著的。根据 UF 和 UB 曲线交点位置，确定景泰年均气温 20 世纪 80 年代中期以来的增暖是一突变现象，突变的时间为 1995 年。

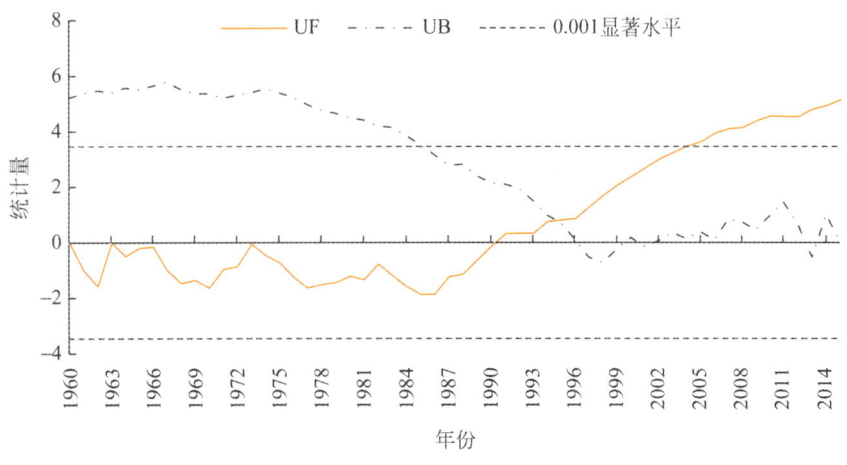

图 2-5　景泰年均气温的突变

2. 降水的时间变化特征

（1）降水的季节变化

景泰的春季、夏季、秋季、冬季降水量变化倾向率分别为 0.43 mm/10a、0.453 mm/10a、0.798 mm/10a、0.632 mm/10a（图 2-6），表明景泰四季降水量均呈增加趋势，但增加趋势不明显。

从景泰四季降水量的年代变化来看，春季降水量在 20 世纪 60 年代、80 年代、90 年代和 2010～2015 年高于多年平均值（图 2-6），分别偏高 3.2 mm、3.4 mm、1.1 mm 和 1.0 mm；20 世纪 70 年代、2000～2009 年降水量偏低，分别比多年平均值偏低 8.1 mm 和

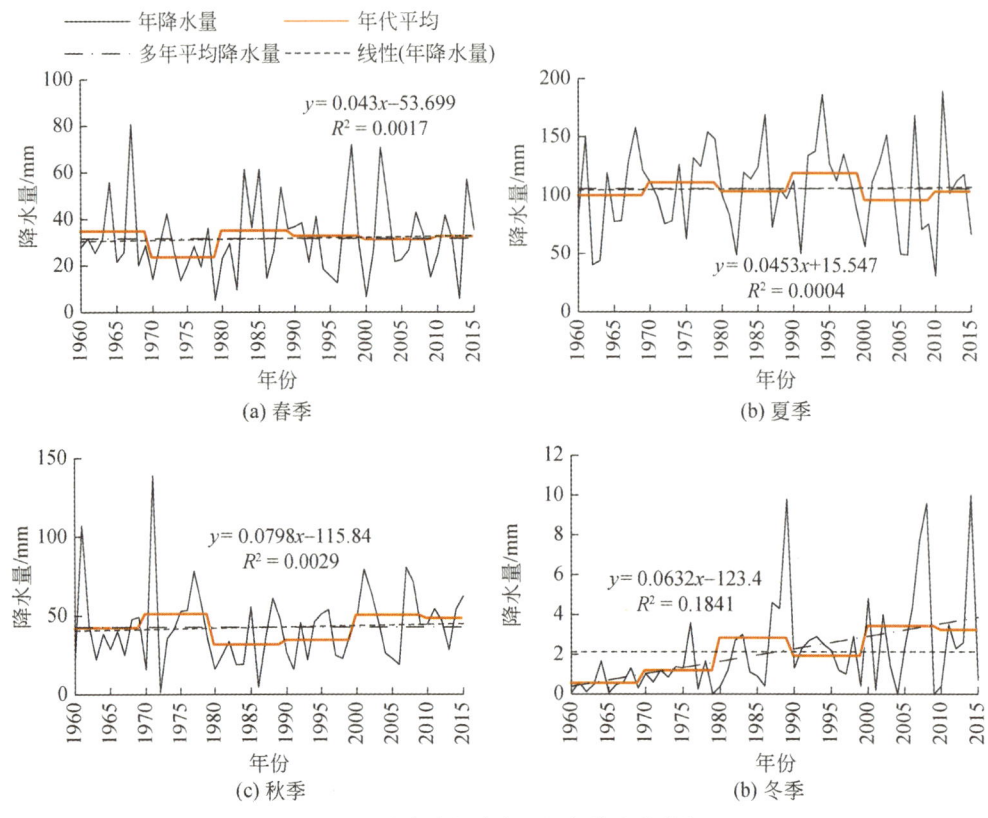

图 2-6 景泰季节降水量的年代变化特征

0.3 mm，其中 20 世纪 70 年代降水量最低，80 年代降水量最高。20 世纪 70 年代与 60 年代相比，降水量减少 11.3 mm，降水减少幅度最大；80 年代比 70 年代降水量增加 11.5 mm，降水增加最多。1960~2015 年景泰春季降水经历了"多—少—多—少—少—多"的变化过程。

夏季降水量在 20 世纪 60 年代、80 年代和 2000~2009 年、2010~2015 年偏低（图 2-6），分别比多年平均值偏低 5.6 mm、2.2 mm、9.5 mm 和 2.4 mm；20 世纪 70 年代和 90 年代偏高，分别比多年平均值偏高 5.4 mm 和 13.3 mm，其中 20 世纪 90 年代降水量最多，2000~2009 年降水量最少。20 世纪 90 年代比 80 年代夏季降水量增加 15.5 mm，降水增加幅度最大；2000~2009 年比 20 世纪 90 年代夏季降水量减少 22.8 mm，降水减小幅度最大。1960~2015 年，景泰夏季降水经历了"少—多—少—多—少—多"的变化过程，其中 20 世纪 60 年代、80 年代、2000~2009 年为少雨期，其余各年代为多雨期。

秋季降水量在 20 世纪 60 年代、80 年代、90 年代偏低（图 2-6），分别比多年平均值偏低 0.4 mm、10.9 mm、8.2 mm；20 世纪 70 年代、2000~2009 年、2010~2015 年偏高，分别比多年平均值偏高 8.4 mm、7.6 mm、5.7 mm，其中 20 世纪 80 年代降水量最少，70 年代降水量最多。1960~2015 年，景泰秋季降水经历了"少—多—少—多—多—少"的变化过程，与春季年代际变化过程相反，年代际降水变化量依次为 8.8 mm、-19.3 mm、

2.7 mm、15.8 mm、-1.9 mm，可见20世纪70年代到80年代秋季降水量大幅度减少；而20世纪90年代到2000~2009年降水量大幅度增加。

冬季降水量在20世纪60年代、70年代、90年代偏低（图2-6），分别比多年平均值偏低1.6 mm、0.9 mm、0.2 mm；20世纪80年代、2000~2009年、2010~2015年偏高，分别比多年平均值偏高0.7 mm、1.3 mm、1.1 mm，其中20世纪60年代降水量最少，2000~2009年降水量最多。1960~2015年，景泰冬季降水经历了"少—多—多—少—多—少"的变化过程，年代际降水变化量依次为0.7 mm、1.6 mm、-0.9 mm、1.5 mm、-0.2 mm，可见冬季降水量在20世纪80年代到90年代为相对少雨期；而70年代到80年代为相对多雨期。

（2）降水的年代际变化

因景泰夏季降水量在年降水量中占比最大，故年降水量与夏季降水量的年际变化趋势一致（图2-6和图2-7）。年降水量线性倾向率为2.34 mm/10a，1960~2015年降水量约增加了13.1 mm，年降水量增加趋势不明显。年降水量在20世纪60年代、80年代与2000~2009年偏低，分别比多年平均降水量偏低4.37 mm、8.93 mm和0.89 mm，20世纪70年代、90年代和2010~2015年偏高，分别比多年平均降水量偏高4.68 mm、6.09 mm和5.71 mm，其中20世纪90年代年平均降水量最多，80年代年平均降水量最少。20世纪80年代比70年代年平均降水量减少13.61 mm，减小幅度最大，90年代相比80年代平均降水量增加15.02 mm，增加幅度最大。

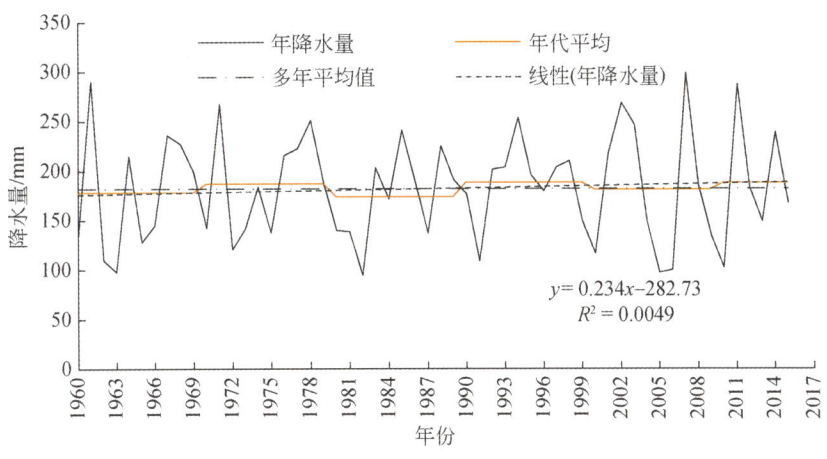

图2-7　景泰降水量的年代际变化特征

（3）降水突变检验

图2-8为1960~2015年景泰年降水量突变检验，UF和UB为统计曲线，取±3.46为临界曲线的M-K检验值（即0.001显著水平）。从图中可以看出，UF、UB两条曲线的交点较多，M-K检验发现年降水量没有特别明显的突变年份。

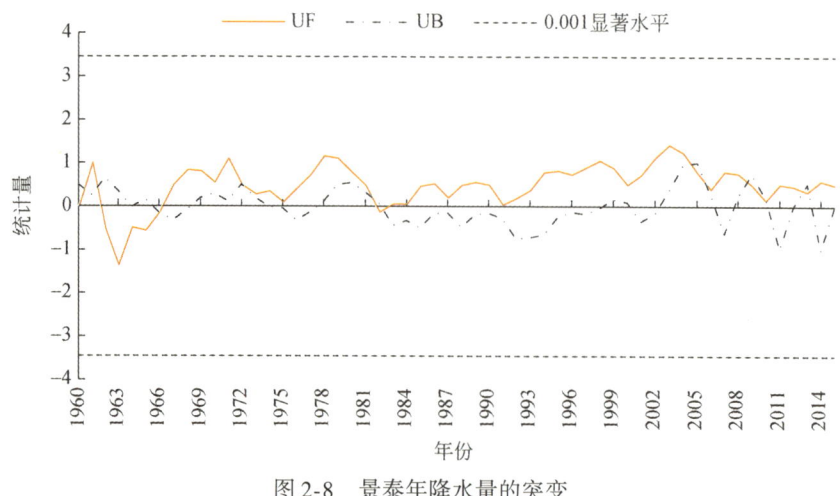

图 2-8 景泰年降水量的突变

2.2 孪井滩样地生态环境特征

本节从生态因子概况和气候变化时序特征两方面阐述内蒙古阿拉善孪井滩示范区的生境特征，前者主要涉及研究区的区域位置、地貌与土壤条件、气候水文条件、植被概况；后者主要从气温和降水的季节、年代际、突变性两个维度三个层面分析研究区的气候时序特征。

2.2.1 孪井滩样地生态环境因子概况

1. 区域位置

孪井滩是内蒙古阿拉善的一个建制镇，全称孪井滩生态移民示范区，是阿拉善实施转移发展战略的重要移民安置基地，地处内蒙古阿拉善东南部，位于陕甘宁蒙经济板块的中心区域。北距阿拉善盟府所在地——巴彦浩特 116 km，东距宁夏银川 120 km、青铜峡 60 km，南距宁夏中宁 50 km、中卫 55 km。

2. 地貌与土壤条件

孪井滩生态移民示范区位于北纬 37°~42°，海拔 1343~1430 m，系荒漠干旱地区，总面积 2916 km^2，其中约 40% 为沙漠，60% 为戈壁沙漠，东部为贺兰山南麓余脉山区，南部为中卫黄河冲积平原，西部为腾格里沙漠，北部为贺兰山脉，中间地势平坦，土壤贫瘠，多为砾石与砂壤土，土肥相对贫瘠。

3. 气候水文条件

孪井滩生态移民示范区，地处荒漠戈壁，远离海洋且无河流经过，属典型的荒漠气候，该地区年平均气温为 8.4 ℃，无霜期为 156 天，年平均空气密度为 1.053 kg/m^3，年平均阴雨天为 39.4 天，年平均降水量为 147.5 mm，年平均大风次数为 17.8 次，年平均雷暴次数为 10 次，年平均日照时数为 3096 h，年太阳能辐射总量为 150~160 kcal/cm^2，太阳能总辐射量为 6490~6992 MJ/m^2。该地区处于沙漠边缘，风大沙大，大气透明度好，光照充足，具有丰富的风力资源和太阳能资源。

4. 植被概况

植物组成以旱生、超旱生灌木、半灌木为主，多年生禾本科和豆科植物较少，主要建群植物以藜科、蒺藜科居多，其次为柽柳科、蔷薇科，具有典型的荒漠植物景观特征。该区植物大多植株矮小，根系发达，耐风沙、耐盐耐旱，能够防止强光灼伤。

2.2.2 孪井滩地区近几十年气候变化特征

本书分析孪井滩研究区的近几十年气候变化所用数据来自中卫的气象数据，这是因为实验样地位于孪井滩，但更接近中卫市。

1. 气温的时间变化特征

（1）气温的季节变化

孪井滩的春季、夏季、秋季、冬季气温均呈上升趋势，气温变化倾向率分别为0.386℃/10a、0.25℃/10a、0.308℃/10a、0.409℃/10a（图2-9），冬季升温幅度最大。从孪井滩四季气温的年代变化来看，春季气温在20世纪60年代、70年代、80年代和90年代偏低（图2-9），分别比多年平均值偏低0.38℃、0.81℃、0.42℃和0.04℃；2000～2009年、2010～2015年气温偏高，分别比多年平均值偏高0.93℃、1.14℃。其中20世纪70年代气温最低，2010～2015年气温最高。春季气温20世纪70年代比60年代降低0.43℃，降温幅度最大，2000～2009年比20世纪90年代升高0.97℃，升温幅度最大。夏季气温在20世纪60年代、70年代、80年代、90年代偏低（图2-9），分别比多年平均值偏低0.27℃、0.39℃、0.35℃和0.30℃；2000～2009年、2010～2015年气温偏高，分别比多年平均值偏高0.61℃、1.18℃，其中20世纪70年代气温最低，2010～2015年气温最高。夏季气温20世纪70年代比60年代降低了0.13℃，降温幅度最大，2000～2009年比20世纪90年代升高0.91℃，升温幅度最大。秋季气温在20世纪60年代、70年代、80年代偏低（图2-9），分别比多年平均值偏低0.54℃、0.50℃、0.16℃；20世纪90年代、2000～2009年、2010～2015年气温偏高，分别比多年平均值偏高0.11℃、0.54℃、0.92℃。秋季气温从20世纪60年代到2010～2015年，每一年代均高于前一年代的气温，分

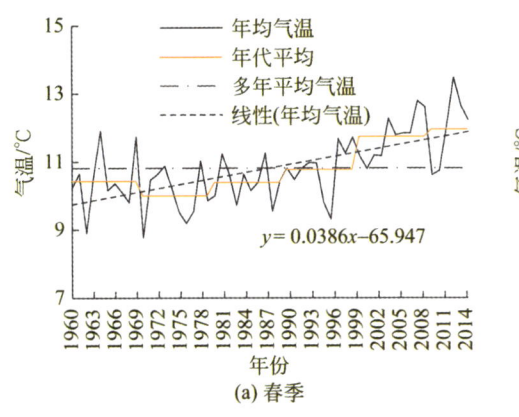

(a) 春季

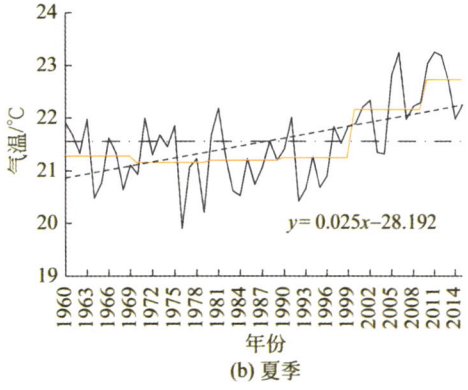

(b) 夏季

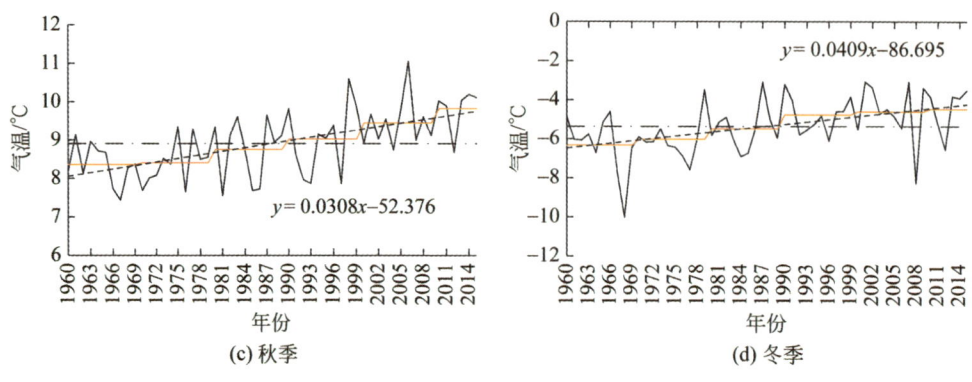

(c) 秋季   (d) 冬季

图 2-9 孪井滩气温的季节变化特征

别升高0.04℃、0.35℃、0.27℃、0.43℃、0.38℃，20世纪90年代到2000～2009年升温幅度最大。冬季气温在20世纪60年代、70年代、80年代偏低（图2-9），分别比多年平均值偏低0.99℃、0.69℃、0.16℃；20世纪90年代、2000～2009年、2010～2015年气温偏高，分别比多年平均值偏高0.58℃、0.74℃、0.87℃。冬季气温从20世纪60年代到2000～2009年，每一年代均高于前一年代的气温，分别升高0.30℃、0.54℃、0.73℃、0.16℃、0.14℃，可见冬季气温从20世纪80年代到90年代升温幅度最大。

从图2-10可以看出，孪井滩四季的气温累积距平曲线呈"凹"形（凹向负值），春季

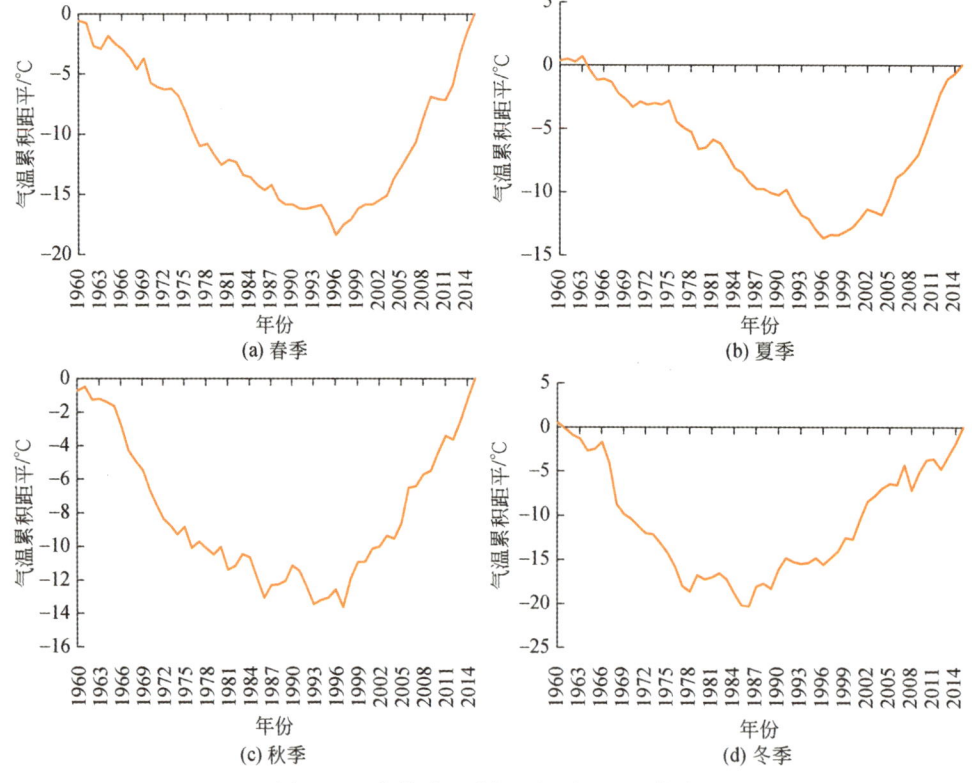

(a) 春季   (b) 夏季

(c) 秋季   (d) 冬季

图 2-10 孪井滩四季气温的累积距平曲线

在1996年之前，气温累积距平值以负值为主，累积距平负向增加约0.50 ℃/a；1996年以后，气温距平值以正值为主，累积距平正向增加约0.93 ℃/a。夏季在1996年之前，气温累积距平值以负值为主，累积距平负向增加约0.39 ℃/a；1996年以后，气温累积距平值以正值为主，累积距平正向增加约0.77 ℃/a。秋季在1986年之前，气温累积距平值以负值为主，累积距平负向增加约0.49 ℃/a；1986～1996年，气温变化平稳；1996年以后，气温累积距平值以正值为主，累积距平正向增加约0.68 ℃/a。冬季在1986年之前，气温累积距平值以负值为主，累积距平负向增加约0.87 ℃/a；1986年以后，气温累积距平值以正值为主，累积距平正向增加约0.64 ℃/a。

(2) 气温的年代际变化

如图2-11所示，李井滩1960～2015年多年平均气温为9.04 ℃，最低气温出现在1967年的7.59 ℃，最高气温出现在2013年的10.66 ℃。1960～2015年气温变化率为0.338 ℃/10a，气温上升趋势显著，尤其是1984年以来，气温变化倾向率达到0.56 ℃/10a。此外，气温的年代际差异明显，20世纪60年代、70年代和80年代气温低于多年平均值，90年代以来气温高于多年平均值。20世纪70年代气温为8.47 ℃，较60年代降低0.02 ℃，是气温最低的年代。2010～2015年气温为10.08 ℃，气温最高。

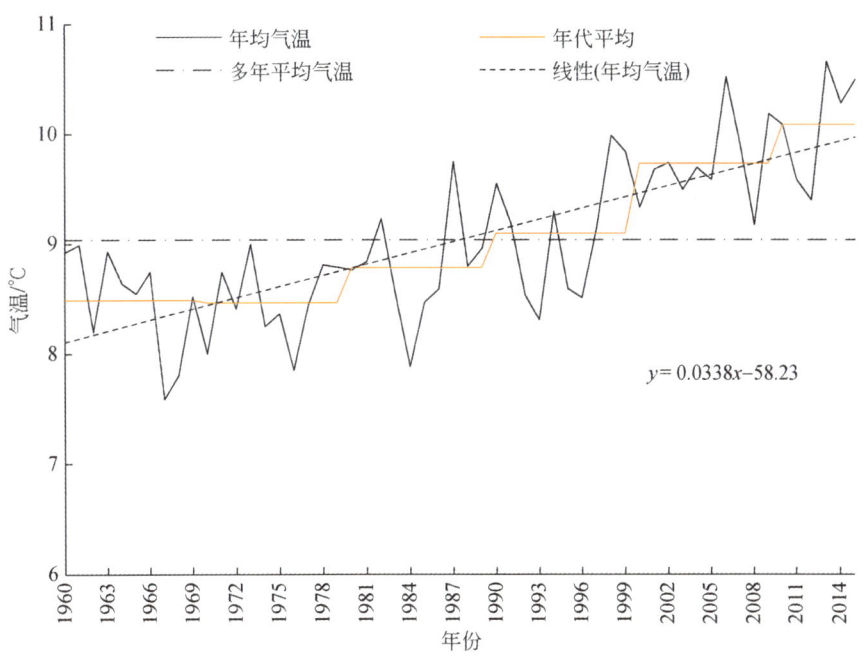

图2-11 李井滩气温年代际变化特征

如图2-12所示，李井滩气温累积距平曲线呈"凹"形（凹向负值），在1986年之前，年均气温呈下降趋势，气温累积距平值以负值为主，累积距平负向增加约0.57 ℃/a；1986～1996年气温变化平稳；1996年以后，气温呈显著上升趋势，气温累积距平值以正值为主，累积距平正向增加约0.78 ℃/a，表明自20世纪90年代中期之后气温明显变暖。

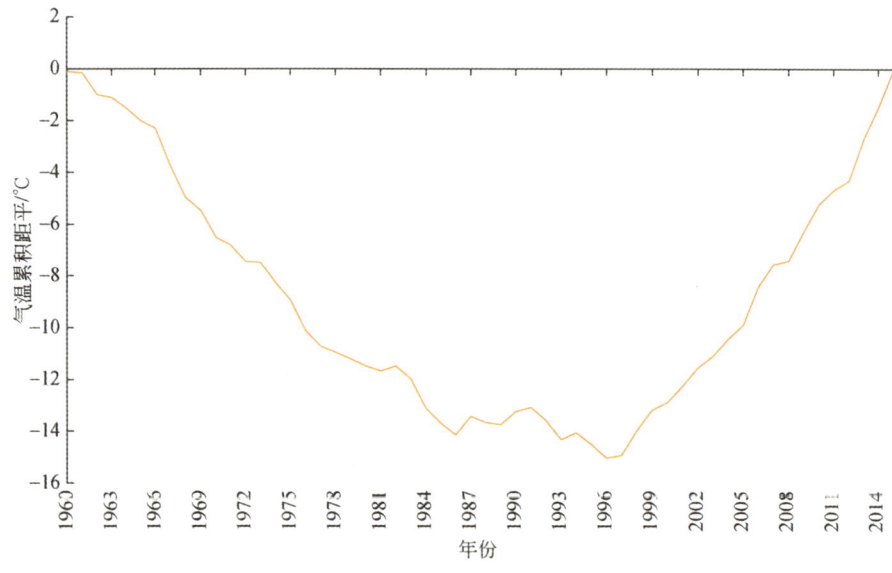

图 2-12 孪井滩年均气温的累积距平变化

(3) 气温突变检验

由图 2-13 UF 曲线可以看出,自 20 世纪 80 年代以来,孪井滩气温呈明显的增暖趋势。且 20 世纪 90 年代末以来这种增暖趋势均大大超过了显著水平 0.05 临界线(显著水平 $\alpha = 0.05$ 的临界值为 1.96),设置超过 0.001 显著水平,表明孪井滩气温上升趋势是十分显著的。根据 UF 和 UB 曲线交点位置,确定孪井滩年均气温 20 世纪 80 年代以来的增暖是一突变现象,突变的时间为 1997 年。

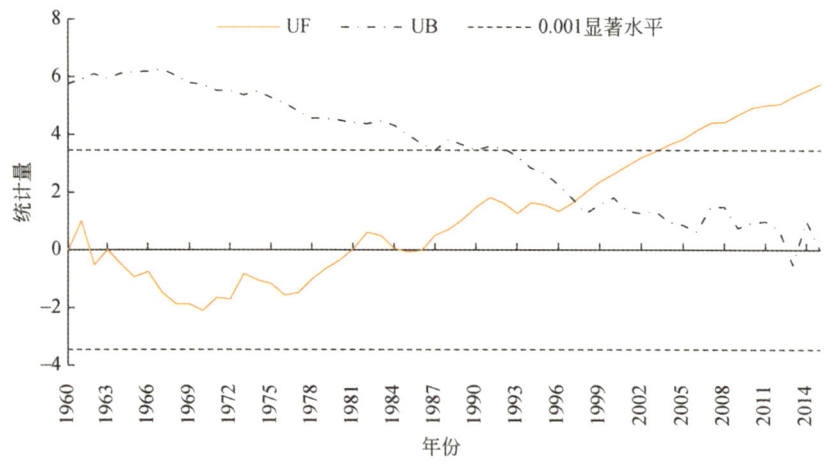

图 2-13 孪井滩年均气温的突变

2. 降水的时间变化特征

(1) 降水的季节变化

孪井滩的春季、夏季、秋季、冬季降水量变化倾向率分别为 -0.909 mm/10a、

−0.89 mm/10a、0.055 mm/10a、0.244 mm/10a（图2-14），表明春、夏两季降水量略有减少，秋、冬两季降水量略有增加，但增加或减小趋势不显著。

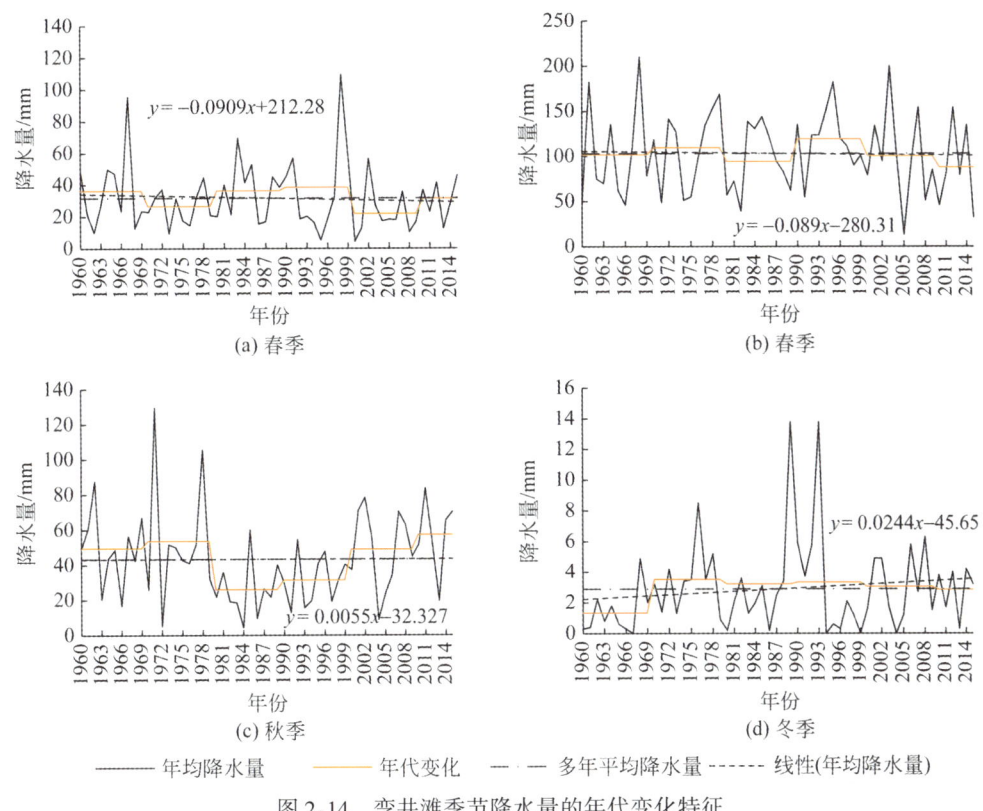

图2-14 孛井滩季节降水量的年代变化特征

孛井滩春季多年平均降水量为31.62 mm，春季降水量在20世纪60年代、80年代、90年代高于多年平均值（图2-14），分别偏高4.34 mm、4.45 mm和6.63 mm；20世纪70年代、2000~2009年和2010~2015年降水量偏低，分别比多年平均值偏低5.34 mm、9.88 mm和0.31 mm，其中2000~2009年降水量最少，20世纪90年代降水量最多。20世纪90年代与2000~2009年相比，降水量减少16.51 mm，降水减少幅度最大；20世纪80年代比70年代降水量增加9.79 mm，降水增加最多。

夏季多年平均降水量为103.33 mm，在20世纪60年代、80年代和2000~2009年、2010~2015年偏低（图2-14），分别比多年平均值偏低1.38 mm、9.04 mm、2.78 mm和15.33 mm；20世纪70年代和90年代偏高，分别比多年平均值偏高6.36 mm和16.03 mm，其中20世纪90年代降水量最多，2010~2015年降水量最少。年代际降水变化量依次为7.73 mm、−15.39 mm、25.06 mm、−18.80 mm、−12.55 mm，可见20世纪90年代比80年代夏季降水量增加幅度更大；2000~2009年比20世纪90年代夏季降水量减小幅度更大。

秋季多年平均降水量为43.35 mm，在20世纪80年代和90年代偏低（图2-14），分别比多年平均值偏低17.63 mm和12.18 mm；20世纪60年代、70年代、2000~2009年、

2010~2015年偏高,分别比多年平均值偏高5.92 mm、10.17 mm、5.44 mm和13.81 mm,其中20世纪80年代降水量最少,2010~2015年降水量最多。与春季年代际变化过程相反,秋季年代际降水变化量依次为4.25 mm、-27.80 mm、5.45 mm、17.62 mm、8.38 mm,可见20世纪80年代比70年代秋季降水量减小幅度最大;而2000~2009年比20世纪90年代降水量增加幅度最大。

冬季多年平均降水量为2.89 mm,在20世纪60年代和2010~2015年偏低(图2-14),分别比多年平均值偏低1.56 mm和0.02 mm;20世纪70年代、80年代、90年代、2000~2009年偏高,分别比多年平均值偏高0.62 mm、0.33 mm、0.45 mm和0.17 mm,其中20世纪60年代降水量最少,70年代降水量最多。年代际降水变化量依次为2.18 mm、-0.29 mm、0.12 mm、-0.28 mm和-0.19 mm,20世纪70年代比60年代降水量增加幅度最大,80年代比70年代降水量减小幅度最大。

(2)降水的年代际变化

孪井滩夏季降水量占全年降水量的57%,年际、年代际降水量变化趋势与夏季降水量大致相似。如图2-15所示,1960~2015年降水量线性倾向变化率为-1.445 mm/10a,降水量减小不显著。孪井滩多年平均降水量为181.25 mm,在80年代、2000~2009年、2010~2015年降水量偏低,分别比多年平均值偏低21.85 mm、7.05 mm和1.38 mm,20世纪60年代、70年代和90年代降水偏高,分别比多年平均值偏高7.23 mm、11.74 mm和10.76 mm。年代际降水变化量依次为4.51 mm、-33.59 mm、32.61 mm、-17.81 mm和5.67 mm,20世纪90年代比80年代降水量增加幅度最大,80年代比70年代降水量减小幅度最大。

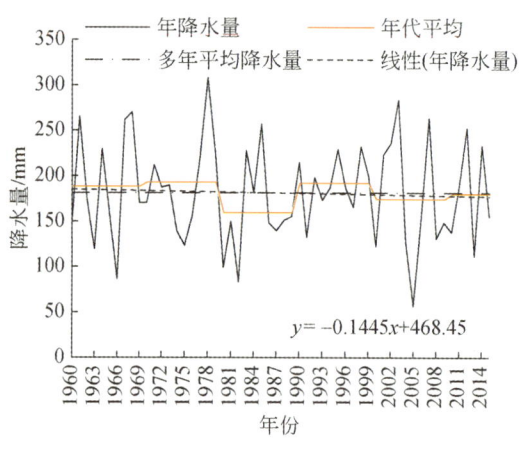

图2-15 孪井滩降水量的年代际变化特征

(3)降水突变检验

图2-16为1960~2015年孪井滩年降水量突变检验,UF和UB为统计曲线,取±3.46为临界曲线的M-K检验值(即0.001的置信度检验区间)。从图中可以看出,UF、UB两条曲线的交点较多,M-K检验发现年降水量没有特别明显的突变年份。

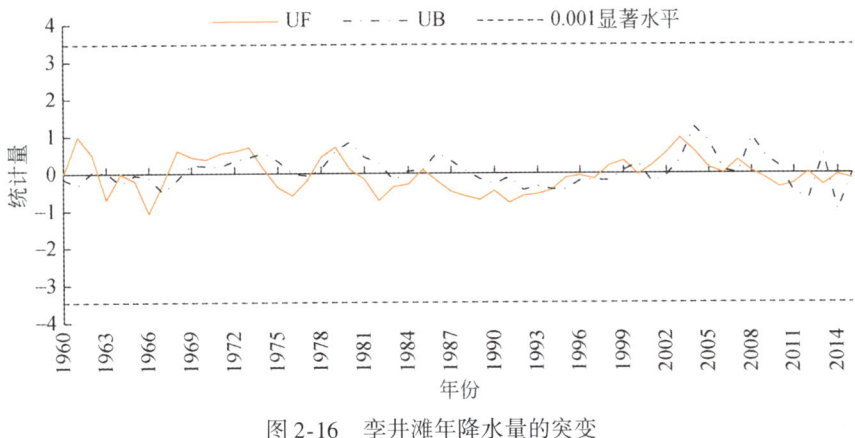

图 2-16　孪井滩年降水量的突变

2.3　荒漠生态系统区气候水热变化综合分析

本节主要基于景泰、阿拉善左旗、中卫、中宁 4 个地区的气温和降水资料，从气温和降水的年代际、季节变化及降水频次等方面分析腾格里沙漠东南缘气候水热条件的时空变化特征及区域差异。

2.3.1　数据来源

腾格里沙漠东南缘景泰、阿拉善左旗、中卫、中宁 4 个地区（各地区的基本信息见表 2-2）的国家气象基准站近 50 年逐日降水资料（来源于中国气象数据网）中，因为所提取的降水数据中 2016 年的降水资料部分缺失，所以降水资料是 1968～2015 年的逐日降水资料。

表 2-2　腾格里沙漠东南缘 4 个地区观测点基本信息

地区	北纬	东经	海拔/m
景泰	37°14′	104°11′	1619.5
阿拉善左旗	38°52′	105°34′	1156.3
中宁	37°10′	105°36′	1184.6
中卫	37°32′	105°10′	1125.7

2.3.2　研究方法

1. 季节划分

按照气象学的划分方法，以 3～5 月为春季，6～8 月为夏季，9～11 月为秋季，12 月至次年 2 月为冬季。

2. 降水量分级

通过对沙漠降水脉冲历史数据的分析,郑新倩等（2012）对干旱区降水脉冲的划分,将降水脉冲按照降水量（P）的多少划分为 5 个等级,其中包含雾、露、霜等水平降水。第Ⅰ级为小量级降水脉冲,包括 $P \leqslant 5$ mm 的降水脉冲,其中,将 $P \leqslant 1$ mm 的降水脉冲划分第Ⅰa级,$P > 1$ mm 的降水脉冲划分为第Ⅰb级。第Ⅱ级为中量级降水脉冲,范围为 $5\ \text{mm} < P \leqslant 10\ \text{mm}$ 的降水脉冲。第Ⅲ级为大量级降水脉冲,包括 $P > 10$ mm 的降水脉冲,其中,将 $10 < P \leqslant 20$ mm 的降水脉冲划分为第Ⅲa级,$P > 20$ mm 的降水脉冲划分为第Ⅲb级。

3. 各级别降水频次和降水量贡献

将降水脉冲分级后,计算 4 个地区各级降水频次和降水量分别占年总降水频次和年降水量的比例。具体计算方法如下：

$$W_{ni} = N_{ij}/N_j \times 100\% \tag{2-1}$$

$$W_{pi} = P_{ij}/P_j \times 100\% \tag{2-2}$$

式中,W_{ni} 和 W_{pi} 分别为第 i 级的降水频次和降水量贡献；N_{ij} 和 P_{ij} 分别为 j 年第 i 级的降水频次和降水量；N_j 和 P_j 分别为 j 年的总降水频次和总降水量。

2.3.3 结果分析

1. 气温的变化特征

（1）气温年变化

据图 2-17 可以看出,腾格里沙漠东南边缘景泰、阿拉善左旗、中宁和中卫四地区 1968~2015 年年均气温分别为 8.91 ℃、9.20 ℃、9.85 ℃和 9.12 ℃,气温变化倾向率分别为 0.338 ℃/10a、0.349 ℃/10a、0.384 ℃/10a 和 0.468 ℃/10a,四地区气温上升趋势较为显著。从 11 年滑动平均曲线可以看出,1968~2015 年气温变化阶段性相同,20 世纪80 年代之前气温变化平缓,气温变化趋势不显著,80 年代初至 21 世纪初气温上升趋势显著,21 世纪初至 2015 年气温变化平缓,气温上升或下降趋势不显著。

（2）气温季节变化

四地区四季气温变化趋势相似。从图 2-18 可以看出,景泰、阿拉善左旗、中宁和中卫四地区 1968~2015 年春季多年平均气温分别为 10.31 ℃、11.11 ℃、11.58 ℃和 10.89 ℃,四地区春季气温相差不大。夏季四地区多年平均气温分别为 21.03 ℃、25.66 ℃、22.48 ℃和 21.58 ℃,阿拉善左旗气温明显高于其他三地区。秋季四地区多年平均气温分别为 8.77 ℃、8.45 ℃、9.61 ℃和 9.00 ℃,四地区气温相差不大。春、夏、秋三季气温变化趋势大致相似,在 20 世纪 90 年代以前气温变化较为平缓,上升或下降趋势不明显,90 年代至 2015 年气温上升趋势较为显著。四地区冬季多年平均气温分别为-4.72 ℃、-8.83 ℃、-4.55 ℃和-5.27 ℃,阿拉善左旗冬季气温明显偏低。冬季气温总体变化较为平缓,呈缓慢上升趋势。

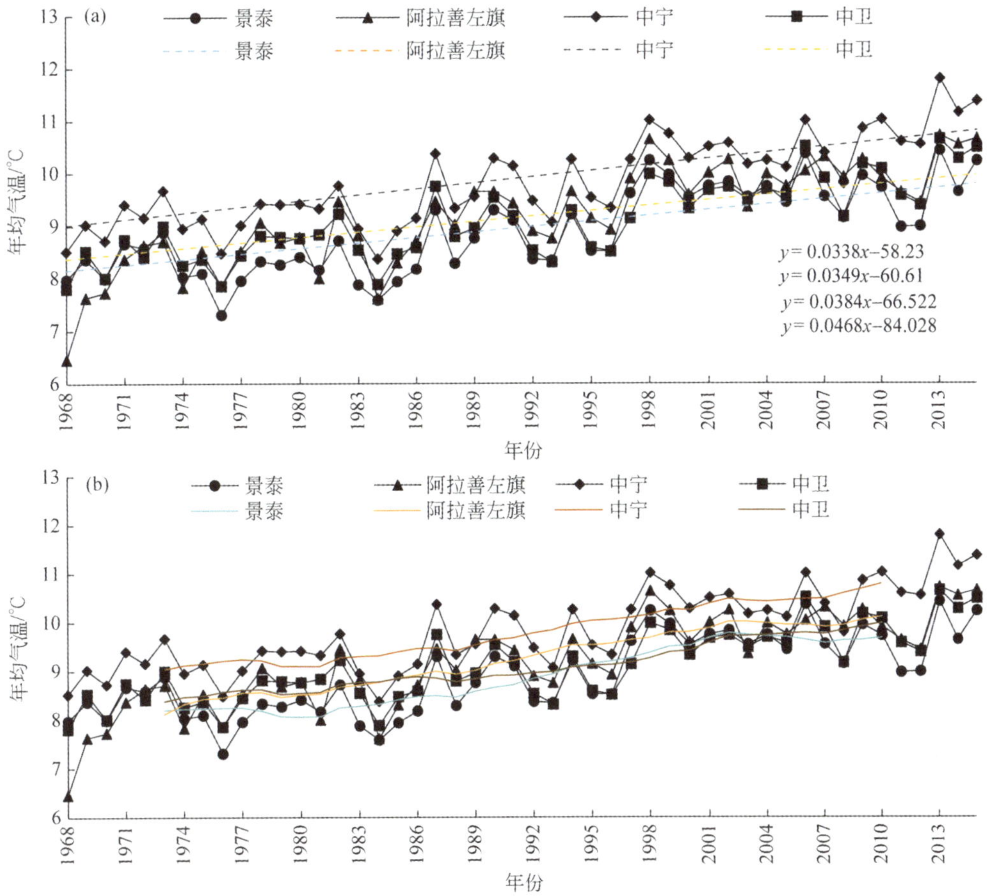

$y = 0.0338x - 58.23$
$y = 0.0349x - 60.61$
$y = 0.0384x - 66.522$
$y = 0.0468x - 84.028$

图 2-17 四地区年均气温变化趋势

带标记点实线为年均气温变化时序特征；虚线为线性趋势线（a）；实线为11年滑动平均曲线（b）

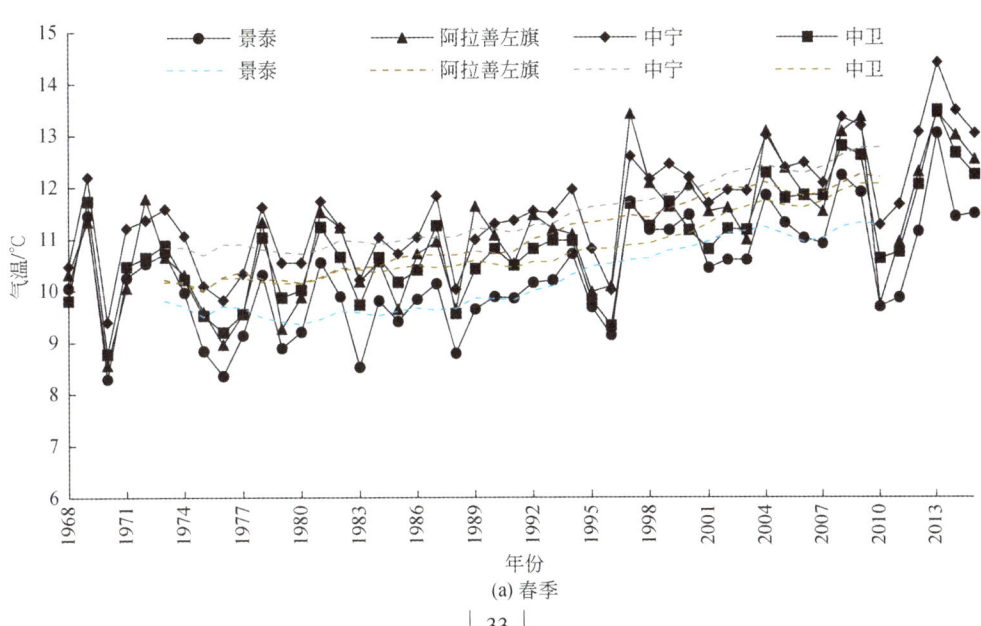

(a) 春季

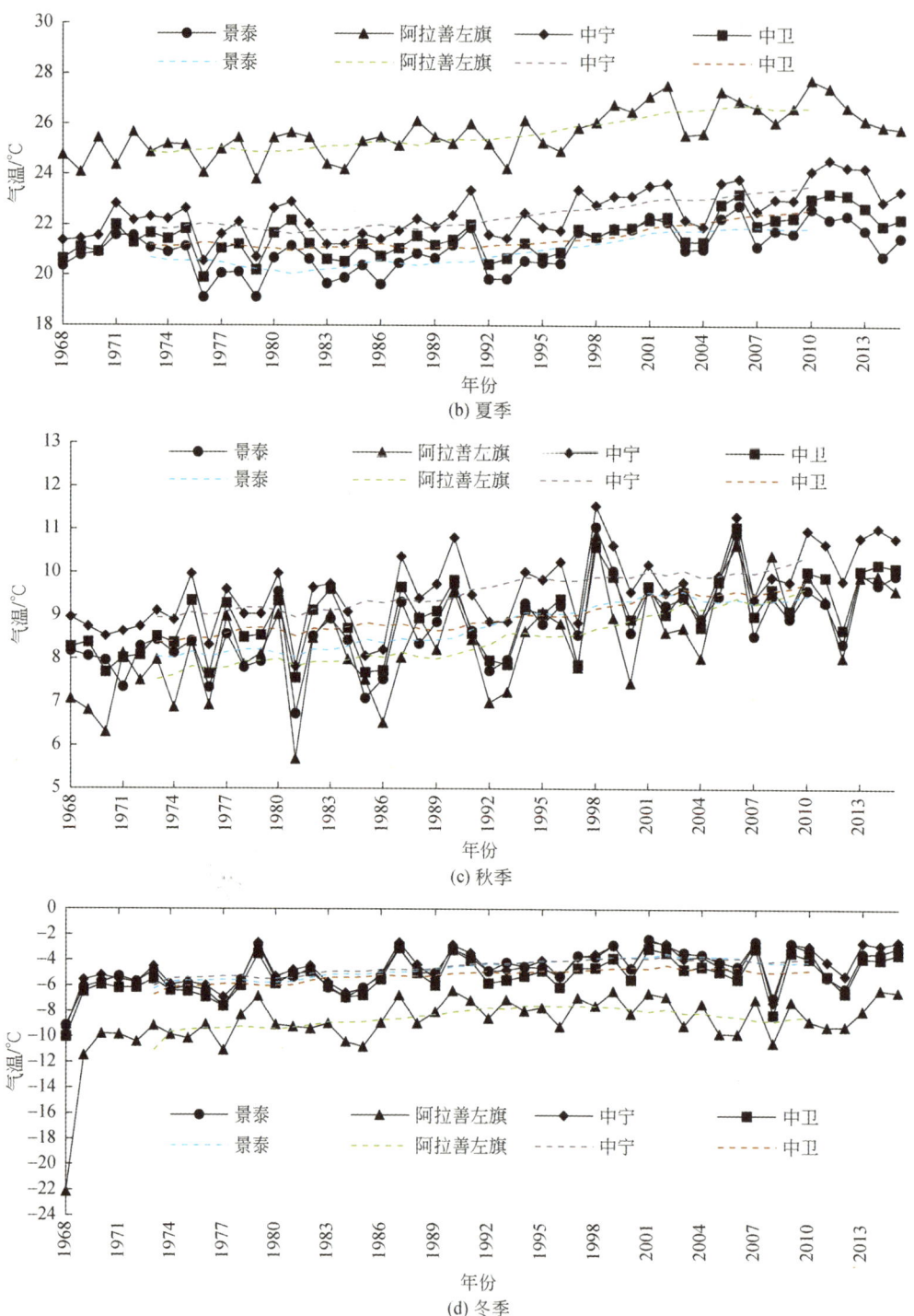

图 2-18 四地区季节气温变化趋势

带标记点实线为季节气温变化时序特征；虚线为 11 年滑动平均曲线

2. 降水的变化特征

(1) 降水年变化

腾格里沙漠东南缘景泰、阿拉善左旗、中宁和中卫四地区多年平均降水量分别为 186 mm、212 mm、202 mm 和 181 mm，降水量较少，属干旱或半干旱环境，其变异系数分别为 0.28、0.26、0.31 和 0.30，降水量年际变化不大。如图 2-19 所示，1968～2015 年四地区降水量倾向率分别为 -0.832 mm/10a、2.166 mm/10a、-4.615 mm/10a 和 -2.326 mm/10a，除阿拉善左旗降水量呈弱增加趋势外，其他三地区降水量均呈弱减少趋势。从 11 年滑动平均曲线可以看出，四地区降水量变化趋势相差不大，20 世纪 70 年代初至 80 年代中期降水量呈波动减少趋势，80 年代中期至 90 年代末降水量变化平缓或略有增加，90 年代末至今降水量略有下降趋势。总体看，四地区年降水量没有出现明显的上升或下降趋势。

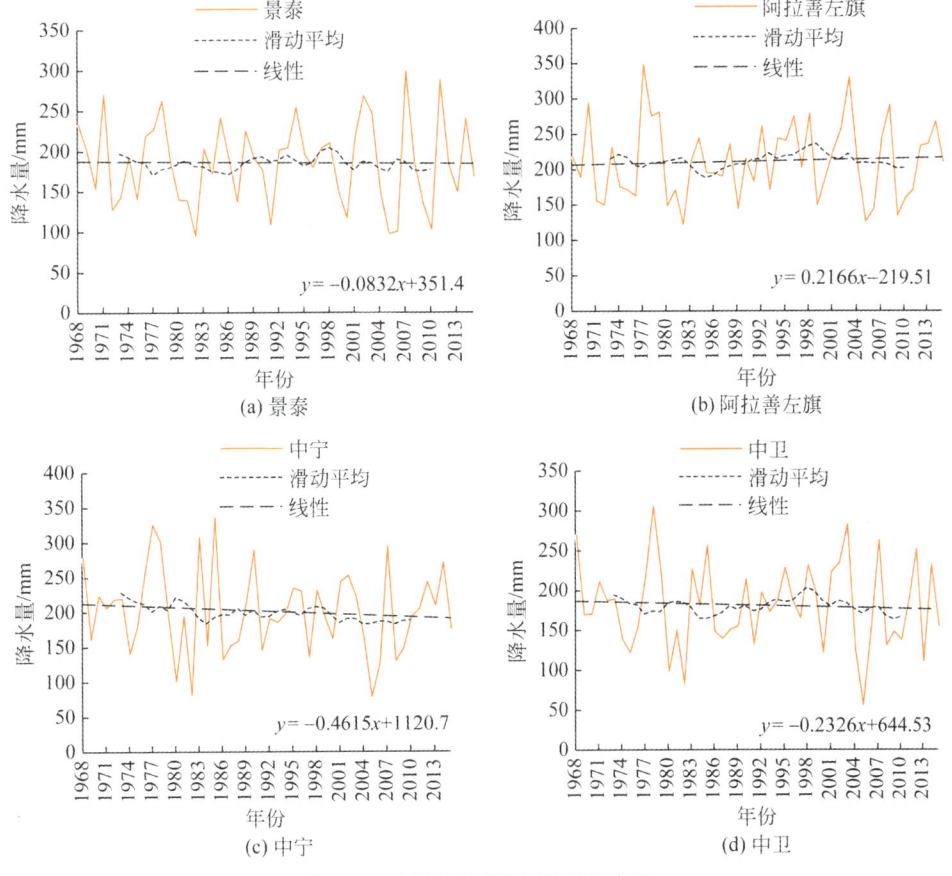

图 2-19　四地区年降水量变化特征

虚直线为年降水量变化线性趋势；虚曲线为 11 年滑动平均曲线

(2) 降水的季节变化特征

由图 2-20 各地区折线图可以分析得出，腾格里沙漠东南缘季节降水类型为夏雨型，夏季多年平均降水量介于 105.26～120.52 mm，占全年降水量的 56.9% 以上，四地区冬季降水量最少，冬季多年平均降水量介于 2.59～5.72 mm。秋季多年平均降水量介于 42.49～48.66 mm，大于春季的 30.16～36.87 mm 多年平均降水量。从图 2-20 各季节滑动曲线可以看出，四地区各季降水量同步性较好。从 11 年滑动平均曲线可以看出，春季 20 世纪 70 年代初至 80 年代末降水量呈波动增加趋势，20 世纪 80 年代末至 2000～2009 年降水量变化较为平缓，处于多雨阶段，21 世纪初至 2015 年降水量呈减少趋势。夏季降水量在 20 世纪 70 年代初至 80 年代初降水量变化平缓，80 年代初至中期降水量呈波动减少趋势，80 年代中期至 90 年代末变化平缓，20 世纪 90 年代末至 2015 年降水量呈波动减少趋势。秋季降水量变化趋势较简单，20 世纪 70 年代初至 80 年代中期降水量呈波动减少趋势，20 世纪 80 年代中期至 2015 年降水呈波动增加趋势。冬季 20 世纪 70 年代初至 80 年代初降水量呈波动减少趋势，80 年代初至 80 年代末降水量呈波动增加趋势，20 世纪 80 年代末至 2015 年降水量呈波动减少趋势。

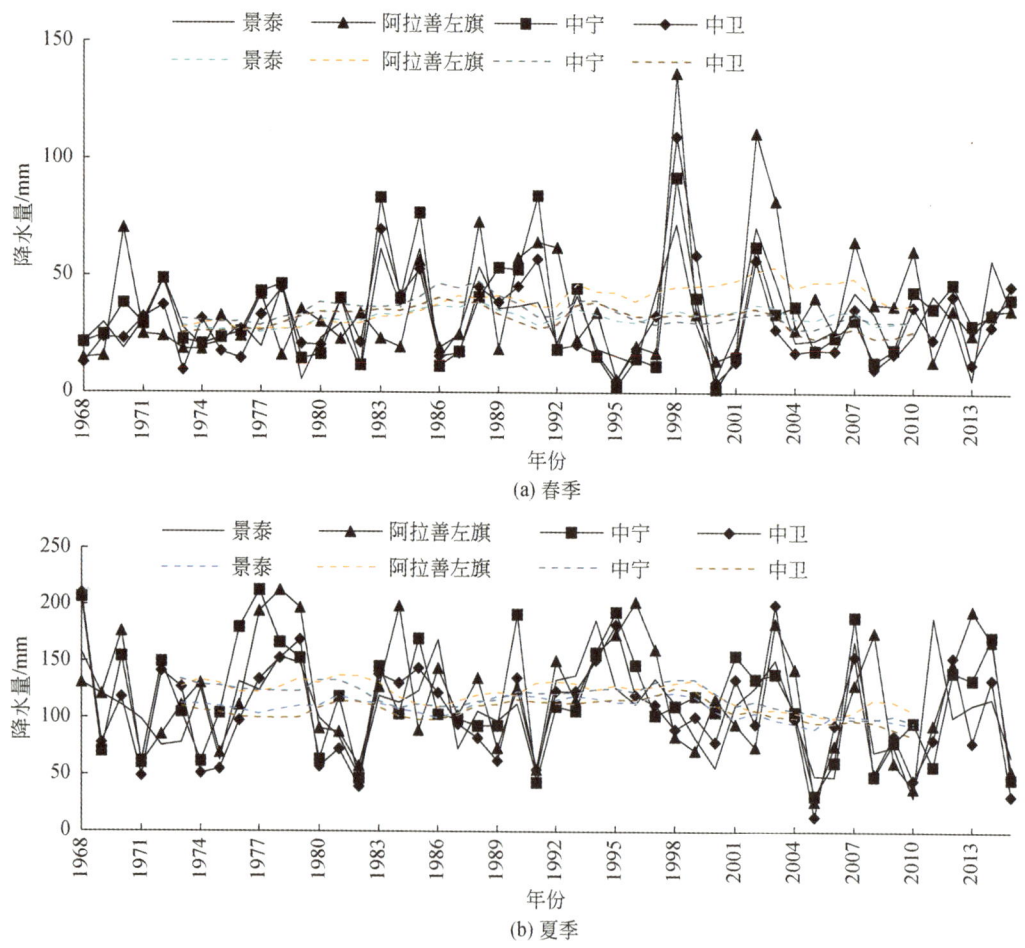

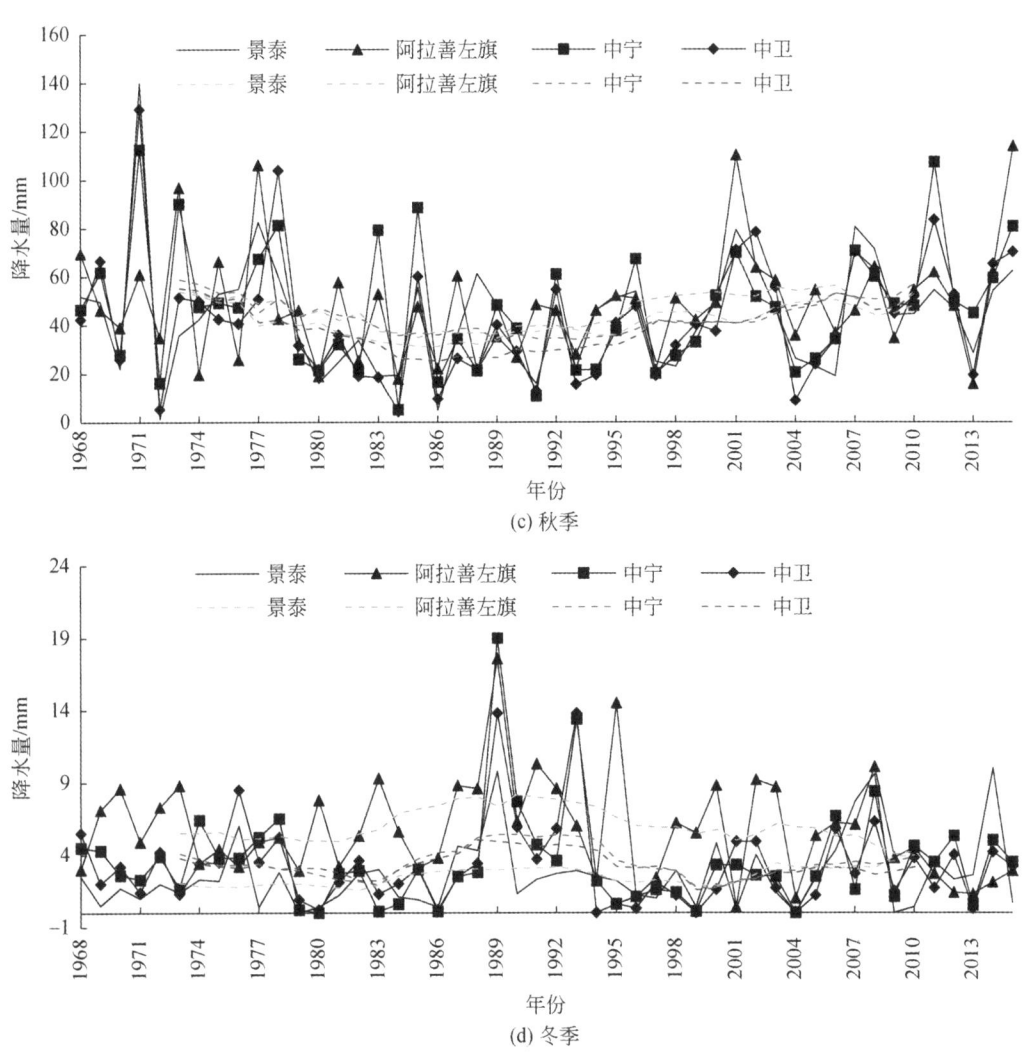

图 2-20 四地区季节降水量变化特征
带标记点实线为季节降水量变化时序特征;虚线为 11 年滑动平均曲线

3. 降水频次和降水量的贡献

(1) 降水频次特征

腾格里沙漠东南缘四地区景泰、阿拉善左旗、中宁和中卫多年平均降水频次分别为 56.69 次、52.56 次、51.25 次和 48.85 次,年降水频次变化倾向率分别为 −0.409 次/10a、−0.243 次/10a、−1.044 次/10a 和 −0.694 次/10a,由此可以看出四地区降水频次均呈减少趋势(图 2-21)。景泰和阿拉善左旗变化趋势大致相似,20 世纪 70 年代初至 80 年代中期降水频次变化相对平缓,80 年代中期至 90 年代初降水频次有增加的趋势。景泰 20 世纪 90 年代初至 2015 年降水频次有减少的趋势,但不显著。阿拉善左旗在 20 世纪 90 年代初至末期,降水频次有减少趋势,20 世纪 90 年代末期至 2015 年降水频次变化平缓,波动幅度较小。中宁在 20 世纪 70 年代初至 90 年代末降水频次呈波动减少趋势，20 世纪 90 年代末至 2015 年降水频次呈波动增加趋势。中卫在 20 世纪 70 年代初至末期降水频次呈波动增加趋势，70 年代末至 90 年代中期降水频次呈波动减少趋势，20 世纪 90 年代中期至 2015 年呈波动增加趋势，但波动幅度不大。

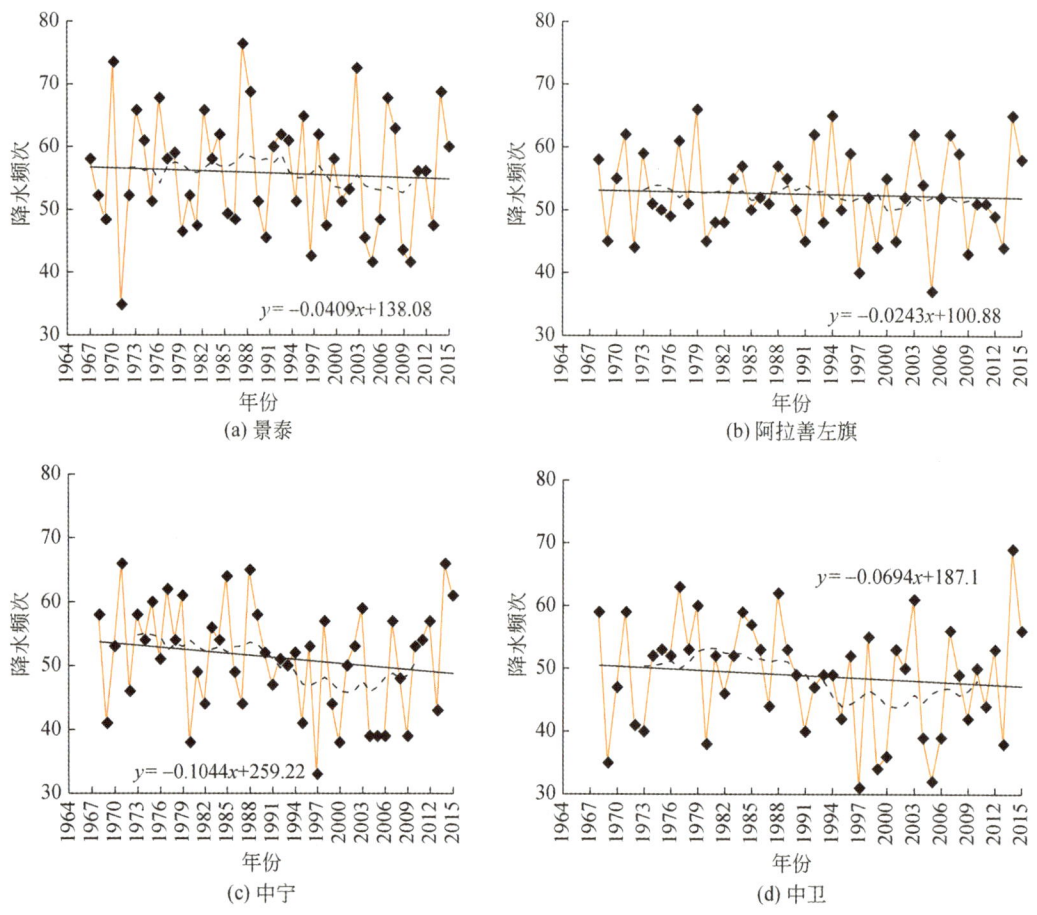

图 2-21　四地区降水频次特征
带标记点实线为年降水频次时序特征；虚线为 11 年滑动平均曲线；实线为线性趋势线

（2）各级降水频次贡献分析

腾格里沙漠东南缘四地区各级降水频次的贡献均随着降水量级的增加而减少（图 2-22），即 Ⅰ>Ⅱ>Ⅲ，区别是中宁与中卫两地区的第 Ⅰ 级降水脉冲 Ⅰa<Ⅰb，而景泰与阿拉善左旗的 Ⅰa>Ⅰb。四地区小降水脉冲（第 Ⅰ 级）的降水频次对年总降水频次的贡献平均为 79.75%，其中景泰为 80%、阿拉善左旗为 75%、中宁为 87%、中卫为 77%。而四地区大降水脉冲（第 Ⅲ 级）的降水频次对年总降水频次的贡献平均为 10.75%，其中景泰为 9%、阿拉善左旗为 12%、中宁为 11%、中卫为 11%。

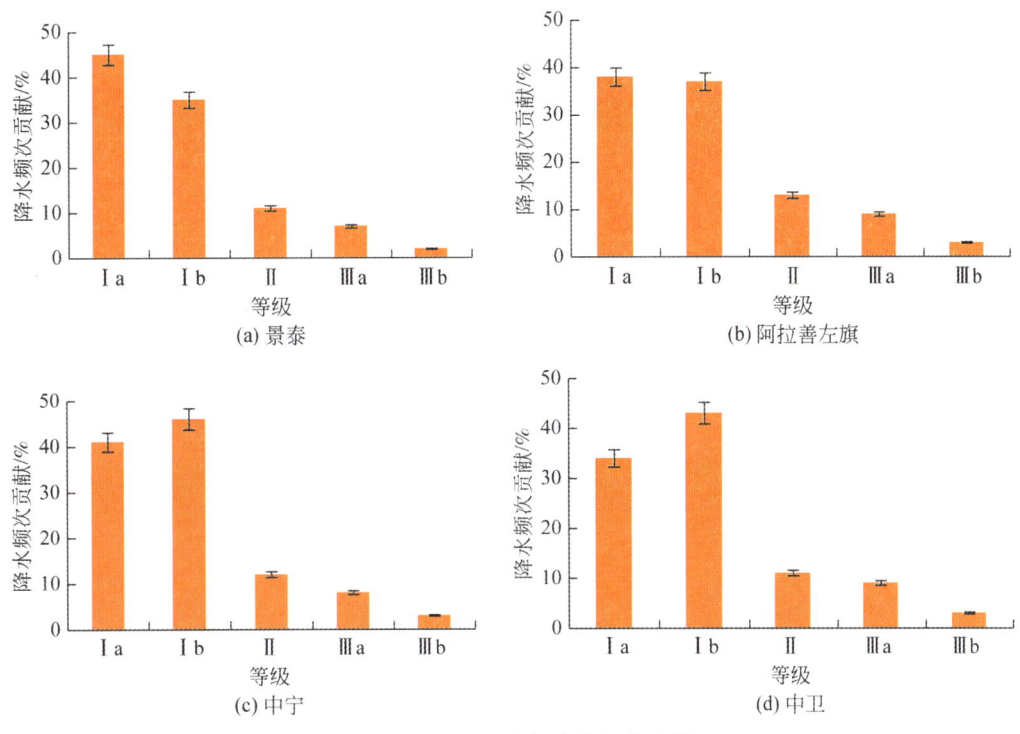

图 2-22 四地区各级降水频次贡献

(3) 各级降水量贡献分析

腾格里沙漠东南缘的四地区各级降水量贡献的分布呈抛物线形（图 2-23），除景泰是以第Ⅰb级的降水脉冲对年总降水量的贡献最大外，其他三地区都是第Ⅲa级降水脉冲对年总降水量的贡献最大。四地区小降水脉冲（第Ⅰ级）的降水量对年总降水量的贡献平均为 30.5%，其中景泰为 39%、阿拉善左旗为 27%、中宁为 28%、中卫为 28%。四地区大降水脉冲（第Ⅲ级）的降水量对年总降水量的贡献平均为 50.25%，其中景泰为 49%、阿拉善左旗为 50%、中宁为 50%、中卫为 52%。

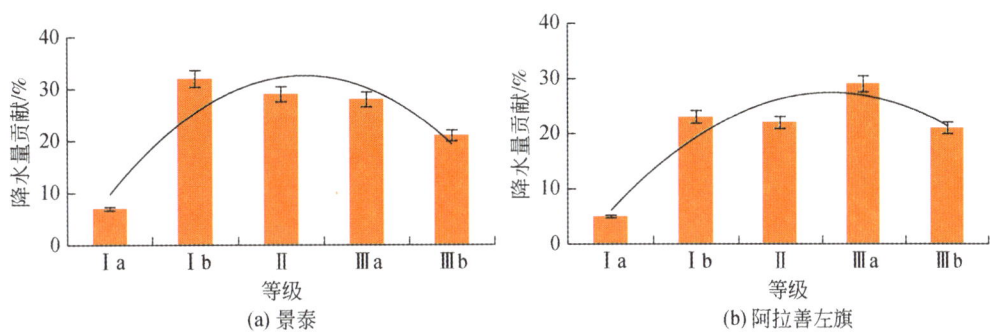

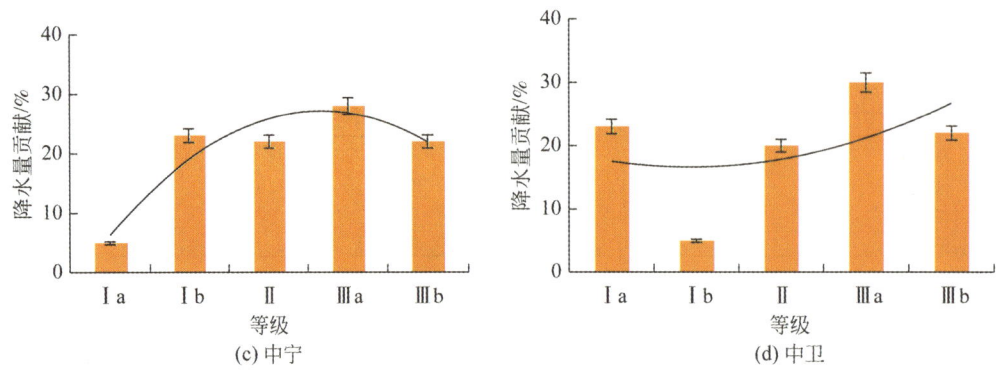

图 2-23　四地区各级降水量贡献

第 3 章　实验系统与观测方法集成

研究方法和实验手段是自然科学研究的基础，方法的好坏直接影响问题解决的程度和效率，一套实验手段的集成运用才能更加深入地、全面地、严谨地揭示事物或现象的本质与规律。目前认识大气水汽进出植物体及其植物体内的运移过程已有多种方法，这些方法的综合运用为开展荒漠植物对大气水汽的吸收利用过程、叶片水汽吸收部位、生理生态响应的集成研究提供了可行性，使实验结果可以相互佐证，增强了研究结论的准确性和科学性。

3.1　实验方法与监测项目

近年来用于植物叶片水分吸收利用的方法主要包括同位素示踪法、染色示踪法、茎干液流法和生理生态识别法。利用同位素示踪技术可实现对叶片吸收的水分到达部位的识别，结合多源线性混合模型可量化吸收量，揭示叶片吸水在植物–水分关系中的重要性。染色示踪法多用于鉴别叶片吸收水分的微结构（如气孔、表皮毛等）以及运移路径。茎干液流法可有效地监测小液流速率甚至逆向液流，解决了实时监测叶片水分吸收传输过程的难题，其应用有助于比较分析各级枝逆向液流在时间轴上的速率大小、传输过程与数量关系。光合气体交换参数和叶绿素荧光参数的变化可以指示叶片水分吸收对植物生理生态的影响。另外，气象要素、植物与土壤水势及水分等植物生境条件的测定，结合上述实验技术的应用，有利于进一步探究生境差异对荒漠植物水汽利用的影响。

3.1.1　大气水汽监测方法

1. 实验设计

荒漠植物吸收利用大气水汽的模拟实验在野外自然条件下进行，利用有机玻璃板搭建大小不一的控制室，并且缝隙处用透明胶带密封，确保控制室内不与外界发生气体交换（图3-1）。

控制室内放置一混合风扇，将超声波加湿器产生的大气水汽气体混匀。同时将大气水汽稳定同位素分析仪的通道直接接至控制室内，以实时监测控制室内大气水汽浓度和大气水汽 $\delta^{18}O$ 与 δD。这些植株的茎干部分包裹有茎流仪，以便进行结果对比分析。控制室内放置温湿度自动记录仪，实时记录整个实验过程的温湿度变化。除了进出取样外，控制室内始终保持密封状态，取样之后，要重新进行加湿，直至相对湿度达到80%。第二天早上揭开控制室的顶盖，一次实验过程结束。

图 3-1 野外实验场景

实验时段主要集中在每年的 6 月中旬至 9 月中旬，这个时段是荒漠植物生长旺盛期，也是荒漠植物对水分需求的关键时期，选择在晴朗无云的 19：00 左右进行，之所以选择这个时段，是因为植物白天蒸腾作用、生长和光合作用消耗了很多水分。白天植物体内储存的水分此时基本消耗完毕，植物处于水分亏缺的状态，这个时段是荒漠植物开始吸收利用水分的时期。

一般来说，水汽的来源主要有三个方面：①对流层的水汽；②土壤中的地表蒸发；③植物蒸腾。加湿实验是在控制室内进行的，排除了对流层的水汽；在控制室内利用塑料布把土壤表面密封起来，土壤蒸发忽略不计；实验是在晚上进行的，植物的蒸腾也几乎排除。通过人为加湿实验为荒漠植物提供水分来源，加湿实验用了 6 种水源，分别为兰州超纯水、康师傅矿物质水（以下简称康师傅矿泉水）、农夫山泉饮用天然水（以下简称农夫山泉饮用水）、景泰寺滩乡寺滩村地下水、祁连山冰雪融水和重氧水（$H_2^{18}O$），6 种水源的氢氧同位素值见表 3-1。选取不同的加湿水源，比较不同水源的大气水汽稳定同位素特征和大气水汽浓度差异，揭示荒漠植物对不同水源吸收利用的响应机制，这也是实验方法上的探索。

表 3-1 加湿实验使用的不同水源的 $\delta^{18}O$ 和 δD 组成 （单位：‰）

样品名称	$\delta^{18}O$	δD
景泰地下水 1	-9.69	-65.26
景泰地下水 2	-9.79	-65.59

续表

样品名称	$\delta^{18}O$	δD
景泰地下水 3	−11.50	−75.79
康师傅矿泉水	−13.25	−80.33
农夫山泉饮用水	−12.41	−68.68
兰州超纯水	−10.24	−74.14
冰雪融水	−9.6	−56.4
重氧水	42.56	

实验过程中需要记录的内容包括日期、控制室类型、控制室体积、水源、加水量、耗水量、加湿时间、加湿时的温湿度、停止加湿时间和停止加湿时的温湿度等一系列数据。

2. 大气水汽同位素测定

分别在 2012 年 9 月 2~6 日、2013 年 7~9 月、2014 年 7~9 月利用 Los Gatos Research (LGR) 公司生产的大气水汽稳定同位素在线分析系统 [Model：912-0026 (WVIA)] 对大气水汽的氢氧稳定同位素组成进行原位连续测定。该系统采用离轴积分腔输出光谱 (off-axis integrated cavity output spectrometer, OA-ICOS) 技术 (Berman et al., 2013)，能原位、高频、连续地对近地面大气水汽中 $\delta^{18}O$ 和 δD 以及 H_2O 的摩尔分数进行同步观测。该分析系统由两部分组成，即标准水汽发生器和水汽稳定同位素分析仪，前者用于提供不同浓度梯度的已知稳定同位素值的水汽（以下简称标准水汽），后者用于分析标准水汽与环境水汽的进气浓度（水汽混合比）和氢氧稳定同位素组成。观测时，两部分轮流、交替工作。平均而言，在一个工作进程中，标准水汽发生器工作 1 h，水汽稳定同位素分析仪工作 1.5 h。为保证水汽稳定同位素时间分辨率较高，将分析仪的取样时间间隔设置为 10 s，即每 10 s 输出一个氢氧稳定同位素的分析结果。可借助于外扩构件同时测量地表 8 个不同高度处的水汽浓度及其氢氧同位素组成。本研究设置 5 个通道，其中 1 个通道是自然条件下的大气水汽稳定同位素对照（0.5 m 代表生态系统边界层水汽和背景大气水汽的分界线）；剩余通道是控制室内的大气水汽稳定同位素的测定，每个通道循环测 5 min，然后 20 min 轮流一次。测定结果以相对于国际原子能机构（International Atomic Energy Agency, IAEA）推荐的 V-SMOW 值表示，$\delta^{18}O$ 的测量精度为<±0.4‰，δD 的测量精度为<±1.2‰。

此外，由于环境气象因子的影响，不同的通道所测定的水汽往往不能被干空气完全冲洗带走，仍有少部分水汽会凝结在管路中，影响下一个切换通道的测试结果，这种现象被称为"记忆效应"。该效应存在于每一次水汽稳定同位素的测试过程中，尤其是在由标准水汽测试模式切换至环境水汽测试模式的过渡时段，该效应表现得更加明显。因此，在利用稳定同位素数据时，还需要剔除每次环境水汽测量最开始的 1 min 异常数据，以消除记忆效应的影响。校准源使用兰州超纯水（$\delta^{18}O$ 和 δD 已知，见表 3-1），每隔 24 h 左右进行一次大气水汽校准源的更换。

在测定时，每个通道水汽输送管由加热带包裹（60 ℃），防止水汽凝结，而且仪器上要盖上一层防水布以避免直接的太阳辐射，从而提高温度的稳定性。在每个通道的顶端安装防雨罩，防止降水时雨水的影响。

3. 气象数据测定

自然条件下，距地表 3 m 处安装自动气象站，同步进行气象因子测定，大气温湿度、大气压和风速测定间隔为 30 min。每个控制室内均放置温湿度自动记录仪，进行控制室内气象因素的测定。记录的数据有温度和相对湿度，而且记数频率较短，每隔 5 min 记录一次。

3.1.2 荒漠植物茎干液流监测方法

1. 热平衡液流仪工作原理

根据可测植株直径的范围，热平衡液流仪分为茎干热平衡液流仪和树干热平衡液流仪；依据输入的功率是否恒定又分为两种类型：一种是以恒定的功率作用于茎干或树干；另一种是供应变化的功率以确保被测部位温差恒定（Ishida et al., 1991；Weibel and Boersma, 1995）。本研究中用的热平衡液流仪是定功率茎干热平衡液流仪。依据能量平衡原理，输入热量等于各部分耗散热量之和，因此能量平衡方程可表示为

$$P_{in} = Q_r + Q_v + Q_F + Q_s \tag{3-1}$$

式中，P_{in} 为加热元件传输给茎干的热量（W）；Q_r 为以辐射的方式向四周传导的径向热耗散（W）；Q_v 为茎干竖向（轴向）传导的热量（W），包括向上的热交换 Q_u 和向下的热交换 Q_d；Q_F 为茎干液流携带的热量（W）；Q_s 为以能量的形式储存在茎干内，即茎干热储（W）：

$$Q_s = C_{st} \frac{dT_{st}}{dt} \tag{3-2}$$

式中，C_{st} 为茎干热容（J/K）；T_{st} 为被加热茎干部位的平均温度（K）；t 为时间。

在不考虑茎干本身热储（Q_s）的情况下，式（3-1）简化为

$$P_{in} = Q_r + Q_v + Q_F \tag{3-3}$$

根据欧姆（Ohms）定律，输入热能为

$$P_{in} = V^2/R \tag{3-4}$$

式中，V 为加热电压（V）；R 为包裹传感器的加热电阻（Ω）。

根据傅里叶（Fourier）定理，竖向传导的热量部分：

$$Q_v = Q_u + Q_d = K_{st} \times \frac{(BH - AH)/dX}{0.04} \tag{3-5}$$

其中，

$$Q_u = K_{st} \times A \times dT_u/dX \tag{3-6}$$

$$Q_d = K_{st} \times A \times dT_d/dX \tag{3-7}$$

式中，K_{st} 为茎干的轴向热传导率 [W/(m·K)]，一般为常数，木质茎取值 0.42 W/(m·K)；A 为茎干横截面积（cm²）；BH、AH 均为竖向被测部位茎干温度差（mV）；0.04 为电压

(mV) 与温度（℃）间的转化常数；dT_u/dX 和 dT_d/dX 分别为向上和向下的温度梯度（K/m）；dX 为热电偶节点间距（mm）。

径向传导的热量部分：

$$Q_r = K_{sh} \times CH \tag{3-8}$$

式中，CH 为径向散热热电偶电压（mV）；K_{sh} 为鞘传导率（W/mV），在植物茎干液流为零时，即 $Q_F = 0$ 时，K_{sh} 由式（3-3）和式（3-8）得到 $K_{sh} = (P_{in} - Q_v)/CH$。

茎干液流携带的热量部分：

$$Q_F = F \times C_p \times dT \tag{3-9}$$

式中，F 为茎干液流速率（g/s）；C_p 为水的比热 4.168 J/(g·℃)；dT 为探头两个温度监测点间茎干液流温度变化（℃）。

$$dT = \frac{(AH + BH)/2}{0.04} \tag{3-10}$$

根据式（3-3）、式（3-9），茎干液流速率可表达为

$$F = (P_{in} - Q_v - Q_r)/(C_p \times dT) \tag{3-11}$$

2. 实验方法

2012~2014 年在景泰寺滩村退耕还林地对柽柳整个生长季的茎干液流进行连续自动监测。每次野外实验期间，分别选择 2~3 株长势相近的柽柳用于控制与对照实验，利用 Flow32（Dynamax，USA）包裹式热平衡液流仪测定已选柽柳植株茎干液流变化。为了研究单株植物各级枝干在时间轴上液流变化特征及其对环境因子的响应，各选取 2~3 株长势、大小较一致且有多个主枝的植株，在控制与对照组每株上选择一定规格的主枝（因为试验地柽柳没有明显的主干或者主干较短，所以将一级枝视为主枝）、二级枝以及较细的嫩枝（5~10 mm），安装 Flow32 包裹式热平衡液流仪昼夜连续监测（图 3-2）。同一枝干上下级关系的分枝液流的变化可以反映植物地上部分的上、下枝条的蒸腾耗水关系和分叉限制等水力结构特性，并且当逆向液流出现时，可以分析比较各级枝逆向液流参数在时间轴上的变化、传输量级、传输关系及影响因子。

图 3-2 景泰样地柽柳茎干液流包裹示意

参照包裹式热平衡液流仪操作手册认真安装仪器，具体步骤如下：①茎干准备，选取茎干较直的枝条，用粗细适度的砂纸在待包裹传感器的位置轻轻打磨，打磨的范围由待安装的传感器型号决定，检查打磨程度，应尽量避免损害活组织；②用游标卡尺测量枝条的去皮胸径；③用纸巾清理已打磨部位，并喷洒 Nature Oil，预防不定根生成；④用 G4 复合物涂抹传感器的各个部位，预防传感器与颈部滋生霉菌，或雨水进入损坏传感器；⑤安装传感器，确保电热堆的两端搭接完好，且稳固；⑥用橡皮泥封住已包裹好的传感器上部，预防雨水进入传感器；⑦记录传感器的型号和阻值，连接传感器与数据采集器的端口，并记录端口号；⑧为防止太阳辐射对探头的影响，用锡箔包裹已安装好的传感器，并用胶带或扎带固定，对于安装位置较低的传感器，应用锡箔包裹至基部，尽量减少地面辐射或冷流的影响；⑨设置数据采集间隔，每 20 s 扫描一次数据，每 2 min 平均一次，每 6 min 记录一次（野外控制实验期间，根据实验目的不同，有些时段为每 2 min 记录一次，生长季自动监测期间为每 6 min 记录一次）。包裹式热平衡液流仪记录的液流速率的单位为 g/h，可以将茎干液流 24 h 累计值作为单日蒸腾量的估算值。

2013 年的 8～9 月和 2014 年的 7 月分别在内蒙古的孪井滩和额济纳旗开展梭梭、白刺、红砂、霸王（仅在孪井滩开展）的茎干液流监测，对这 4 种灌木的热平衡液流仪安装方式与柽柳的相似。另外，因红砂的枝条较短，大部分植株未分级包裹。

3.1.3 同位素示踪方法

1. 氢氧稳定同位素示踪分析机理

一般情况下，植物通过根部吸收土壤中的水分，通过茎的运输作用使水分到达植物体的各个组织，最后通过植物的叶片以水蒸气的状态散失到大气中的过程称为"蒸腾作用"，其主要过程为：根际土壤→根毛→根内导管→茎内导管→叶内导管→气孔→大气，植物根系在吸水和运输的过程中不发生同位素分馏，而在叶片蒸腾的过程中存在同位素分馏，轻的同位素通过气孔散失出去，留下重的同位素，因此叶片相对富集重同位素。植物叶片从大气中吸收水分的过程称为"逆向蒸腾"（Milburn，1979）。叶片吸收水分后逆向传输，其传输过程为：大气→气孔→叶内导管→茎内导管→根内导管→根毛→根际土壤。这是干旱区植物对环境适应形成的特殊的水分利用机制。在此过程中，植物叶片水的同位素值会因所引入的水同位素值的大小发生变化，植物茎水中的同位素值也会发生混合变化，同位素示踪技术指示植物利用水汽的机理示意如图 3-3 所示。

以非饱和水汽加湿，加湿前先测得植物叶片水中的同位素值（$\delta^{18}O_1$、δD_1），加湿后再测得植物叶片水中的同位素值（$\delta^{18}O_2$、δD_2），加湿前后植物叶片水中的同位素值变化（$\Delta\delta^{18}O$、$\Delta\delta D$）为

$$\Delta\delta^{18}O = \delta^{18}O_2 - \delta^{18}O_1 \tag{3-12}$$

$$\Delta\delta D = \delta D_2 - \delta D_1 \tag{3-13}$$

如果用轻的同位素示踪，叶片吸水后同位素值会降低，$\Delta\delta^{18}O$ 和 $\Delta\delta D$ 为负值；如果用重的同位素示踪，叶片吸水后同位素值会升高，$\Delta\delta^{18}O$ 和 $\Delta\delta D$ 为正值。这种同位素值的变

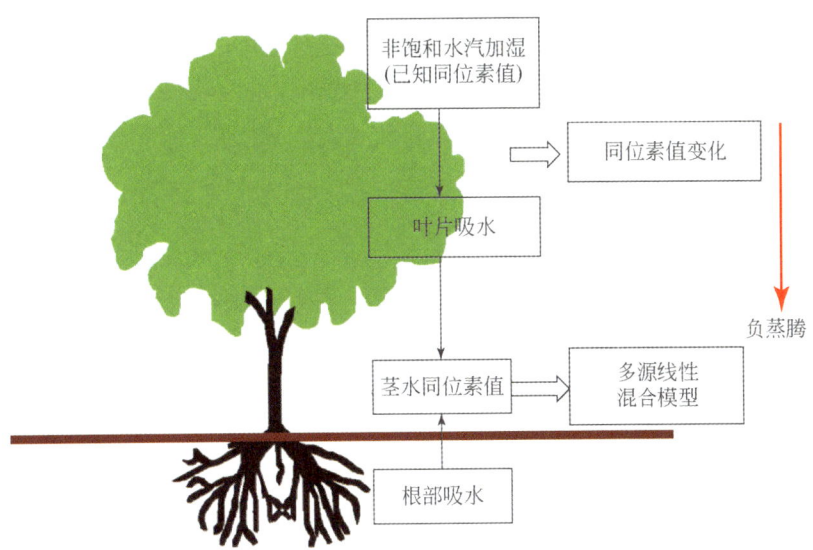

图 3-3　同位素技术研究植物利用水汽的机理

化（$\Delta\delta^{18}O$、$\Delta\delta D$）说明柽柳可以通过叶片吸收非饱和水汽，因为加湿控制下对柽柳叶片水分同位素值影响最大的外部来源只有一个，即用于加湿的非饱和水汽。

水分被植物根系吸收沿木质部向上运输时以液流形式进行，因为水分在栓化或成熟的植物体内运输时不存在汽化现象（White et al., 1985），所以水分在从根部向枝干的运输过程中不存在同位素的分馏，即植物导管内水的氢氧稳定同位素与其来源处的值保持一致。因此，除了少数盐生植物外（Ellsworth and Williams, 2007），木质部中氢氧稳定同位素值被认为可以反映植物的水分来源（Dawson, 1993）。而不同水源氢氧同位素组成存在差异，据此可以植物木质部水分的氢氧同位素分析植物利用不同水源的比例。利用二项或三项分隔线性混合模型（two or three-compartment linear mixing model）（White et al., 1985），可以估算出植物对不同水源的相对使用量。当植物有两种水分来源时，计算公式为

$$\delta D = x_1 \delta D_1 + x_2 \delta D_2 \tag{3-14}$$

$$\delta^{18}O = x_1 \delta^{18}O_1 + x_2 \delta^{18}O_2 \tag{3-15}$$

$$x_1 + x_2 = 1 \tag{3-16}$$

当存在三种或三种以上水分来源时，计算公式以此类推：

$$\delta D = x_1 \delta D_1 + x_2 \delta D_2 + x_3 \delta D_3 \tag{3-17}$$

$$\delta^{18}O = x_1 \delta^{18}O_1 + x_2 \delta^{18}O_2 + x_3 \delta^{18}O_3 \tag{3-18}$$

$$x_1 + x_2 + x_3 = 1 \tag{3-19}$$

式中，δD（$\delta^{18}O$）为植物木质部水分的稳定氢（氧）同位素组成；δD_1（$\delta^{18}O_1$）、δD_2（$\delta^{18}O_2$）、δD_3（$\delta^{18}O_3$）为水源 1、2、3 的稳定氢（氧）同位素组成；x_1、x_2、x_3 为水源 1、2、3 在植物所利用的水分总量中所占的比例。

当植物利用水分的来源超过 3 种时，利用二项或三项分隔线性混合模型也往往很难做到定量植物水分来源，因此一种可以计算多种水分来源的修正模型被提出来（Phillips and

Gregg, 2003), 即基于同位素质量平衡的同位素多源线性混合模型:

$$\delta D_p = \sum_{i=1}^{n} f_i \delta D_i \tag{3-20}$$

$$\delta^{18}O_p = \sum_{i=1}^{n} f_i \delta^{18}O_i \tag{3-21}$$

$$1 = \sum_{i=1}^{n} f_i \tag{3-22}$$

式中, δD_p、$\delta^{18}O_p$ 分别为植物组织水分的稳定氢(氧)同位素组成; δD_i、$\delta^{18}O_i$ 分别为水源 i 的稳定氢(氧)同位素组成; f_i 为植物对水源 i 的吸收比例。

采用 IsoSource 法, 一般先把所有来源加起来的总贡献率100%确定下来, 再确定各水源对植物贡献率的上下限。该方法基于迭代运算, 先确定一个较小的增量, 设为1%或2%, 建立各种潜在水源的所有可能组合, 各水源比例相加为100%, 然后计算每种可能性组合的同位素指示值, 将其与植物茎水的同位素比值对比, 如果相同或在质量平衡允许偏差范围内, 则得到各水源对植物的贡献率。计算得到的结果是一个范围值(最小值和最大值区间)。

2. 同位素加湿水源

(1) 加湿方式与时间

使用家用超声波加湿器, 可以将液体水均匀雾化成 5 μm 左右的超微水汽颗粒, 而植物的气孔一般长 20 ~ 40 μm, 宽 5 ~ 10 μm, 超声雾化后的水汽可以被气孔捕获吸收。研究也发现, 在超声波雾化的过程中不存在水源同位素值的变化。加湿水源的氢氧同位素值已经测得。用量杯或量筒准确量取一定体积的示踪水源放入超声波加湿器进行加湿, 在加湿过程中分时段取植物样品于密封瓶内, 带回实验室提水测得氢氧同位素值。加湿完成后回收加湿器中残留的示踪水源并用量杯或量筒准确量取剩余示踪水源的体积。加湿的同时以茎流仪和水势仪观察记录植物茎干液流与水势数据, 用光合仪和荧光仪迅速测量光合参数。

加湿处理设多个梯度, 从与环境一致的相对湿度开始, 逐渐增加到90% ~ 95%(高湿), 不能达到100%, 以免在夜间较低温度下在植物体表液化形成水膜, 这样会对实验结果造成干扰。加湿时间分为夜间连续加湿与间断加湿、凌晨和傍晚的分段加湿, 逐步摸索规律。

进行野外空气加湿实验过程中, 土壤水分未进行人为处理, 为自然条件下的土壤含水量。在选择加湿植株的同时, 在控制室外选择对照植株, 同样要求植株生长良好, 枝叶较多(足够取样所用), 无病虫害, 无牲畜啃食。在加湿过程中与加湿植株同步采集样品于密封瓶内, 带回实验室提水测得氢氧同位素值。

(2) 加湿水源

实验过程中用到的同位素示踪水源有以下 5 种:

1) 上海化工研究院 2013 年 6 月生产的重氧水, $\delta^{18}O = +42.56‰$。

2) 农夫山泉湖北丹江口有限公司 2012 年 5 月 3 日生产的农夫山泉饮用水, $\delta^{18}O =$

$-7.33‰$。

3) 兰州顶津食品有限公司 2012 年 8 月 6 日生产的康师傅矿泉水，$\delta^{18}O = -8.71‰$。

4) 中国科学院寒区旱区环境与工程研究所内陆河流域生态水文重点实验室生产的超纯水，$\delta^{18}O = -8.39‰$。

5) 寺滩村当地 50 m 埋深的地下水，$\delta^{18}O = -8.17‰$。

3. 采样方法与采样信息

(1) 植物样品采集方法

实验用柽柳植株要求生长良好，枝叶较多（足够取样所用），无病虫害，无牲畜啃食，在实验前一直无降水或者近期无降水。进行加湿实验前取加湿植株和对照植株不同部位（上部和下部）不同叶龄（幼叶和老叶）叶片、同化枝与茎（一级、二级或三级），迅速装入 8 mL 样品瓶用以提取水分，测定叶片吸收非饱和水汽前的氢氧同位素值，取样后立即用凝固胶封住切口，防止蒸腾造成同位素富集。此后每隔一段时间（依据实验设定改变采样时间间隔）采样一次，加湿植株和对照植株同时采样，采样位置与加湿前大致相同，同样采集新老叶片、同化枝和茎（一级、二级或三级除去表皮）样品，迅速装入 8 mL 样品瓶用以提取水分测定叶片吸收非饱和水汽后不同部位的氢氧同位素值。所有用于提取水分的植物样品带回实验室进行冷冻保存。

新叶采集于当年生枝条的叶序上位于最顶端的幼嫩叶片，老叶采集于当年生枝条的叶序上位于最底端的生长时间较长的叶片，同化枝为当年生除去着生叶片后的绿色的能进行光合作用的营养枝，枝条为按照倒序法分级的茎，除去着生叶片和同化枝后的非绿色部分，呈现淡红色或者淡紫红色的茎为一级茎，着生一级茎的枝条为二级茎，着生二级茎的枝条为三级茎。采样过程要迅速，尽量减少风和温度等对样品水分的影响，使同位素富集。在确保植株不受影响的情况下所有样品均采集 2~3 个重复作为平行样。

(2) 土壤样品采集方法

在野外监测研究区内选定试验用柽柳植株的周围挖取土壤剖面，根据植物根系分布及土壤剖面土壤质地的变化分层，一般以 10 cm 层间间隔，尽可能采集到完整的植株根系分布区土壤样品。各土壤样品视含水量多少采集 3~5 个样品，快速放入 8 mL 玻璃样品瓶中密封，供土壤水的提取和氢氧同位素值分析，另采集 3 个样品装入铝盒，供土壤含水量的测定。所有用于提取水分的土壤样品带回实验室进行冷冻保存。

4. 样品前处理及测定

(1) 样品前处理

样品前处理指植物和土壤样品中的水分提取，采用低温真空蒸馏法（Ehleringer et al., 2000）。低温真空蒸馏法是在低温状态下，用真空泵使系统达到低压接近真空状态，然后在加热状态下，根据气压越低，水的沸点越低原理，将水从植物和土壤样品中快速分离出来。此法可以有效地减小水分提取过程中同位素的分馏效应。样品前处理在中国科学院寒区旱区环境与工程研究所内陆河流域生态水文重点实验室同位素前处理实验室进行，处理流程和提水系统分别如图 3-4 和图 3-5 所示。

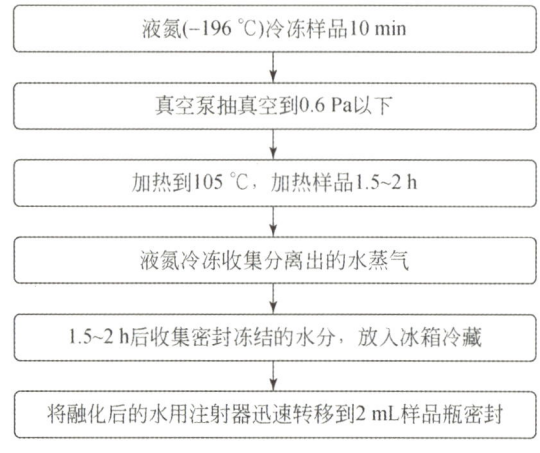

图 3-4　样品前处理流程

图 3-5　低温真空蒸馏玻璃提水系统

（2）稳定氢氧同位素测定

水样的 $\delta^{18}O$ 值在中国科学院寒区旱区环境与工程研究所内陆河流域生态水文重点实验室同位素水文实验室测定。同位素水文实验室内 Euro EA3000 元素分析仪（EUROVECTOR，SpA，Italy）与 Isoprime 稳定同位素质谱仪（GV Instruments，UK）联用在线连续测定氢氧同位素（图 3-6）。待测水样在 Euro EA3000 元素分析仪的高温裂解–还原炉中催化分解为气态的 H 和 O，分别除去 H 或者 O 后在 Isoprime 稳定同位素质谱仪上先后测定 $\delta^{18}O$ 和 δD，其 δD 和 $\delta^{18}O$ 的分析误差分别小于 1.0 ‰ 和 0.2‰。测定结果用 V-SMOW 标准校正。本研究仅采用部分分析得到的 $\delta^{18}O$。

（3）数据分析

样品数据采用实验室分析标准进行校正，实验室分析标准为中国地质科学院水文地质环境地质研究所制造的国家一级标准物质——氢氧同位素水标准物质（GBW04458～GBW04461）。以 3 组实验室标准系列（由正到负）为测试序列首尾，每 10 个样品间插入

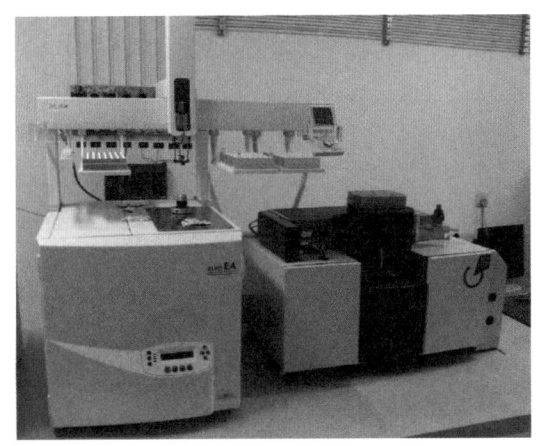

图 3-6 Euro EA3000 元素分析仪与 Isoprime 稳定同位素质谱仪

3 组标准, 每个样品 6 个重复, 除去前 3 个受记忆效应影响的值, 后 3 个值进行平均。将实验室标准真值与实测值拟合得到线性关系, 然后根据此关系进行数据校正。数据的分析和作图采用 Excel 2007 完成, 茎水 $\delta^{18}O$ 值来源采用 IsoSource Version 1.3.1 软件分析, 对水汽吸收定量化, 计算时增幅设为 1%, 不确定水平设为 0.02 ‰。

3.1.4 荧光示踪实验方法

1. 野外加湿实验前的准备

定制 0.6 m×0.6 m 或 0.3 m×0.6 m 的有机玻璃板, 玻璃板边沿四周用 2 cm 不锈钢包裹, 每边距顶点 0.1 m 处打直径 3 mm 圆孔, 玻璃板之间用配套的螺丝、螺杆和螺钮固定; 玻璃房的拐角处是用两块 0.3 m×0.6 m 的玻璃板通过合页螺丝连接成的, 不用时, 两玻璃板可以叠合在一起, 使用时打开便成 90°的拐角玻璃。

2. 荧光加湿实验及取样

(1) 控制室构建

根据植株冠幅、高度, 采用已定制的 0.6 m×0.6 m 或 0.3 m×0.6 m 的有机玻璃板和拐角搭建相应大小的玻璃房, 如野外植株冠幅是 1.2 m×0.8 m, 高是 0.8 m, 搭建 1.8 m×1.2 m×1.2 m 的有机玻璃控制室, 用有机玻璃控制室罩住植株, 控制室玻璃板间的连接处用透明胶带密封, 控制室侧面留有一个 0.6 m×0.6 m 可自由开关的玻璃门以便采样; 挑选长势良好的植株为荧光加湿样品植株, 为植株搭建玻璃房进行荧光加湿控制; 如果是多个物种进行荧光加湿, 尽量挑选地理距离较近的几个物种的植株作为荧光加湿样品植株, 然后根据这几个植株的共同冠幅、最高高度搭建一个加湿玻璃房, 这样省时省力, 同时保证了不同物种的加湿条件一致, 有利于比较不同物种植株地上部分对大气水汽的利用效率。本研究中分别为挑选的长势良好的霸王、梭梭植株搭建玻璃房进行荧光加湿控制。

（2）配温湿度计

在控制室内植株的冠层中部悬挂便携式温湿度计 MicroLogPRO Ⅱ，实时监测控制室内温湿度的变化；在室外对照冠层大概同一位置也悬挂便携式温湿度计；两温湿度计的数据通过自动小气象站进行校正。

（3）配加湿器

玻璃房顶部或玻璃房侧面附近地面上或固定物上放置超声波加湿器，并在加湿器顶部玻璃板或侧面附近地面上或固定物上附近挖一小洞，把加湿管自小洞深入到玻璃房内，加湿器口径与加湿管道上端口连接处以及加湿管道下端口与小洞连接处都用透明胶密封，注意温湿度计要远离加湿器出气口的方位。

（4）控制加湿和取样

将荧光增白剂（Fluorescent Brightener，FB）配成 0.01%（0.1 g/L）的水溶液加入到加湿器中，在夏天 19：00～21：00 左右扭开加湿器开关，开始加湿。查看玻璃房内温湿度计的湿度变化，当湿度达到想要控制的大气湿度时，就关掉加湿器开关，停止加湿；一段时间后，若想继续加湿，再一次打开加湿器开关，这样通过查看玻璃房内温湿度计湿度数值变化和调停加湿器阀门，从而自由控制玻璃房内的湿度变化范围——外界环境湿度至饱和大气湿度 100%。

本研究进行了多次荧光控制加湿实验。2013 年 9 月在李井滩对霸王、梭梭进行野外控制加湿实验，加湿当天为阴天，外界环境湿度大，尽管室内加湿湿度高，但室内外湿度差不大，室内荧光试剂浓度并不高，持续荧光加湿 18 h，至第二天 13：00 停止加湿，打开玻璃门，让植物与外界环境进行气体交换，换气至 16：30，再进行 18 h 的持续荧光加湿。在开始加湿前 0 h 和加湿 18 h 以及加湿 36 h 后分别取样。2013 年 7～9 月以及 2014 年 8 月在景泰寺滩村对柽柳进行野外控制加湿实验，从 16：30 开始，持续加湿到 21：15，加湿前和停止加湿后分别取样。2014 年 7 月底在额济纳旗对梭梭、柽柳、红砂、白刺进行野外控制加湿实验，本次实验降低加湿湿度，进行多次加湿和多次取样，缩短每次取样间隔时间，波峰为加湿时间段，波谷为取样时间段。

荧光加湿前的样品作为对照样品。霸王取叶片作为样本，梭梭取同化枝作为样本。

3. 切片镜检

用切片机对新鲜的茎、叶直接进行切片，制成装片，在 Olympus BX53（Olympus Corporation，Tokyo，Japan）荧光显微镜下检测。

3.1.5 SPAC 系统水势监测方法

1. SPAC 系统水势分析机理

水分的运动需要能量，所以水分的移动和平衡需要能量支撑。水势概念是从热力学的基本规律中推导而来的，它由自由能、化学势组成。成熟的植物细胞中央有大的液泡，其内充满着具有一定渗透势的溶液，所以渗透势是细胞水势的组成之一，它是由于液泡中溶质的存在而使细胞水势降低，一般用 ψ_s 表示。由于纯水的水势最大，并规定纯水水势值为

0，任何含有溶质的水溶液水势都比纯水要小，故渗透势为负值。当细胞处在高渗透势溶液中时，细胞吸水，体积扩大，由于细胞原生质体和细胞壁的伸缩性不同，前者大于后者，细胞的吸水肯定会使细胞的原生质体对细胞壁产生一种向外的推力，即膨压。反过来细胞壁也会对细胞原生质体、细胞液产生一种压力，这种压力是促使细胞内的水分向外流的力量，这就等于增加了细胞的水势。这个由于压力的存在而使细胞水势增加的值称为压力势，用 ψ_p 表示。其方向与渗透势相反，一般情况下为正值。此外，细胞质为亲水胶体，能束缚一定量的水分，这就等于降低了细胞的水势。这种由于细胞的胶体物质（衬质）的亲水性而引起的水势降低的水势差称为衬质势，一般用 ψ_m 表示。所以说，植物细胞的吸水不仅决定于细胞的渗透势 ψ_s、压力势 ψ_p，也决定于细胞的衬质势 ψ_m。一个典型的植物细胞的水势应由三部分组成，即 $\psi_w = \psi_s + \psi_p + \psi_m$。

水总是从水势较高之处通向水势较低之处。由于白天大气中水势为很低的负值，处于大气与土壤之间的植物体内形成水势梯度。达到恒态时，各阶段的水势梯度与输送阻力成正比。一般最大的阻力是气孔阻力，而茎中木质部的输送阻力很小，因而最大的水势差在气孔内外。当土壤干旱时，水势下降，同时土壤中水的输送阻力升高，根中与土壤主体间的水势差加大，植株内水势下降加剧。

2. 实验方法

植物和土壤水势采用 Psypro 露点水势仪（Wescor，USA）测定（图 3-7）。Psypro 露点水势仪是一款携带与操作方便的 8 通道水势记录仪，其测量范围为 $-8 \sim -0.05$ MPa，精度为 ± 0.03 MPa，根据待测样品的平衡时间，单个样品测定时间的设置由 30 s 到几分钟不等。

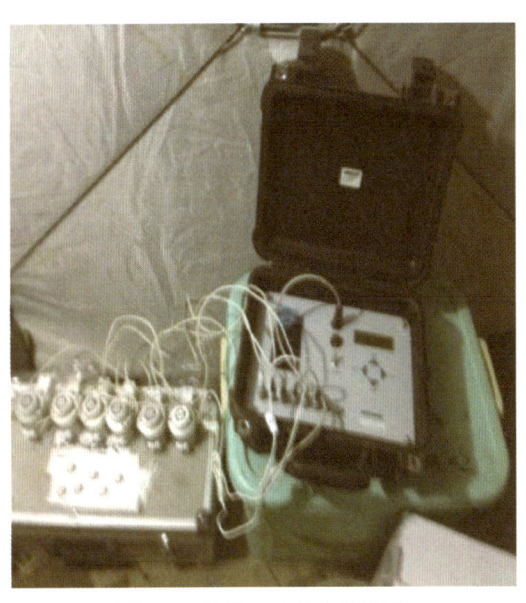

图 3-7　植物、土壤水势测定

（1）植物枝叶水势测定

实验期间分别选取控制与对照柽柳植株冠层中部向阳面生长发育具有代表性的枝条中

部的枝、叶，每次测量2个重复。测量不同天气条件下柽柳早、中、晚枝和叶水势变化。在加湿控制实验期间，测定加湿前、过程中、加湿后的柽柳枝叶水势变化。

(2) 土壤水势测定

在植物根际距离地表20 cm、40 cm、60 cm、80 cm、100 cm、120 cm深度（根据实际地貌特征，最大埋设深度有调整），埋设土壤水势监测探头（Psypro露点水势仪），自动采集土壤水势数据。

3.1.6 植物生理参数监测方法

1. 气体交换参数的测定

野外实验期间，用于光合测定的植株分为控制组与对照组，其中控制组的植株在夜间处于高湿环境。每株选三个大小较一致的枝条标记，测定叶片选择向阳同化枝顶端完整、健康的叶片作为测定叶片，每次在相同部位测定。当地时间7:00~19:00，每隔1 h对标记的叶片利用GFS3000便携式光合仪（Walz, Effeltrich, Germany）进行净光合速率（Pn）、蒸腾速率（Tr）、叶面有效辐射（PAR）、胞间CO_2浓度（Ci）叶温（Tl）等生理参数的测定，每次测定读取4个重复。气体交换测定实验结束后，剪取GFS3000便携式光合仪叶室中的柽柳叶片，用Canon LiDE 110扫描仪结合叶面积测量软件（leaf area measurement software）计算叶面积，用实际叶面积替换默认叶面积值，重新计算植物真实的光合速率。植物体叶片水平水分利用效率（water use efficiency, WUE）采用Wang和Yuan（2001）的计算方法，WUE=Pn/Tr，单位$\mu mol\ CO_2/mmol H_2O$。植物的光能利用效率（light use efficiency, LUE）采用Jenkins等（2007）的计算方法，LUE=Pn/PAR，单位$\mu mol\ CO_2/\mu mol\ PAR$。

2. 生理生化指标的测定

同步采集加湿与对照植株叶样品，用于生理生化指标的测定。实验期间将采集的叶样品分别迅速装入8 mL的冻存管内，每个样品装五管以满足所有待测指标的用样量。采集的样品被当场置于液氮低温保存，带回实验室后放入-71 ℃冰箱低温保存，并尽快完成样品的测试工作。

抗氧化系统酶活性的测定：称取0.5 g柽柳枝、叶冷冻待测样品，加0.1 g聚乙烯吡咯烷酮（PVP），加少许石英砂，加1 mL提取液［50 mmol/L、pH 7.8的磷酸缓冲液，5 mmol/L 乙二胺四乙酸二钠（EDTA-Na），2 mmol/L抗坏血酸（AsA）和2% PVP］，冰浴研磨匀浆，匀浆后再加入4 mL提取液，搅匀后于4 ℃、1200 r/min离心10 min，上清液即测定液。

过氧化氢酶（CAT）活性测定：CAT活性采用紫外分光光度计比色法测定。取4支试管，其中3支为样品测定管，1支为空白管，3支样品测试管中分别加0.2 mL的测定液和2.8 mL的0.067 mol/L H_2O_2，然后立即计时，并迅速倒入石英比色皿中，240 nm波长处测定吸光度，每隔1 min读数1次，共测4 min。空白管内用提取缓冲液代替测定液测定对照样在240 nm波长处的吸光度值。

CAT 活性计算公式：以 1 min 内反应溶液吸光度（A_{240}）减少 0.1 的酶量为 1 个酶活性单位（U）。

$$\text{CAT 活性}[\text{U}/(\text{g}\cdot\text{min})] = \frac{\Delta A_{240} \times V_T}{0.1 \times V_S \times t \times W} \tag{3-23}$$

式中，$\Delta A_{240} = A_{S0} - \frac{A_{S1}+A_{S2}}{2}$，其中，$A_{S0}$ 为对照管吸光值，A_{S1}、A_{S2} 为样品管吸光值；V_T 为提取酶液总体积（mL）；V_S 为测定时取用酶液体积（mL）；W 为样品鲜重（g）；0.1 表示 A_{240} 每下降 0.1 为 1 个酶活性单位（U）；t 为酶作用的时间（min）。

过氧化物酶（POD）活性测定：POD 活性采用愈创木酚法测定。向用于酶活性测定的反应体系中依次加入 0.1 mL 测定液，2.6 mL 的 0.3% 愈创木酚，再加 0.3 mL 的 0.6% H_2O_2，然后立即计时，在 470 nm 波长处测定吸光度值，每 30 s 测定一次，共测 2 min。提取缓冲液代替测定液测定对照样在 470 nm 波长处的吸光度值 $\Delta OD470CK$。

POD 活性计算公式：以 1 min 内 A_{470} 增加 1 的酶量为 1 个过氧化物酶活性单位（U）。

$$\text{POD 活性}[\text{U}/(\text{g}\cdot\text{min})] = \frac{\Delta A_{470} \times V_T}{V_S \times t \times W} \tag{3-24}$$

式中，$\Delta A_{470} = A_{S0} - \frac{A_{S1}+A_{S2}}{2}$，其中，$\Delta A_{470}$ 为反应时间内吸光度的变化，A_{S0} 为对照管吸光值，A_{S1}、A_{S2} 为样品管吸光值；W 为样品鲜重（g）；t 为酶作用的时间（min）；V_T 为提取酶液总体积（mL）；V_S 为测定时取用酶液体积（mL）。

超氧化物歧化酶（SOD）活性测定：SOD 活性测定采用氮蓝四唑法。3 mL 反应液中含待测液 20 μL，50 mmol/L pH 7.8 的磷酸缓冲液 1.5 mL，130 mmol/L 甲硫氨酸 0.3 mL，750 μmol/L 氮蓝四唑 0.3 mL，1 mmol/L 乙二胺四乙酸（EDTA）0.3 mL，20 μmol/L 核黄素 0.3 mL 和蒸馏水 0.3 mL。取 4 支试管作为对照，其中 2 支对照管置于暗处，另外 2 支对照管与测试管在 4000 lx 光照下照射 20 min；至反应结束后，全部移入暗处，以不照光的对照管作为空白，分别测定其他各管在 560 nm 处的吸光度值，每个测定液重复 3 次。

SOD 活性计算公式：每毫升反应液中 SOD 抑制率达 50% 时所对应的 SOD 量为一个 SOD 活性单位（U）。

$$\text{SOD 活性}[\text{U}/(\text{g}\cdot\text{min})] = \frac{(\text{对照 OD 值} - \text{样品 OD 值}) \times V_T}{\text{对照 OD 值} \times 0.5 \times V_S \times t \times W} \tag{3-25}$$

式中，V_T 为提取酶液总体积（mL）；V_S 为测定时取用酶液体积（100 μL）；W 为样品鲜重（g）；对照 OD 值为照光对照管吸光度值；样品 OD 值为样品管吸光度值；t 为酶作用的时间（min）；0.5 表示每毫升反应液中 SOD 抑制率达 50% 时所对应的 SOD 量为一个 SOD 活性单位（U）。

丙二醛（MDA）含量的测定：称取柽柳叶片 1 g，加入少量石英砂和 10% 三氯乙酸 2 mL，研磨至匀浆，再加 8 mL 10% 三氯乙酸进一步研磨，4000 r/min 离心 10 min，其上清液为丙二醛提取液；取 4 支干净试管，编号，3 支为样品管（三个重复），各加入提取液 2 mL，对照管加蒸馏水 2 mL，然后各管再加 2 mL 0.6% 硫代巴比妥酸溶液。摇匀，混合液在沸水浴中反应 15 min，迅速冷却后再离心。取上清液分别在 532 nm、600 nm 和

450 nm 波长下测定吸光度（A）值。

丙二醛含量计算公式如下：

$$\text{MDA 含量}(\mu\text{mol/g}) = \frac{\text{CMDA 浓度}(\mu\text{mol/L}) \times \text{提取液总量}(\text{mL})}{\text{测定时提取液用量}(\text{mL}) \times \text{植物组织鲜重}(\text{g})} \quad (3\text{-}26)$$

式中，CMDA 浓度（μmol/L）= 6.452（$A_{532} - A_{600}$）− 0.559A_{450}，其中，A_{450} 为在 450 nm 波长下测得的吸光度值；A_{532} 为在 532 nm 波长下测得的吸光度值；A_{600} 为在 600 nm 波长下测得的吸光度值。

3.1.7 叶面湿度、气象要素与土壤含水量的监测方法

1. 叶面湿度测定

2014 年野外综合实验期间，使用美国 Campbell 公司生产的 Campbell237 型叶面湿度传感器实时、连续监测植物冠层叶面湿度（图 3-8）。该叶面湿度传感器采用仿叶片设计，通过环境中干湿度变化所引起的传感器内部电阻的变化来测量植物叶表的相对湿度。使用美国 Campbell 公司生产的 CR800 数据采集器每 2min 采集一次叶面湿度数据，与植物茎干液流监测同步。加湿实验过程中，同步监测对照与加湿植株冠层叶面湿度。

图 3-8 叶面湿度传感器示意

2. 气象数据测定

2012 年初在景泰孪井滩样地安装自动气象站（AWS；Type WS01, Delta-T, Cambridge, UK）获取气象数据，2012~2014 年一直全天候 24 h 自动监测微气象变化。在非野外实验期间气象数据每 30 min 记录一次，而野外实验期间每 6 min 或 2 min 记录一次，以保持与茎干液流监测同步。记录的气象要素主要包括风速（m/s）、降水（mm）、相对湿度（%）、气温（℃）、土壤温度（℃）、气压（hPa）、净太阳辐射（kW/m²）、有效辐射（mmol）。

另外，使用便携式温湿度记录仪 Microlog PRO II -EC750 和 850（Fourier Systems Ltd., Israel）实时记录对照与控制植株周围环境的温湿度变化。

3. 土壤含水量测定

样地 0~200cm 深度的土壤样品，每层间隔 20 cm，3 个重复。采集每层的土壤约 20 g 迅速装入已知准确质量的铝盒内，盖紧，将铝盒外表擦拭干净，现场（野外综合实验期间）立即称铝盒+鲜土重。把采集的土样放在 80 ℃ 的烘箱中烘至恒重，再称容器+干土重，即可采用下式计算土壤含水量：土壤含水量=含水量/烘干土重×100%。土壤含水量每月测定 1 次，测定深度 200 cm，每 20 cm 为一层采集土壤样品。

3.2 土壤–植物–大气实验观测系统的集成

为更有效地在野外开展控制实验中环境参数的阈值设置工作，首先在中国科学院寒区旱区环境与工程研究所内陆河流域生态水文重点实验室和步入式人工模拟极端气候环境实验室完成控制实验，以室内盆栽荒漠植物柽柳、红砂和霸王为研究对象，通过设置不同梯度的土壤水分、气象因子（主要包括气温、湿度、风速、光照强度等）正交实验，观测植物茎干液流、植物茎叶与土壤水势以及气体交换参数的时间变化序列。实验研究获取荒漠植物大气水汽利用的边界条件（水势梯度、光、温、湿等），确定植物吸收水汽后体内水汽主要运移过程和途径，探讨水汽利用率，建立 SPAC 系统水汽逆向传输模型，为野外观测、实验、取样奠定基础。

根据室内控制实验的结果、植物生态和生境水文条件的时序变化过程与规律，设计野外实验方案。避免地下水、人为灌溉对荒漠植物大气水汽利用的干扰，野外实验选择在地下水埋藏深，植物根系无法直接利用地下水，且无人为灌溉的荒漠地段。选择典型荒漠植物红砂、梭梭、柽柳、白刺、霸王等群落的代表性植株。

本研究观测、实验主要应用生态水文、同位素水文、植物生理生态和分子生物学技术与方法。为完成图 3-9 中的研究内容，实现研究目标，需要多种研究方法的协同实施。

1）为明确荒漠植物是否具有大水汽水吸收现象以及吸收边界条件，实施以下实验内容：①在根际土壤附近采集 0~200 cm 土壤样品，测定土壤含水量，同时在土壤剖面以 20~30 cm 的间隔布设土壤水势传感器，以获取植物吸收大气水汽的土壤水分、水势条件。②利用热平衡液流仪同步监测控制室内外（即加湿环境与自然环境）样株不同级别（尽量保证每一样株上有 1~2 个分枝包裹液流仪传感器）枝条的液流速率变化。③利用示踪水源，在加湿前、加湿过程中、加湿后不等时间间隔的同步采集加湿与对照植株的枝、同化枝、叶片同位素样品。④利用荧光示踪剂通过超声波加湿控制室植物，在加湿前、加湿过程中、加湿后不等时间间隔的同步采集加湿与对照植株的枝、同化枝、叶片荧光示踪样品。⑤同步测定加湿与对照植株的叶片、嫩枝、老枝的水势。为加强数据之间的相互印证，同位素、荧光示踪、水势样品同步采集；气象要素与茎干液流数据采集间隔同步。基于以上五项实验内容，通过比较同时段加湿对照植株的逆向液流变化、同位素值以及荧光示踪结果可判断植物是否具有大气水汽现象；再结合同时期气象要素、SPAC 系统水势值，

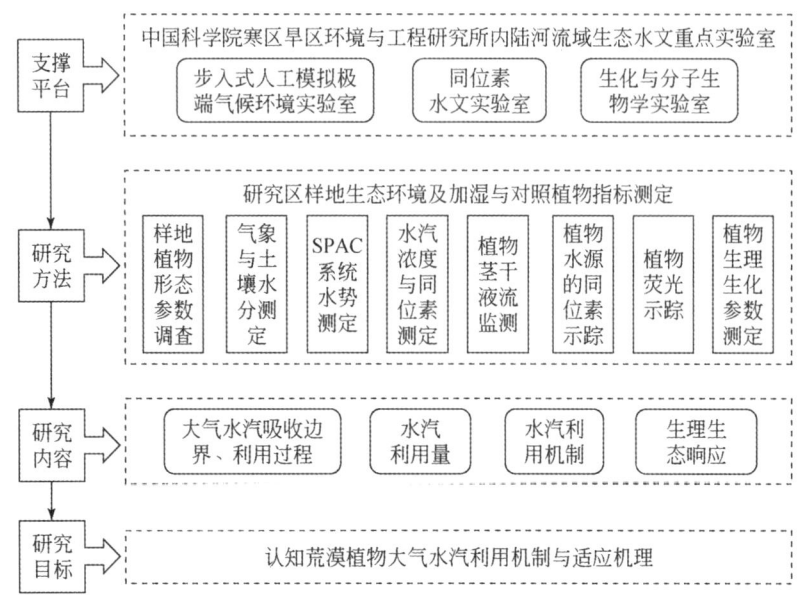

图 3-9　实验观测系统集成流程

可明确荒漠植物大气水汽吸收的边界条件。

2）通过分析自上而下不同级别茎干逆向液流传输时间序列、叶—同化枝—枝同位素和荧光染色示踪时序图，认知荒漠植物大气水汽利用过程。

3）基于研究方法，定量估算荒漠植物大气水汽吸收量的途径：①利用大气水汽浓度、同位素值的变化，定量估算植物大气水汽吸收量；②利用茎干逆向液流速率计算植物吸收大气水汽累积量；③利用加湿前后植物、土壤、示踪水源同位素值的变化方法定量估算植物大气水汽吸收量。在此基础上提炼荒漠植物大气水汽利用量估算模型。

4）分子尺度上利用荧光染色示踪可以探知荒漠植物吸收、传输大气水汽的组织部位和器官，利用 SAPC 系统水势值可以判断水汽吸收的动力条件，进而理解荒漠植物大气水汽吸收利用的机制。

5）为了解荒漠植物对大气水汽吸收利用的生理生态响应，开展植物气体交换参数、叶绿素荧光参数以及抗氧化系统酶活性和丙二醛的测定实验。

以步入式人工模拟极端气候环境实验室开展的室内控制实验所获得的荒漠植物大气水汽吸收的边界条件、吸收利用量、生理生态响应等结果为前期基础，通过野外观测与试验，采用多学科、多领域的交叉与综合，野外多指标试验与室内样品分析相结合的方法，从叶片和枝/单株水平上揭示荒漠植物长期适应干旱胁迫形成的特殊水分利用方式；在生态、生理生化、分子尺度上探讨荒漠植物利用大气水汽维持生命过程和繁衍进化的机制；基于逆向液流、同位素值和水汽浓度变化等提出多渠道的水汽利用定量估算方法，建立 SPAC 系统中水的逆向传输模型，从而深化对荒漠植物大气水汽利用机制与适应机理的认识。

第 4 章 荒漠植物大气水汽吸收现象与边界条件

植物叶片直接吸收和利用水分被认为是植物普遍具有的一项生理功能。目前，相关研究工作主要集中在热带云雾林和热带（季）雨林，亚热带、温带多雾山地区及干旱地区也开展了少量相关研究。以往的工作侧重分析植物叶片对液体水分的吸收利用，对植物吸收利用大气水汽的研究甚少。本章运用多项实验技术，旨在认识干旱区荒漠植物吸收和传输大气水汽的独特的水分利用现象，了解荒漠植物大气水汽吸收气象条件的范围。

4.1 荒漠植物大气水汽吸收现象实证

本节应用茎干液流法、同位素示踪和荧光示踪法同步开展对照组与加湿组实验，分别从茎干逆向液流、示踪前后植物体不同部位（叶、茎）氧同位素的变化以及荧光示踪剂对植物体叶片染色情况，多角度揭示荒漠植物吸收大气水汽的现象。

4.1.1 基于茎干液流的荒漠植物水汽吸收现象

1. 叶片饱和吸水现象

（1）实验方法

参考 Limm 等（2009）介绍的方法测定柽柳叶片吸水能力。从以深绿色的成熟叶片为主的冠层中部和以嫩叶为主的冠层上部分别剪取数个小枝用于测试柽柳叶片吸水能力，识别新叶与成熟叶片含水量及吸水差异。在剪下来的小枝切口端立刻涂抹凡士林防止水分蒸发，然后在一个避风的环境中用精度为 0.001 g 的电子天平迅速称取小枝的初始重量（$Mass_1$，g），称重后快速将小枝浸入去离子水中，注意将切口端朝上并出露于水位线之上，防止水分从切口处进入小枝。将浸有小枝的去离子水放置黑暗处 6 h，然后将小枝从去离子水中取出，用吸水纸彻底吸干附着在小枝茎干和叶片表面的水分，称取枝叶重量（$Mass_2$，g）。为了避免残余的水分滞留在叶片表面，将小枝在空气中自然风干 10 s 后再次称取其重量（$Mass_3$，g），接着将枝叶浸入水中 1 s，再用吸水纸吸干附着在枝叶表面的水分，并称重（$Mass_4$，g）。柽柳叶片呈短小的鳞片状，准确计算柽柳叶片面积的难度较大，因此，当第 4 次枝叶称重完成后，采摘下枝条上所有的叶片（包括嫩梢），称取无叶枝条的重量（$Mass_5$，g）。这里假设短时间内无叶枝条本身不能散失或吸收水分。先将采摘的叶片在 105 ℃的温度下烘 0.5 h 杀青，再在 80 ℃的温度下烘 24 h，称取烘干后的叶重（W_{Dry}，g）。新叶与成熟叶的吸水实验设置 6 个重复。叶片吸水量用叶干重做标准化处理。

叶片的初始（W_I，g）和最终（W_F，g）重量分别用式（4-1）和式（4-2）表示：

$$W_I = \text{Mass}_1 - \text{Mass}_5 \tag{4-1}$$

$$W_F = (\text{Mass}_2 - \text{Mass}_4 + \text{Mass}_3) - \text{Mass}_5 \tag{4-2}$$

叶片初始（$\text{LWC}_I,\%$）和最终（$\text{LWC}_F,\%$）含水量分别用式（4-3）和式（4-4）表示：

$$\text{LWC}_I = \frac{W_I - W_{Dry}}{W_I} \times 100\% \tag{4-3}$$

$$\text{LWC}_F = \frac{W_F - W_{Dry}}{W_F} \times 100\% \tag{4-4}$$

叶片单位干重吸水量（Uptake，g/g）用叶片吸水前后重量的变化表示：

$$\text{Uptake} = (\text{Mass}_2 - \text{Mass}_1) - (\text{Mass}_4 - \text{Mass}_3) \tag{4-5}$$

叶片含水量吸水前后的增加率（Rw，%）用式（4-6）表示：

$$\text{Rw} = \frac{W_F - W_I}{W_I - W_{Dry}} \times 100\% \tag{4-6}$$

利用统计分析软件SPSS17.0进行数据的单样本t检验（$\alpha = 0.05$），判断叶片吸水量和叶片含水量的增加率是否显著大于零；利用方差分析（ANOVA）检验新叶与成熟叶的吸水是否存在显著差异。

（2）柽柳叶片饱和吸水现象

浸入水中6 h后，柽柳新叶与成熟叶均表现出叶片吸水现象。与浸水前叶片含水量相比，无论是新叶还是成熟叶，浸水后叶片含水量均明显增加[图4-1（a）]，浸水前新叶的叶片含水量略高于成熟叶，但浸水结束后前者略低于后者。新叶与成熟叶含水量的增加率达到显著水平（$P<0.05$），其中新叶含水量的增加率为20.93%，成熟叶含水量的增加率为29.38%[图4-1（b）]。另外，新叶与成熟叶单位干重的吸水量也达到了显著水平（$P<0.05$），其中前者为0.341 g/g，后者为0.462 g/g[图4-1（c）]。成熟叶在叶片吸水量和叶片含水量增加率两方面均高于新叶，并且达到了显著性差异，对应的F值分别为34.47（$P<0.0001$）和46.05（$P<0.0001$）。

当叶片浸入水中或暴露于高湿空气环境中时，叶片吸水可以改善植物水分状态。无论是新叶还是成熟叶均展现出显著的吸水能力，单位干重的吸水量分别为0.341 g/g和0.462 g/g，数据显示，与新叶相比，成熟叶具有更大的叶片吸水能力。新叶与成熟叶之间

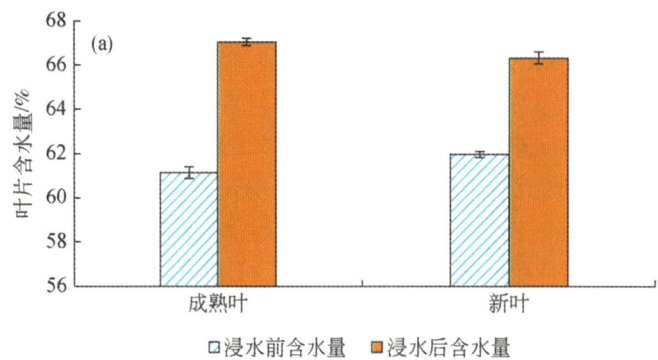

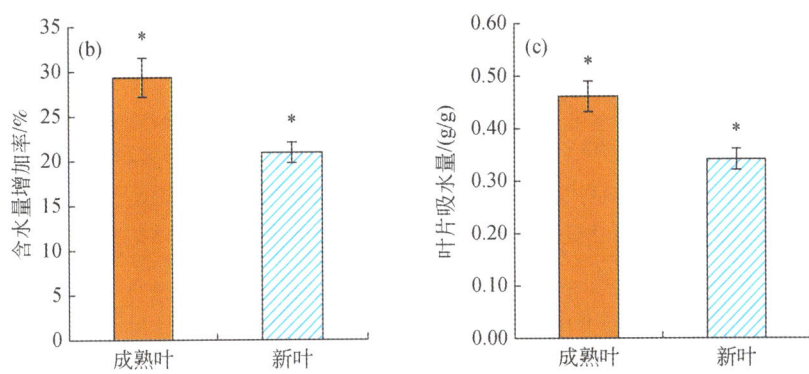

图 4-1　离体柽柳枝新叶与成熟叶浸入去离子水中 6 h 后的叶片吸水情况
(a) 浸水前后叶片含水量；(b) 浸水后叶片含水量的增加率；
(c) 单位叶干重叶片吸水量。*表示叶片含水量增加率和叶片吸水量达到显著水平

吸水量的差异主要归因于浸水前叶片初始含水量的差异。北美红杉（*Sequoia sempervirens*）的老叶吸水量也高于新叶（Burgess and Dawson, 2004）。浸水结束后，成熟叶含水量平均增加了近 30%，而新叶含水量也增加了 20% 以上。相比起来，经常受雾影响的 8 种红杉林树种叶片浸水后叶片含水量增加了 2%~11%（Limm et al., 2009），而弗雷泽冷杉（*Abies fraseri*）和红果云杉（*Picea rubens*）的叶片含水量增加了 3.7%~6.4%（Berry and Smith, 2014）。叶片吸水量的差异主要归因于荒漠植被与云雾林植被之间叶水势和初始叶片含水量的差异。吴玉等（2013）对准噶尔盆地南缘 28 种荒漠植物的叶片分别做了叶片吸水实验，并将这 28 种植物划分为 4 种植物功能型：短生活史草本、长生活史草本、非潜水灌木和潜水灌木，其中柽柳被划分到潜水灌木，即植物通过发达的根系可以直接利用深层土壤水或地下水（Xu and Li, 2006），其研究结果显示，非潜水灌木叶片相对含水量增加率为 25.0%±7.1%，与本书柽柳叶片吸水后的含水量增加率相当；而柽柳所属的潜水灌木叶片相对含水量增加率为 10.4%±3.3%，明显偏低。柽柳叶片相对含水量增加率相差较大的主要原因可能是柽柳利用地下水的差异，吴玉等研究的柽柳可以利用深层土壤水或地下水，而本书柽柳因地下水埋藏较深无法获取地下水，所以叶片相对含水量增加率更接近于非潜水灌木。

2. 柽柳茎干逆向液流现象

（1）实验方法

2012 年和 2013 年植物生长季，课题组在寺滩村退耕还林地开展了柽柳加湿实验。研究区地下水埋深在 50 m 左右，柽柳根系无法直接获取地下水。所有野外实验均在 100 m×100 m 的样地内进行。选择一大株柽柳，其基部包含多个主枝，该株柽柳冠幅东西长（2.95±0.05）m，南北宽（3.25±0.05）m。从植株基部将其大致平均分为两部分，一部分用于自然条件下的对照实验，另一部分被一个体积为 3 m×1.8 m×1.8 m 的有机玻璃控制室罩住用于加湿实验，该控制室被命名为大控制室。控制室玻璃板间的连接处被透明胶带密封，控制室的侧面留一个 60 cm×60 cm 的可自由开关的玻璃门以便于加湿与采样。当开展加湿实验时，每天 18：00~19：00 将控制室的顶棚密封，次日 6：00~7：00 打开控制

室顶棚,但如果遇到连续阴雨天气,则暂停加湿实验,控制室顶棚始终处于打开状态。另外选择一株较小的柽柳,该植株整体被一个体积为 1.2 m×1.2 m×1.2 m 的有机玻璃控制室罩住用于加湿实验,该控制室被命名为小控制室。用塑料膜封住两个控制室内的土壤表面,防止加湿空气过程中水汽或凝结后的水滴渗入土壤。两个超声波加湿器被用于增加大控制室内的空气湿度,一个超声波加湿器被用于增加小控制室内的空气湿度。大控制室使用井水和 $\delta^{18}O$ 为 42.56‰ 的重氧水两种水源加湿,而小控制室只使用重氧水加湿。实验过程中使用的超声波加湿器可以将水雾化成 1~3 μm 的超微粒子。在控制室内柽柳植株冠层中部悬挂便携式温湿度计(MicroLog PRO-EC750, Fourier Systems Ltd., Israel),实时监测控制室内温湿度的变化,注意温湿度计要远离加湿器出气口的方位。在对照柽柳冠层大概同一位置也悬挂便携式温湿度计。加湿实验前,将便携式温湿度计放置在自动气象站(AWS;Type WS01, Delta-T, Cambridge, UK)附近,用后者测量的温湿度值校正前者。

(2) 实验方案

试验期间,我们同时监测了对照组和加湿组柽柳茎干液流、枝叶水势变化,同步采集了自然条件下和加湿条件下气象要素的变化,实验方案如下。

A. 柽柳茎干液流变化

利用包裹式热平衡液流仪(Flow32, Dynamax Inc., Houston, TX, USA)连续实时监测柽柳茎干液流速率变化。整个实验期间,用型号 SGA9、SGA10、SGA13、SGB19 和 SGB25 的传感器监测柽柳不同直径大小的枝条茎干液流变化。包裹式热平衡液流仪可以有效监测到小液流速率甚至逆向液流(Senock and Leuschner,1999)。对大控制室内的柽柳茎干而言,选择一个较直且有明显次级分枝的茎干,在茎干底部距离地面 40 cm 以上的部位安装一个传感器,再在其次级分枝及次级分枝上的嫩枝上各安装一个传感器,这样就能同时观测上下级枝茎干液流的变化情况。依照同样的方式包裹控制室内另外一个较大的分枝以及自然条件下的柽柳分枝。另外,对小控制室内的柽柳包裹两个传感器。

按照实验操作手册认真包裹传感器探头,在探头外围包裹多层铝箔以减少太阳辐射和周围环境温度变化对输入热量的干扰,并用中性玻璃胶封住铝箔上端与枝干间的空隙以防止雨水进入。使用 CR1000 数据采集器(Campbell Scientific, Logan, UT, USA)采集数据,包裹式热平衡液流仪被设置为 10 s 测量一次液流速率变化,1 min 平均一次,6 min 记录一次。

B. 植物水势

野外实验期间,每天使用 Psypro 露点水势仪(WESCOR, Inc.)测量加湿前、加湿中和加湿后的柽柳叶片、嫩枝的水势变化,并且同步测量自然条件下对照柽柳枝叶水势变化。测量前,先用吸水纸认真拭去叶片表面可能存在的水分。另外,在测量柽柳枝叶水势期间,同步测量加湿与对照柽柳枝叶组织中含水量的变化。为避免白天密封环境造成的高温影响植物正常的生理活动,白天不加湿不密封,选取时间阶段为 18:00 至次日 0:00,通过增加环境相对湿度来控制大气水汽高度。促进 SPAC 系统中水势场差值的方向转变,从而研究植物对大气水汽的利用途径。

C. 气象数据测量

2012 年在实验样地搭建了自动气象站(AWS;Type WS01, Delta-T, Cambridge,

UK),用于实时监测样地微气象变化。气象数据每半小时记录一次,记录的气象要素主要包括风速(V, m/s)、降水(R, mm)、相对湿度(RH,%)、气温(T_a, ℃)、土壤温度(T_s, ℃)、气压(P, hPa)、净太阳辐射(R_s, kW/m²)、有效辐射(PAR, mmol)。便携式温湿度计(MicroLog PRO-EC750, Fourier Systems Ltd., Israel)被设置为每5 min记录一次温湿度。

3. 柽柳茎干逆向液流

图4-2显示了控制室中2013年7月18日0:00至23日6:00柽柳茎干液流(SF)与空气相对湿度(RH)的日变化。7月18~22日出现了三次短时间的小降水事件(表4-1)。另外,2012年8月、2013年9月以及2014年6~8月在同一个试验地多次开展了高大气湿度环境中柽柳叶片吸水研究实验,这些时期监测的柽柳茎干液流变化模式与图4-2中显示的相似。图4-2中的液流速率来自同一个较大茎干的不同级分枝,为了便于不同枝液流的比较,对不同级别枝条液流速率进行标准化处理:用液流速率占对应枝条最大液流速率的比例表示液流速率的日变化。这样就可以清楚地比较同一株上不同位置正向与逆向液流发生的时间和所占比例(Burgess and Dawson, 2004)。

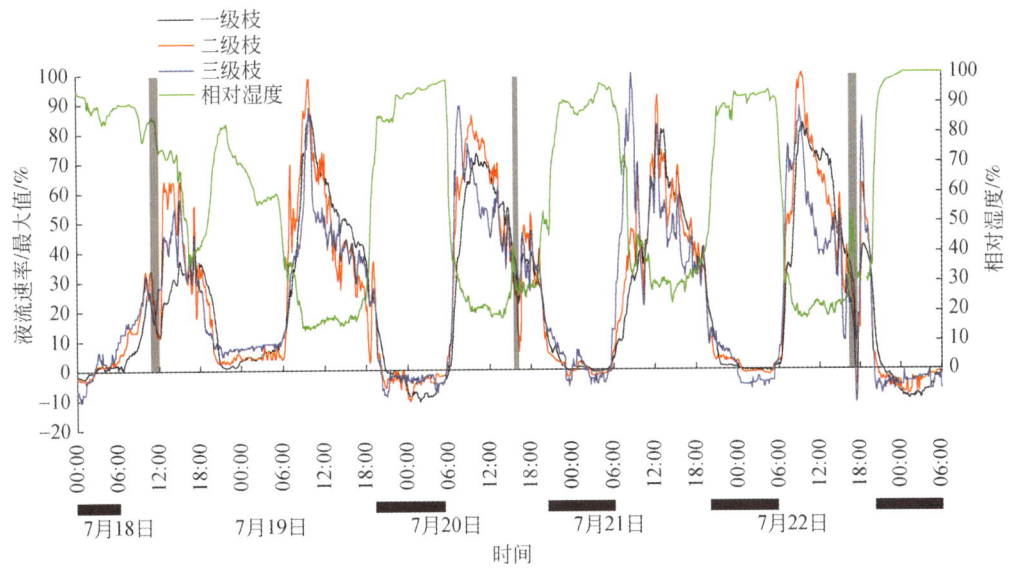

图4-2 不同空气湿度条件下同株柽柳不同位置茎干液流速率日变化
黑色矩形条表示控制室柽柳处于加湿器制造的高大气湿度环境中(RH>70%);
浅灰色矩形条表示降水事件发生,降水有关信息见表4-1

表4-1 2013年7月18~22日降水事件特征

日期	天气	降水时段	降水持续时间/h	降水量/mm
7月18日	多云,阵雨	中午前后	2.5	0.2~0.4
7月20日	晴天为主	下午	1	<0.2
7月22日	晴天为主	下午	1	0.2~0.4

从图4-2不难看出，柽柳茎干液流与空气湿度呈负相关，相关系数 $R^2 = -0.88$（$P <0.001$）。由于7月18日凌晨加湿器的加湿作用显著提高了夜间空气湿度（RH>80%），黎明前柽柳各茎干均出现了逆向液流。然而，7月18日的夜间至19日的清晨出现了连续的、较小的正向液流，而非逆向液流，因为这段时间无人为加湿和其他外来水汽的输入，空气湿度相对较低。另外，在19日夜间至22日由于人工加湿，空气湿度显著增加，热平衡液流仪记录了类似的逆向液流现象。事实上，若白天出现了一定的降水，此时逆向液流也可以在白天发生。例如，7月22日的白天，由于降水事件的发生，柽柳茎干液流速率迅速下降，甚至出现负值（图4-2）。7月18日中午前后虽然也有降水发生，但并未导致柽柳出现逆向液流，这主要是因为下雨过程中控制室的顶棚一直处于未打开状态，防止了雨水滴落到叶片表面，但由于RH较高，柽柳液流速率下降。

同株柽柳不同枝逆向液流出现顺序不同。当RH>80%时，逆向液流首先出现在柽柳嫩枝上，接着在二级枝和一级枝上先后出现，主枝滞后于嫩枝逆向液流出现的时间，从几分钟到近一小时不等。相同的土壤湿度条件下，当RH>90%时，逆向液流规模增加（图4-2）。例如，7月20日和23日早上，大气湿度接近或达到饱和，相应地，逆向液流的规模也是这几天中最显著的。

野外期间，为了便于比较加湿条件下与自然条件下柽柳茎干液流的变化，我们同步测定了自然条件下柽柳同一主枝不同位置茎干液流和空气湿度的日变化（图4-3）。与控制室被加湿空气相比，自然条件下当空气湿度较低时，柽柳正向液流在夜间几乎一直存在。主枝夜间正向液流占最大液流速率的比例为0.62%~16.46%，液流量占白天蒸腾耗水的比例为4.74%~10.55%；相应地，小枝分别为0.78%~16.79%和17.33%~30.02%。主枝与小枝在夜间正向液流速率占最大速率的比例方面几乎无差异，但液流量相差较大，这主要是由于主枝白天液流量显著大于小枝。大多数植物在夜间液流仍然存在，相比白天蒸腾消耗的水分，夜间液流量一般较小，如树龄3年的日本柳杉（*Cryptomeria japonica* D. Don）夜间液流量约占白天液流量的9%（Nakai et al., 2005）。但Moore等（2008）测定的中国柽柳（*Tamarix chinensis*）夜间液流量占白天液流量的比例高达36.6%，明显高于西黄松（*Pinus ponderosa* C. Lawson）的21%（Fisher et al., 2007），安息香属植物锈色安息香（*Styrax ferrugineus* Ness et Mart.）的22%（Bucci et al., 2004），以及糖槭（*Acer saccharum* Marsh.）的25%（Dawson et al., 2007）和香脂杨（*Populus balsamifera* L.）的约26%（Snyder et al., 2003），他们认为大多数木本植物夜间蒸腾量不足白天蒸腾量的20%。关于夜间蒸腾量占夜间液流量的比例说法不一，有些认为夜间蒸腾量很小，夜间液流主要用于补充植物白天蒸腾消耗的水分（Steinberg et al., 1989），也有些认为夜间蒸腾量占夜间液流量的15%~60%，这个比例取决于植物蒸腾和储水组织再补充量的划分方法（Fisher et al., 2007）。

许多研究表明，旱季加利福尼亚太平洋沿岸雾天频繁出现，叶片吸水是当地红杉林生态系统植被普遍具有的水分利用策略（Dawson, 1998；Burgess and Dawson, 2004；Limm et al., 2009）。Goldsmith等（2013）监测到热带山地和山前云雾林生态系统林下6种植物出现逆向液流，并且发现逆向液流速率与叶片湿润事件紧密相关。除野外开展的研究工作

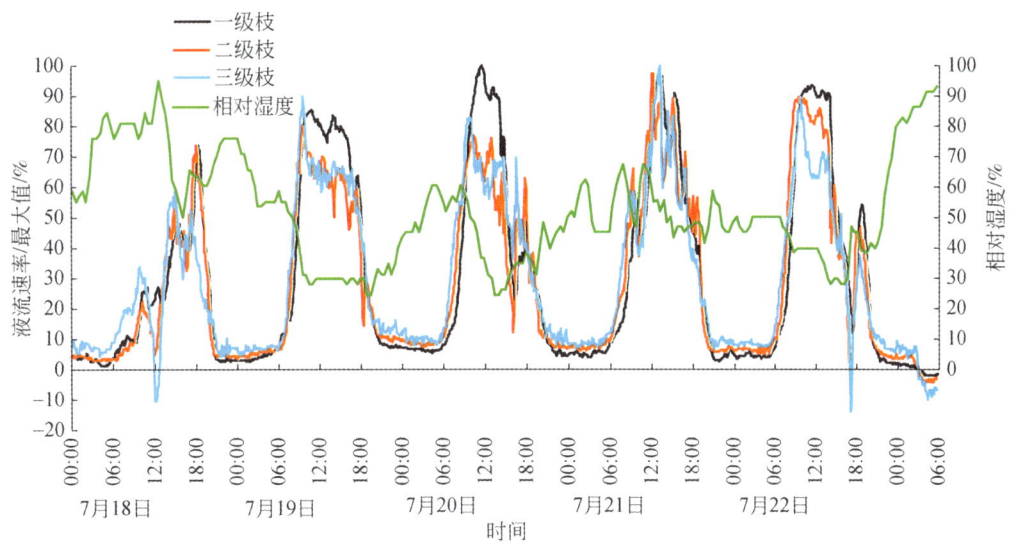

图 4-3 自然条件下空气湿度与对照柽柳茎干液流的日变化

外,在室内开展了许多通过控制环境变量用来研究叶片吸水的工作。一些来自室内实验的数据已经证实,当植物长期暴露于人工模拟的雾环境中或者饱和空气中时,其叶片可以直接吸收雾水或饱和水汽,因此,无论是在室内还是室外,叶片吸水的发生通常对应着高空气湿度。但是,在持续的高空气湿度环境中,叶片吸水现象并不一定始终存在(Goldsmith et al.,2013)。另外,有时当降水事件,甚至微降水发生时,即便冠层上部的空气湿度没有足够高(>85%),由于雨水滴落到叶片表面,叶片吸水现象也能发生。例如,在本研究中,7月18日的中午以及7月22日的下午出现1 h左右的微降水事件,虽然22日下午空气湿度甚至低于70%,但柽柳叶片依然吸收到了雨水,并向下传输到枝条(图4-3)。

许多研究表明,叶片可以吸收沉积在叶片表面的液态水。尽管也有研究表明,叶片可以从饱和的空气中吸收水汽,但关于叶片能否直接从饱和甚至非饱和空气中吸收水汽的认知依然比较缺乏。无雨的夜间,当空气相对湿度较高时,常常由于叶片表面温度低于气温,叶片附近的水汽在叶片表面凝结形成水膜,虽然没有测量叶片湿度的具体值,但可以肉眼直接观察到叶片湿润。有时在晴朗的夜间或清晨,即便空气湿度达到90%,目视叶片表面仍无水膜形成,且用手触摸叶片表面亦无潮湿感,若在这种情况下叶片从空气中获取了水分,则推断叶片可能利用了气态水。例如,7月23日清晨,热平衡液流仪记录到自然条件下的对照柽柳出现逆向液流,此时的空气湿度虽然较高,但并未达到饱和,且用手触摸叶片表面无潮湿感,这说明柽柳叶片不仅可以吸收沉积在叶片表面的液体水,也可以从未饱和的高湿度空气中吸收气态水,但需要借助其他技术手段才能进一步证实柽柳叶片是否吸收了气态水。另外,关于逆向液流发生必须具备的空气湿度值或饱和水汽压差,两者没有一个具体的临界值,因为植物本身的水分状态、土壤含水量及叶-气界面温度等都会影响到SPAC的水势场,进而影响到植物逆向液流发生所需要的湿度条件。

4.1.2 基于大气水汽同位素的荒漠植物水汽吸收现象

叶片水的同位素组成受三个物理因素的影响：①叶的相对湿度（h）；②根系水的同位素值 $^{18}O_R$；③大气水汽的同位素值 $^{18}O_a$。叶片水分来自根部或者大气水汽主要取决于叶片的相对湿度（Helliker，2002，2011）。就植物水的运动而言，与从根部通过叶柄传输过来的水的 $\delta^{18}O$ 值比较，较多的水是从大气进入到叶片的。如果 $h>50\%$（全球范围值65%~80%），则从大气中进入叶片的水会超过从根部通过叶柄进入叶片的水。这种条件下，叶片水的同位素值主要是由大气水汽的 $\delta^{18}O$ 值构成。因此，本研究分析了大气水汽的 $\delta^{18}O$ 值的特征，同时进行了荒漠植物叶片水的 $\delta^{18}O$ 值的研究（4.1.3节），以证实荒漠植物叶片吸收利用大气水汽的现象和机理。

1. 大气水汽 $\delta^{18}O$ 和 δD 的变化特征

由于实验数据较多和时间的连续性较强，这里以时间序列描述大气水汽浓度和稳定同位素 $\delta^{18}O$ 和 δD 的特征及其变化。

（1）2012年大气水汽 $\delta^{18}O$ 和 δD 的特征及其变化

2012年9月2~6日在甘肃景泰寺滩村进行了大气水汽 $\delta^{18}O$ 和 δD 监测实验，加湿水源为康师傅矿泉水。通道1~3为自然条件下的大气水汽稳定同位素 $\delta^{18}O$ 和 δD 以及大气水汽浓度。通道4为控制室内大气水汽稳定同位素 $\delta^{18}O$ 和 δD 以及大气水汽浓度。

2012年9月2~6日大气水汽稳定同位素特征如图4-4和图4-5所示，从图中可以看出，均由三个波峰组成，每个最高点都是在24:00左右，$\delta^{18}O$ 最高值达 −12.41‰，δD 最高值达 −93.04‰，最低点都是在 10:00~13:00。整体来看，大气水汽的同位素组成特

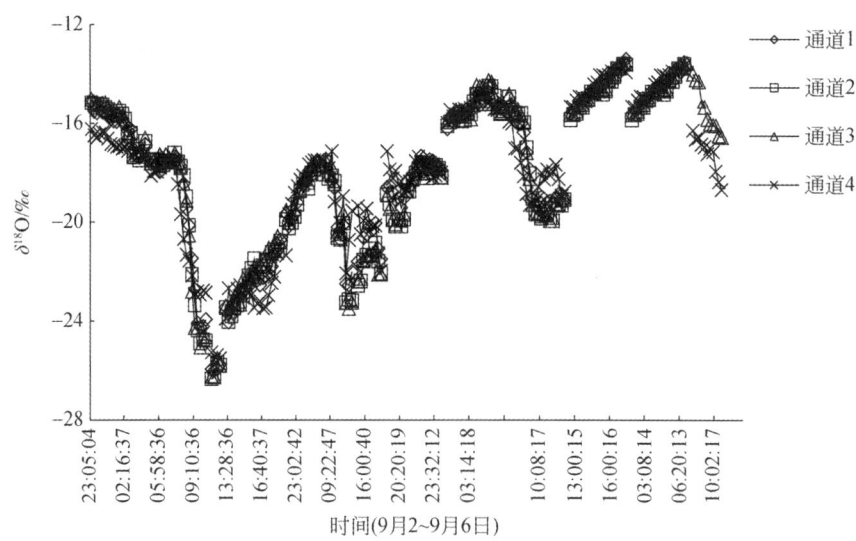

图4-4 2012年9月2~6日大气水汽稳定同位素组成 $\delta^{18}O$ 的变化特征

图4-4~图4-9，通道1高度为7m，通道2高度为4.5m，通道3高度为2m，前3个通道测定的为自然条件下的氢氧同位素值，通道4位于控制室内高度1.5m，加湿水源为康师傅矿泉水

征连续几天呈现逐渐偏正的趋势。同时，δD 值也呈现出类似的规律，只是 δD 的组成范围比 $\delta^{18}O$ 变化幅度大些，这与氢氧各自的质量数有很大的关系（张玉翠等，2011）；在干旱区，土壤实际蒸发量较少，因此，可忽略不计。而且在加湿实验过程中，利用塑料布把土壤表面密封起来，因此，土壤蒸发忽略不计。总体来看，出现的最低点与最高点的时间段与华北平原农田生态系统（张玉翠等，2011；尹常亮等，2008）趋势不太一致，这可能与西北干旱区大气水汽较少，以及特殊的大气水汽稳定同位素特征有关。

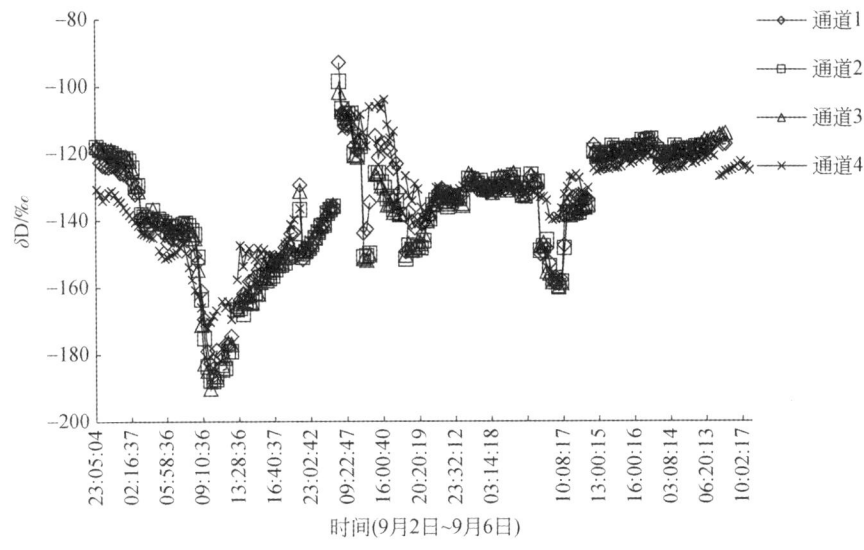

图 4-5　2012 年 9 月 2~6 日大气水汽稳定同位素组成 δD 的变化特征

从图 4-6 和图 4-7 可以看出，氢氧同位素 $\delta^{18}O$ 和 δD 的变化趋势非常一致，2:00 之前

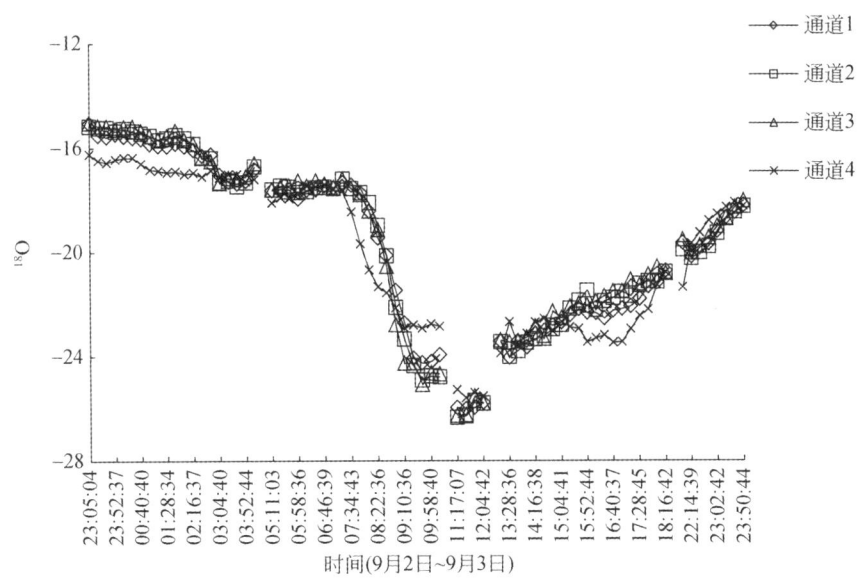

图 4-6　2012 年 9 月 2~3 日大气水汽稳定同位素组成 $\delta^{18}O$ 的变化特征

相对比较稳定，$\delta^{18}O$ 值分布在 -15.03‰ ~ 15.84‰，δD 值分布在 -117.94‰ ~ 120.96‰。2：00 ~ 7：00 大气水汽 $\delta^{18}O$ 和 δD 值呈现缓慢下降趋势，但大气水汽的氢氧同位素值都较高，出现了重同位素富集现象，这说明午夜和清晨大气水汽未出现凝结。7：00 ~ 9：00 大气水汽 $\delta^{18}O$ 和 δD 值呈大幅下降趋势，直至 10：00 出现最低值，这是由于水汽浓度变大，水汽变轻。从中午直到 24：00，大气水汽 $\delta^{18}O$ 和 δD 值又出现逐渐上升的趋势。

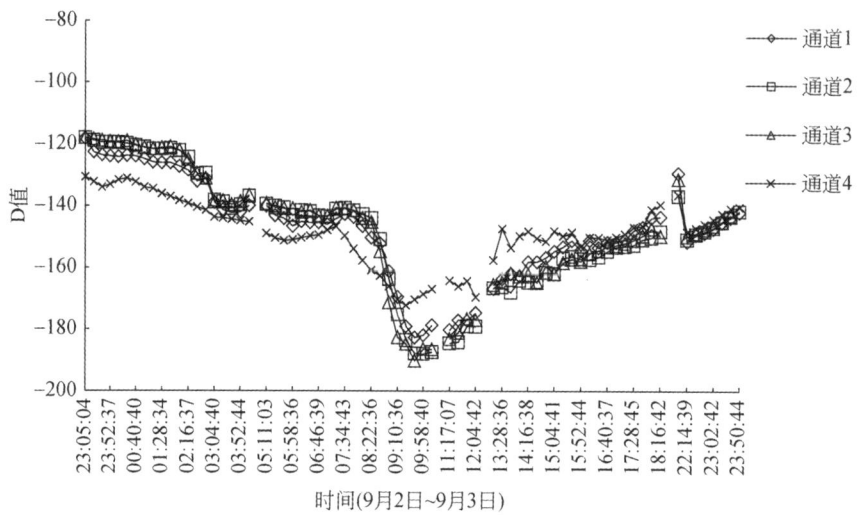

图 4-7　2012 年 9 月 2 ~ 3 日大气水汽稳定同位素组成 δD 的变化特征

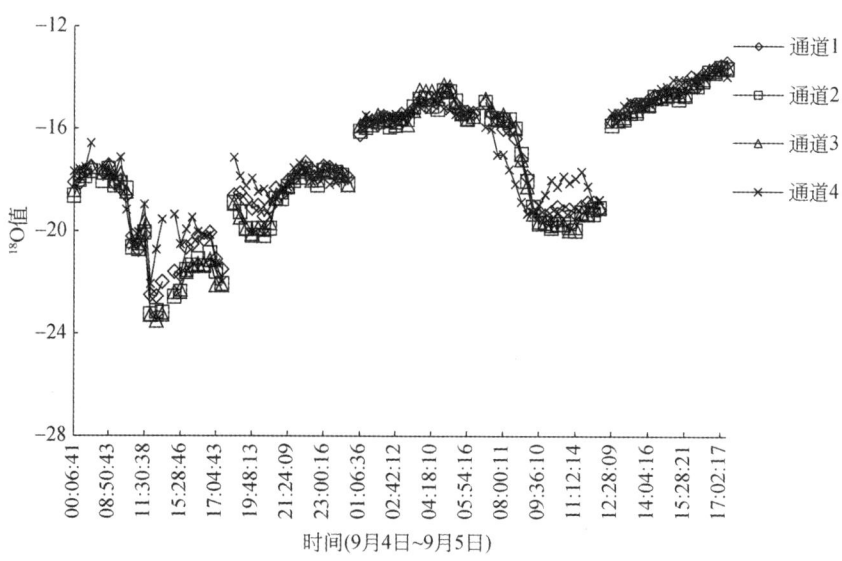

图 4-8　2012 年 9 月 4 ~ 5 日大气水汽稳定同位素组成 $\delta^{18}O$ 的变化特征

从图 4-8 和 4-9 可以看出，与前一天的规律相类似，氢氧同位素值呈现先上升后下降的趋势。但具体到日尺度具体变化过程亦存在一定差异，在 1：00 之前氢氧同位素值较稳

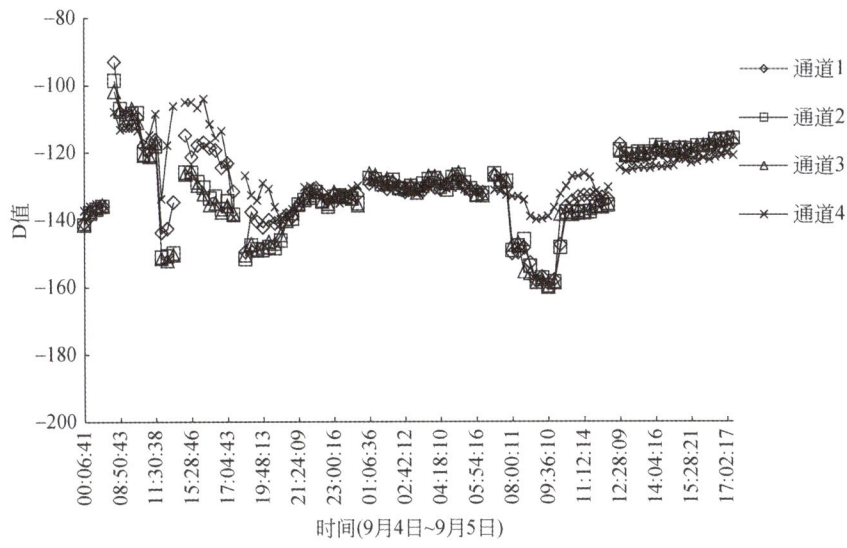

图 4-9　2012 年 9 月 4~5 日大气水汽稳定同位素组成 δD 的变化特征

定,但是 1:00~5:00 有小幅度的上升,此后呈现明显下降的趋势,即 5:00~9:00 呈现出下降趋势,最低值出现在 12:00 左右,然后出现逐渐上升的趋势,直至 24:00。

通过各个通道的均值可以看出,自然条件下(前 3 个通道)测定的夜晚大气水汽氢氧同位素的结果很接近,加湿条件下控制室内通道 4 的 $\delta^{18}O$ 和 δD 的值较自然条件下前三个通道的稍偏负(图 4-10 和图 4-11),这是由于水汽浓度较大,水汽含量较多,大气水汽稳定同位素值呈现偏负的特征。与第 3 章表 3-1 中康师傅矿泉水液态水的 $\delta^{18}O$ 和 δD 的值相比,同种水源气态水和液态水的氢氧同位素值有一定的差异。

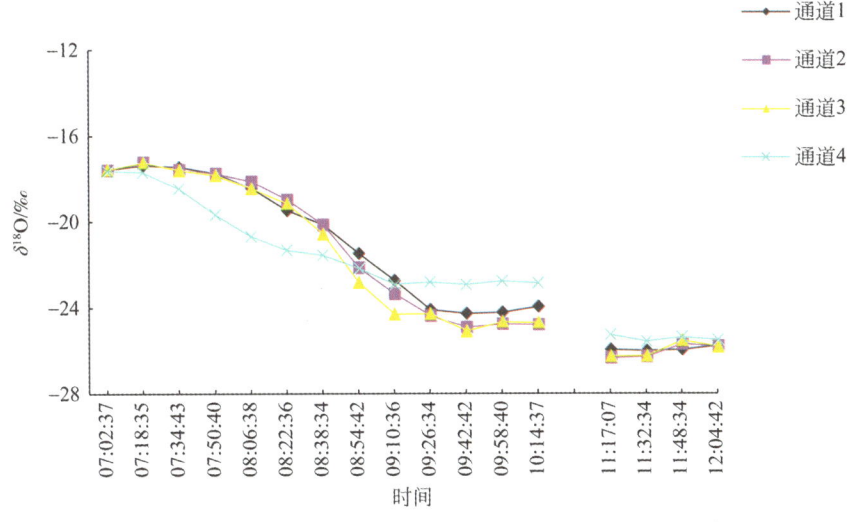

图 4-10　2012 年 9 月 2 日加湿后不同通道的大气水汽稳定同位素特征
中断处是水汽校准源校正时段

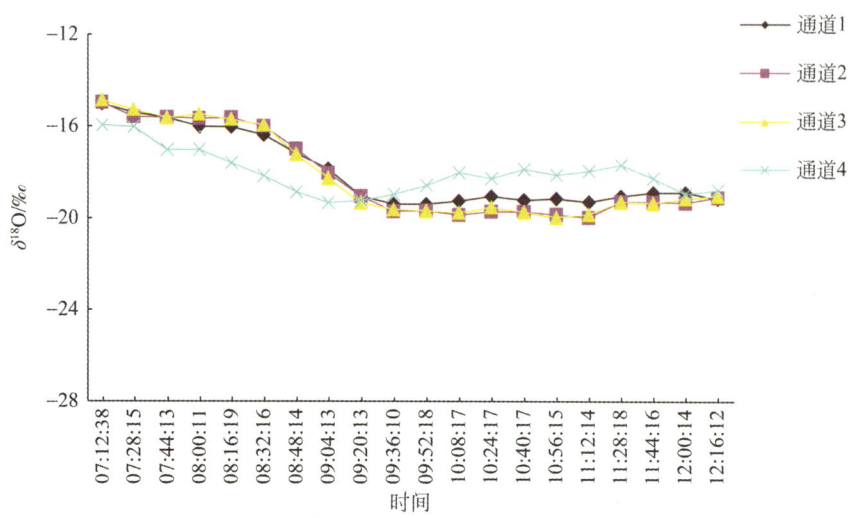

图4-11 2012年9月5日加湿后不同通道的大气水汽稳定同位素特征

(2) 2013年大气水汽 $\delta^{18}O$ 和 δD 的特征及其变化

2013年7月16～29日对照与加湿状态下大气水汽浓度和稳定同位素 $\delta^{18}O$ 值的变化特征如图4-12和图4-13所示，自然条件下水汽浓度与 $\delta^{18}O$ 值呈负相关关系，即当水汽浓度较大时，$\delta^{18}O$ 值偏负显著，当水汽浓度下降时，$\delta^{18}O$ 值增大，这是因为水汽浓度较大，水汽含量较多，故 $\delta^{18}O$ 值偏负显著。与自然状态下相比，加湿条件下水汽浓度与 $\delta^{18}O$ 值的函数关系不明显，这主要是因为图4-14是多种加湿水源水汽浓度与 $\delta^{18}O$ 值平均后的结果，掩盖了不同加湿水源水汽浓度与其 $\delta^{18}O$ 值的关系。

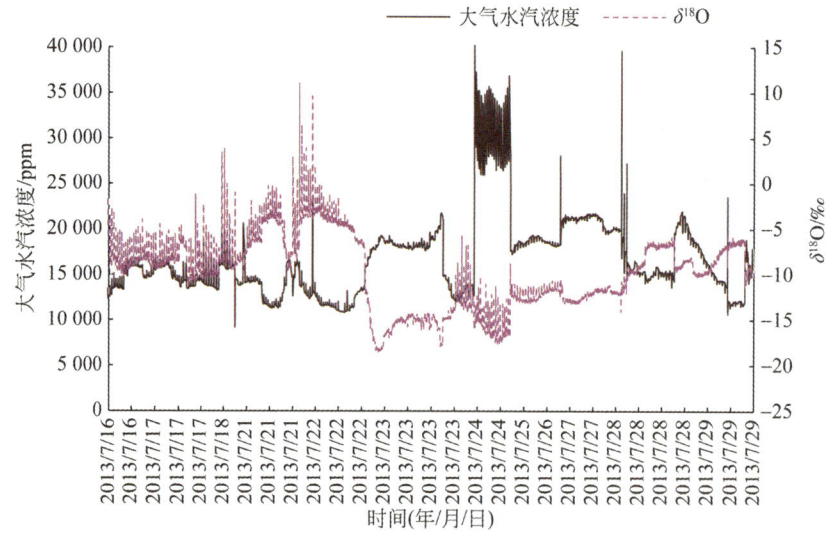

图4-12 2013年7月16～29日自然条件下的大气水汽浓度与 $\delta^{18}O$ 的特征

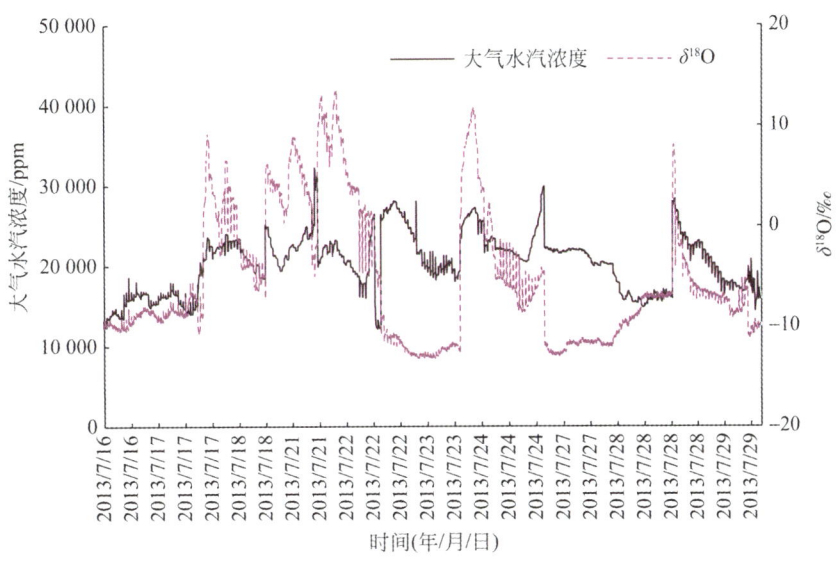

图 4-13　2013 年 7 月 16~29 日加湿大气水汽浓度与 $\delta^{18}O$ 的特征

2013 年 7 月不同条件下大气水汽浓度与 $\delta^{18}O$ 的具体日变化特征如图 4-14~图 4-16 所示，7 月自然条件下大气水汽浓度呈现逐渐下降的趋势，水汽稳定同位素 $\delta^{18}O$ 总体呈缓慢上升趋势（图 4-14）。对超纯水作为加源水源的控制室来说，大气水汽浓度和 $\delta^{18}O$ 均呈现先上升后逐渐下降的趋势（图 4-15）。重氧水控制室内，大气水汽浓度和 $\delta^{18}O$ 均呈现下降的趋势（图 4-16）。

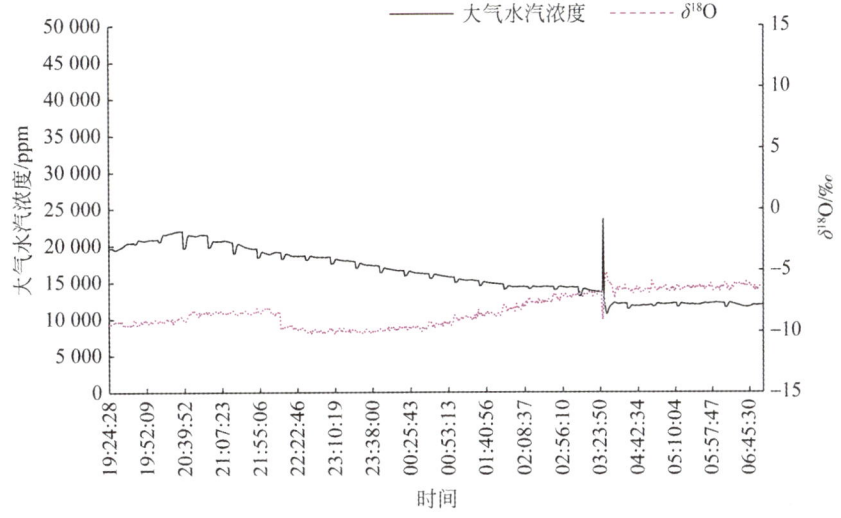

图 4-14　2013 年 7 月 28~29 日自然条件下大气水汽浓度及其 $\delta^{18}O$ 的日变化特征

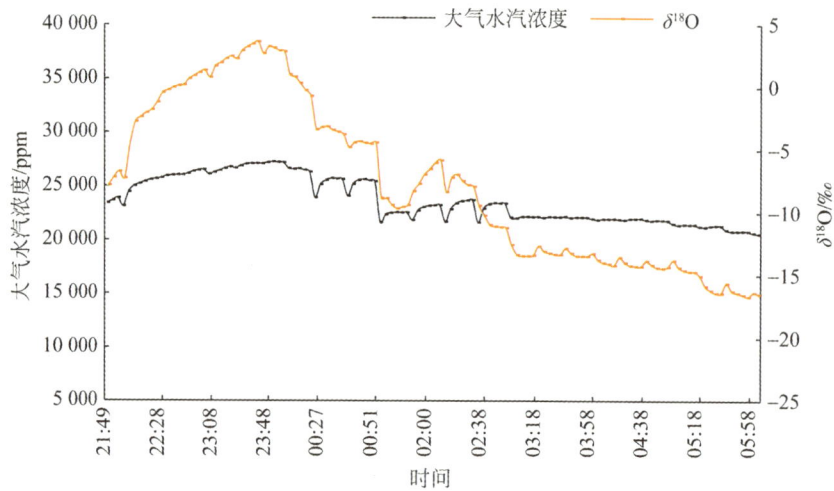

图 4-15　2013 年 7 月 23～24 日超纯水水源控制室内大气水汽浓度及其 $\delta^{18}O$ 的日变化特征

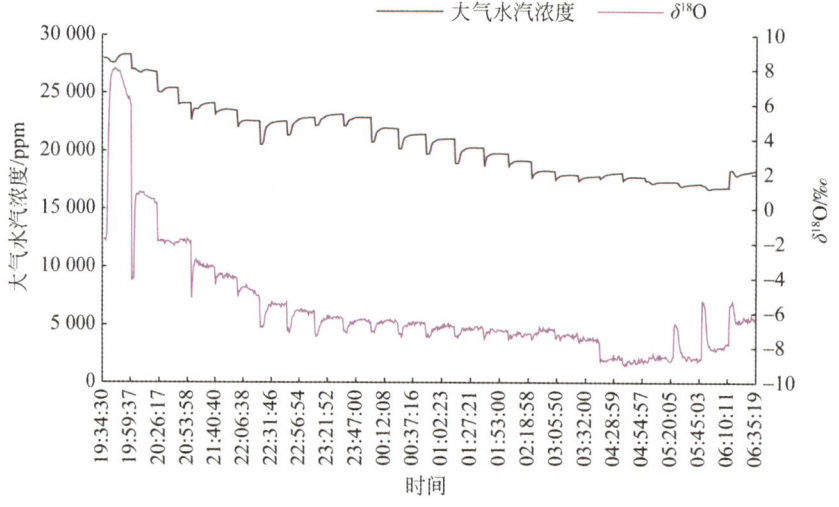

图 4-16　2013 年 7 月 28～29 日重氧水水源控制室内大气水汽浓度及其 $\delta^{18}O$ 的日变化特征

(3) 2014 年大气水汽 $\delta^{18}O$ 和 δD 的特征及其变化

2014 年 6～9 月在甘肃景泰寺滩村、内蒙古阿拉善吉井滩开发区和额济纳旗三个地点进行了多种典型荒漠植物自然条件与加湿条件下的大气水汽 $\delta^{18}O$ 和 δD 监测实验,现从加湿物种和空间上对 2014 年野外监测的大气水汽浓度及其 $\delta^{18}O$ 和 δD 变化特征进行分析。

A. 不同加湿物种控制室内大气水汽浓度及其 $\delta^{18}O$ 和 δD 变化特征

不同荒漠植物加湿实验控制室内大气水汽浓度和 $\delta^{18}O$、δD 的特征变化具有明显的相似性,即加湿条件下大气水汽浓度与 $\delta^{18}O$ 具有明显负关联性,而大气水汽浓度与 δD 值存在一定的正相关关系。

加湿时，白刺控制室内大气水汽浓度和 $\delta^{18}O$ 发生了剧烈的变化（图 4-17），两者呈负相关关系，大气水汽浓度先是骤然上升，然后骤然下降，最后稳定在 10 000ppm（ppm 为 10^{-6}）附近；$\delta^{18}O$ 先是骤然下降，然后上升，最后稳定在 $-15‰$ 附近。δD 与大气水汽浓度同步变化，呈正相关关系，但 δD 的变化特征与 $\delta^{18}O$ 的变化特征有很大的不同，先是在 $-100‰$ 附近上下波动，之后下降并逐渐趋于 $-125‰$（图 4-18）。

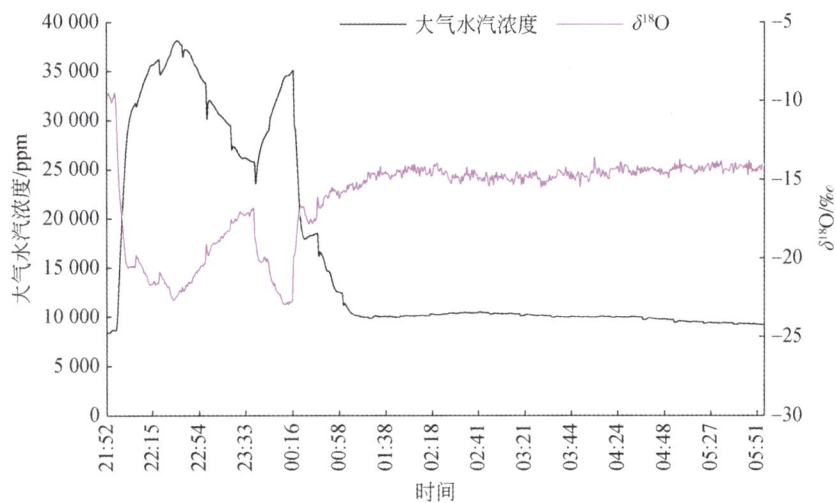

图 4-17　2014 年 7 月 29～30 日白刺控制室内的大气水汽浓度与 $\delta^{18}O$ 的变化特征

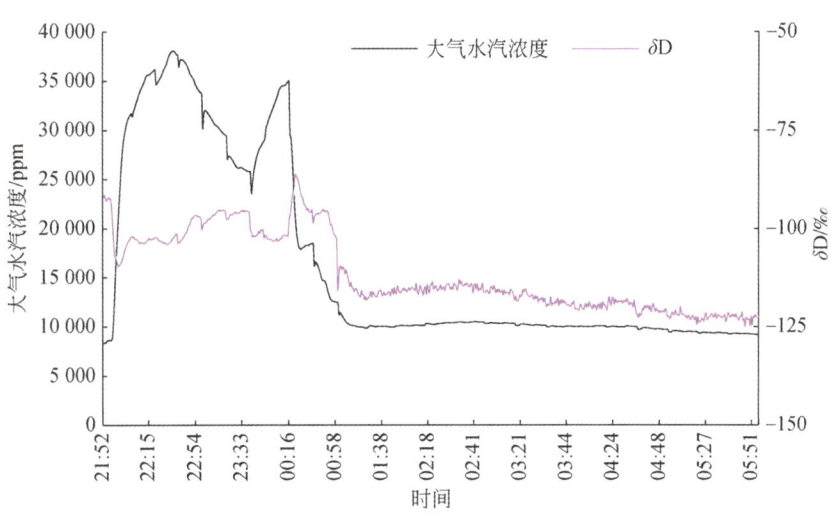

图 4-18　2014 年 7 月 29～30 日白刺控制室内大气水汽浓度与 δD 的变化特征

加湿时，红砂控制室内大气水汽浓度及其 $\delta^{18}O$ 和 δD 总体变化趋势与白刺相似，大气水汽浓度先是骤然上升，然后震荡下降，最后趋于稳定；$\delta^{18}O$ 先是下降，然后波动上升，3∶15 后 $\delta^{18}O$ 值上下震荡于 $-14.5‰$ 附近（图 4-19）。δD 的变化特征与 $\delta^{18}O$ 的变化特征有一定的差异，3：00前，δD的特征呈现略偏重的特征，随后呈现出逐渐偏负的趋势（图4-20）。

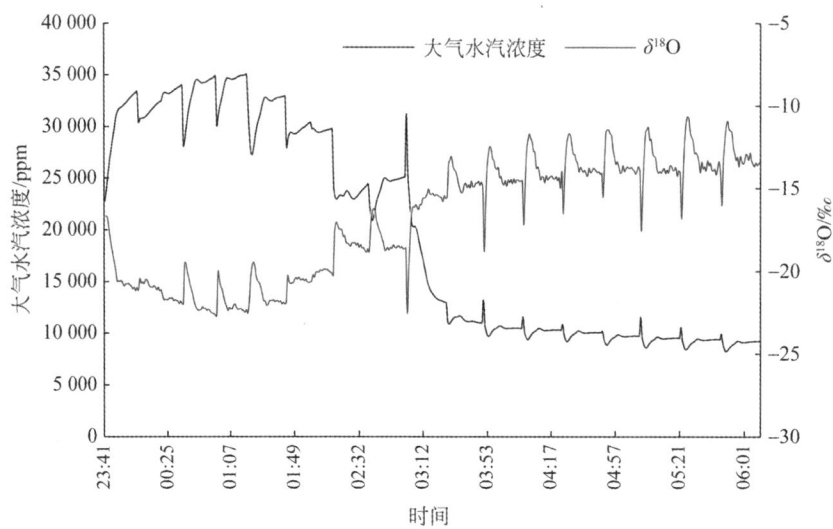

图4-19 2014年7月29~30日红砂控制室内大气水汽浓度与$\delta^{18}O$的变化特征

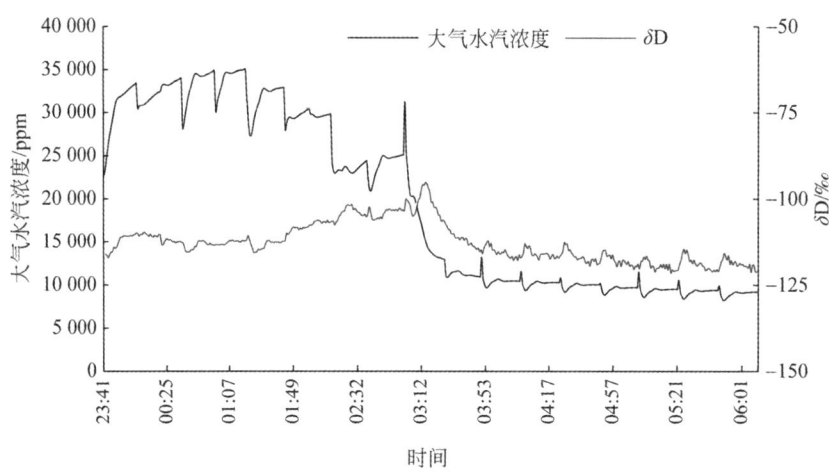

图4-20 2014年7月29~30日红砂控制室内大气水汽浓度与δD的变化特征

加湿时，梭梭控制室内大气水汽浓度和$\delta^{18}O$亦呈负相关，大气水汽浓度的变化趋势呈现开口向下的抛物线型，先上升，持续到1：00左右，然后下降，3：00后大气水汽浓度稳定在10 000ppm左右；$\delta^{18}O$呈先下降再上升，3：00后处于稳定状态，在-15‰左右波动（图4-21）。而δD在整个加湿过程中，一直呈现波动下降趋势，在加湿结束时δD值接近于-124‰（图4-22）。

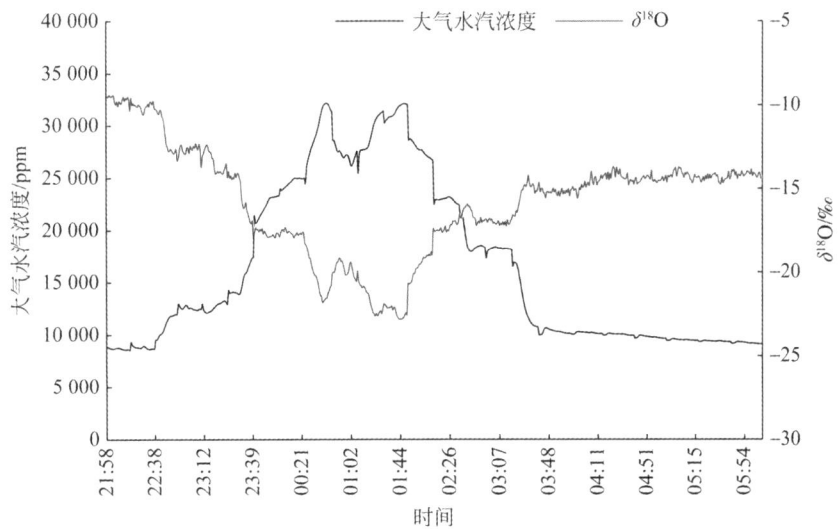

图 4-21　2014 年 7 月 29~30 日梭梭控制室内大气水汽浓度与 $\delta^{18}O$ 的变化

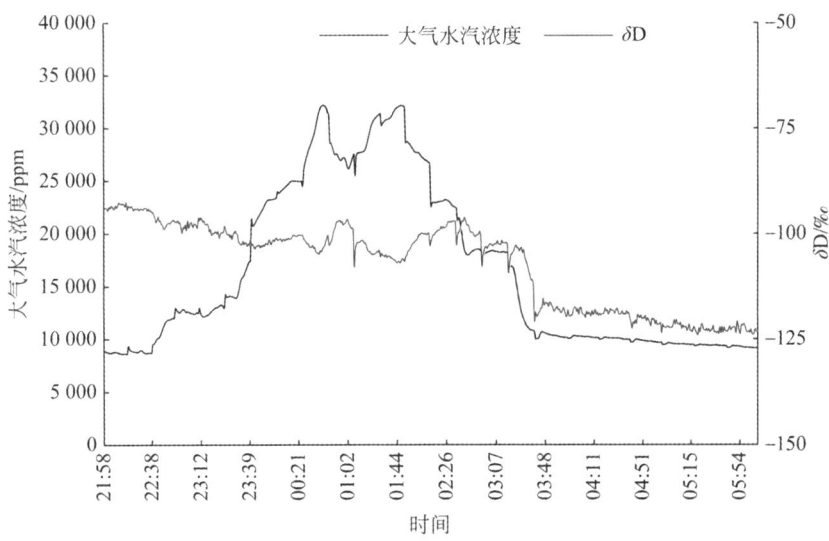

图 4-22　2014 年 7 月 29~30 日梭梭控制室内的大气水汽浓度与 δD 的变化特征

B. 空间尺度大气水汽浓度与 $\delta^{18}O$ 和 δD 的变化特征

现从空间尺度上对甘肃景泰寺滩村、内蒙古孪井滩开发区和额济纳旗三个地点自然条件下夜间大气水汽浓度及其 $\delta^{18}O$ 和 δD 的变化特征分析。

2014 年 7 月 29~30 日孪井滩自然条件下夜间大气水汽浓度和氢氧同位素变化特征如图 4-23 和图 4-24 所示，自然条件下大气水汽浓度较稳定，在 10 000ppm 附近波动；1∶00之前，$\delta^{18}O$ 值是平稳下降，在 -10‰ 左右波动，1∶00 之后，呈现偏负的特征，但很稳定，在 -15‰ 左右波动；δD 和 $\delta^{18}O$ 值的变化特征非常一致，1∶00 之前 δD 值稳定在 -95‰附近，1:00之后其值呈缓慢波动下降趋势，并最终趋于-125‰。

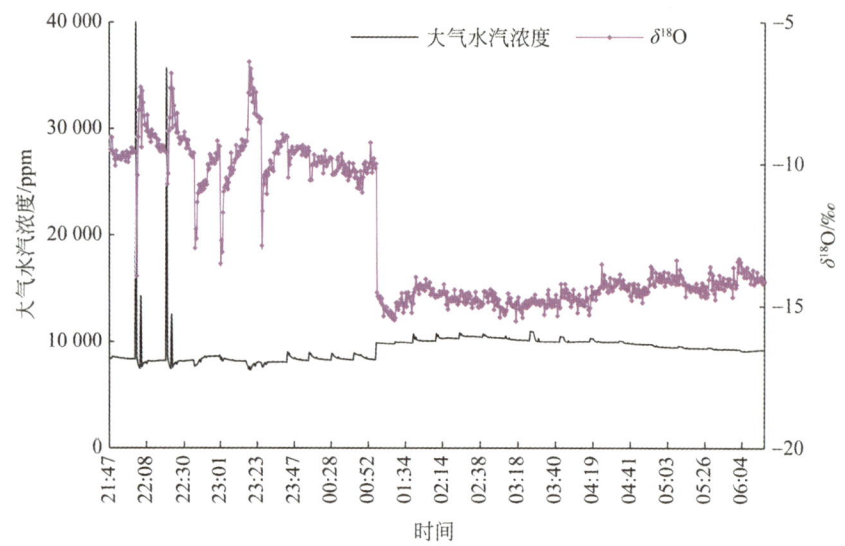

图4-23 2014年7月29~30日自然条件下夜间孛井滩大气水汽浓度与$\delta^{18}O$的变化特征

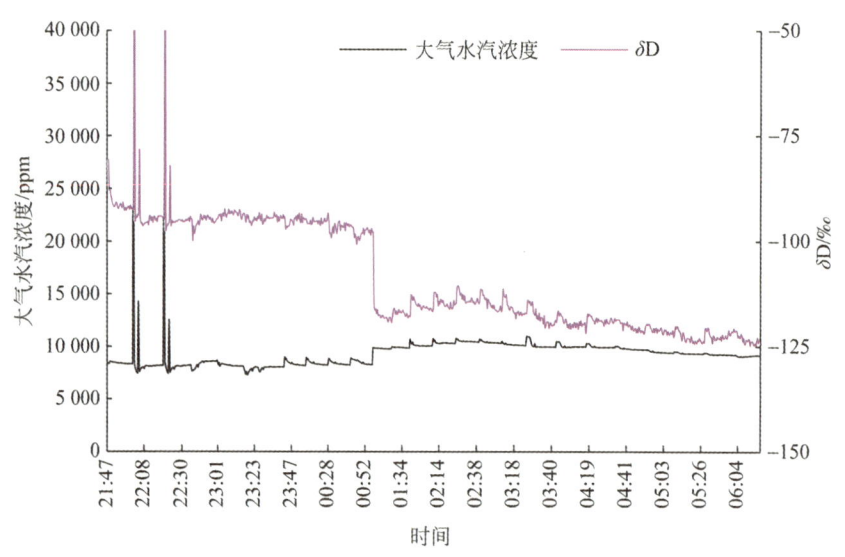

图4-24 2014年7月29~30日自然条件下夜间孛井滩大气水汽浓度与δD的变化特征

2014年8月1~2日额济纳旗自然条件下夜间大气水汽浓度较稳定，总体呈缓慢下降态势；$\delta^{18}O$值也比较稳定，在-10‰附近波动（图4-25）；δD值变化较为明显，总体呈先缓慢上升再快速下降的趋势，其最大值为-56.433‰，最小值为-109.661‰（图4-26）。

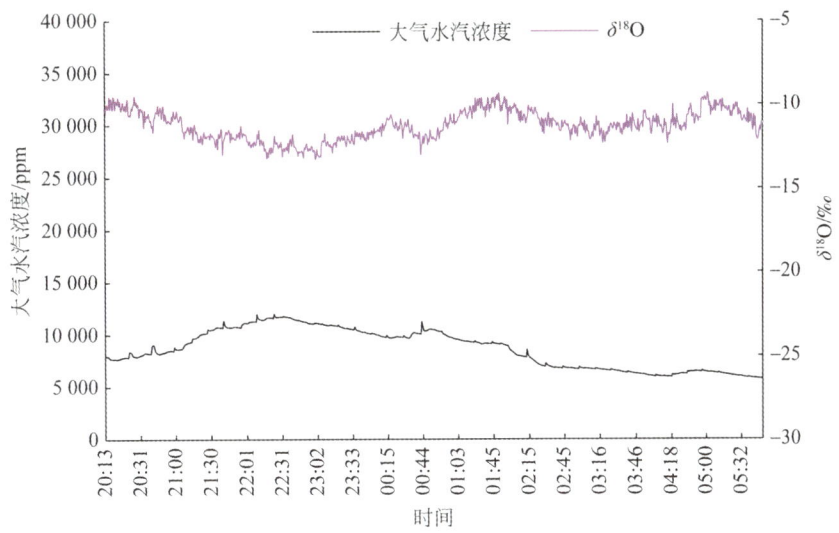

图 4-25　2014 年 8 月 1~2 日自然条件下夜间额济纳旗大气水汽浓度与 $\delta^{18}O$ 的变化特征

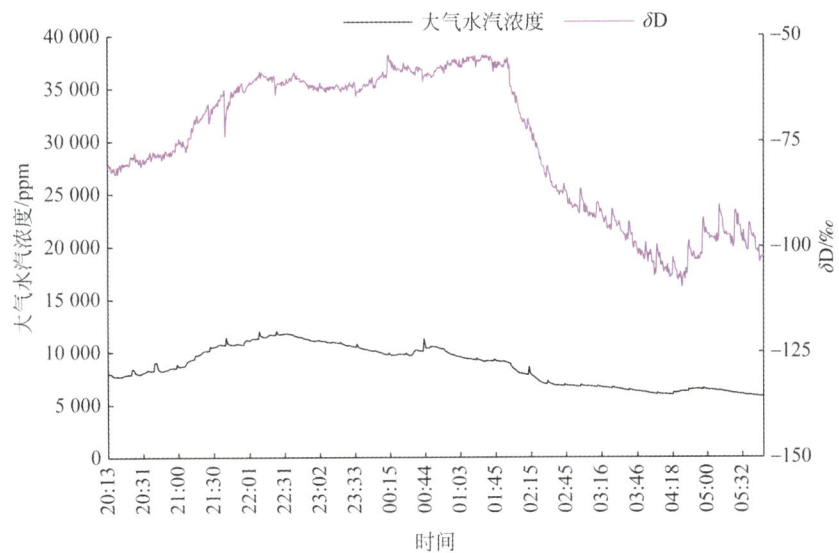

图 4-26　2014 年 8 月 1~2 日自然条件下夜间额济纳旗大气水汽浓度与 δD 的变化特征

2014 年 8 月 12 日景泰寺滩村自然条件下夜间大气水汽浓度与大气水汽氢氧同位素变化特征如图 4-27 和图 4-28 所示，整个夜间水汽浓度值变化较为平稳，其值波动范围为 11 640~13 127ppm；$\delta^{18}O$ 值呈现波动下降趋势，且下降幅度超过 10‰，且 δD 值呈现逐渐偏负的趋势，且幅度超过 50‰。

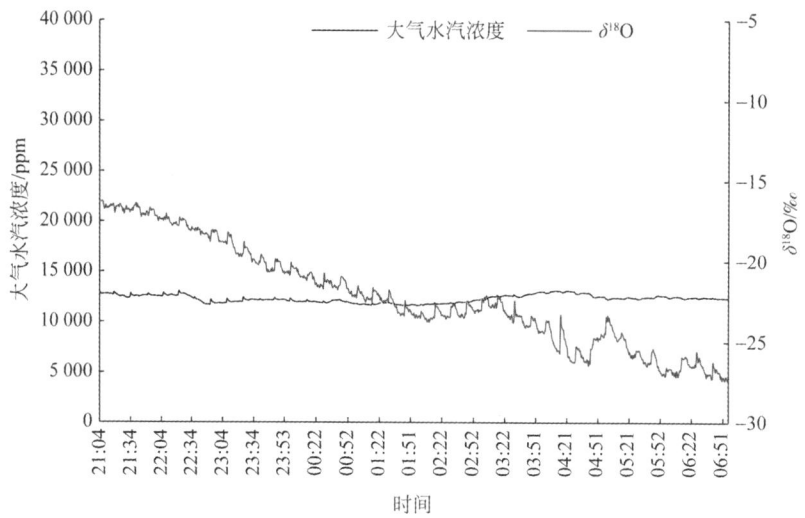

图 4-27　2014 年 8 月 12～13 日自然条件下夜间寺滩村大气水汽浓度与 $\delta^{18}O$ 的变化特征

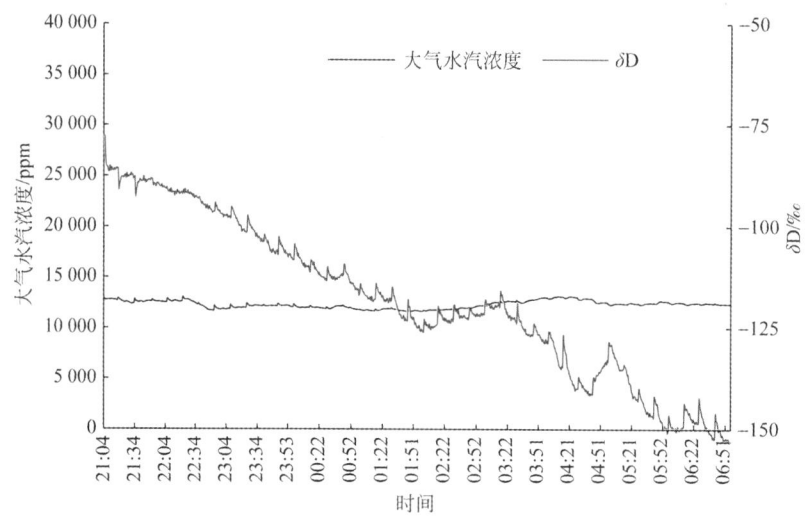

图 4-28　2014 年 8 月 12～13 日自然条件下夜间寺滩村大气水汽浓度与 δD 的变化特征

总之，自然条件下三个样地夜间大气水汽浓度值由大到小依次为寺滩村>孪井滩>额济纳旗；夜间平均 $\delta^{18}O$ 值和 δD 值均依次表现为寺滩村<孪井滩<额济纳旗，三个样地自然条件下夜间大气水汽浓度和 $\delta^{18}O$、δD 值的空间变化规律主要是由研究区气候干湿度决定的，三个样地的气候湿润程度依次为寺滩村>孪井滩>额济纳旗。

2. 大气水汽 $\delta^{18}O$ 和 δD 值与空气温湿度的关系

在黑河下游荒漠区，大气相对湿度通常仅在 30% 左右，少数无风的早晚可能达到 80% 以上。当空气湿度达到一定程度时，大气水汽能被植物地上部分器官吸收利用，这成为荒漠植物长期适应干旱气候所形成的生存策略之一。加湿实验的时间为夜晚，且在控制室内进行，因此，本节着重分析气温和空气相对湿度两个要素与大气水汽浓度及其 $\delta^{18}O$

和 δD 值之间的关系。

大气水汽的稳定同位素 $\delta^{18}O$ 与气温存在着显著的负相关关系,而与相对湿度(RH)呈正相关关系(图 4-29)。White 和 Gedzelman(1984)通过对帕利塞德和纽约温带大陆性气候的大气水汽同位素研究发现,水汽中同位素与相对湿度和比湿都存在着很好的正相关,并且与水汽来源有关。

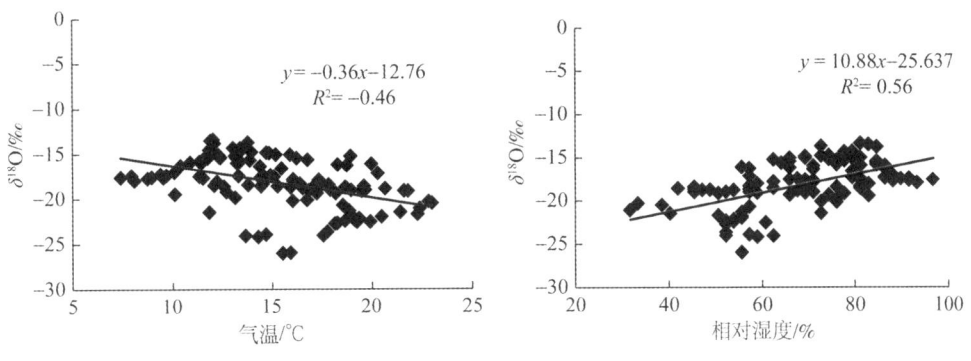

图 4-29 大气水汽 $\delta^{18}O$ 值与空气温湿度的关系

比湿是指一团由干空气和水汽组成的湿空气中的水汽质量与湿空气的总质量之比,它的大小代表了大气水汽含量的多少。从图 4-30 可以看出,比湿与 $\delta^{18}O$ 无明显的相关关系,说明大气水汽含量的多少对大气水汽的同位素值的影响较小。

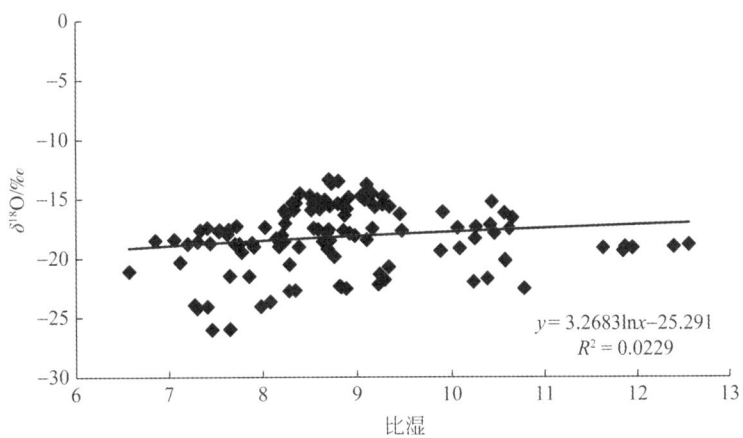

图 4-30 大气水汽 $\delta^{18}O$ 值与空气比湿的关系

(1)大气水汽 $\delta^{18}O$ 值与气温的关系

为更加系统地研究大气水汽稳定同位素 $\delta^{18}O$ 与气象要素的关系,将一个夜晚测定的数据分成两个时间段(0:00 作为分界线)进行详细的研究(图 4-31~图 4-34),研究结果表明,无论是重氧水还是超纯水加湿水源,在 0:00 之前都是 $\delta^{18}O$ 与气温呈现显著的线性相关性,但是在 0:00 之后 $\delta^{18}O$ 值与气温相关性不显著。

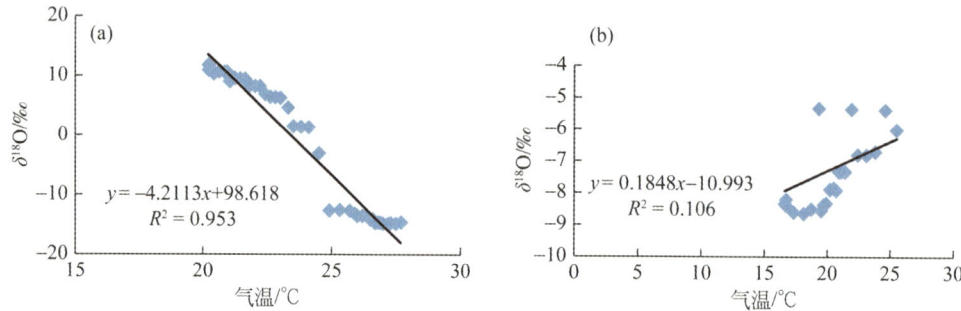

图 4-31　2013 年 7 月 23 日晚（a）和 24 日早（b）超纯水水汽 $\delta^{18}O$ 与气温的关系

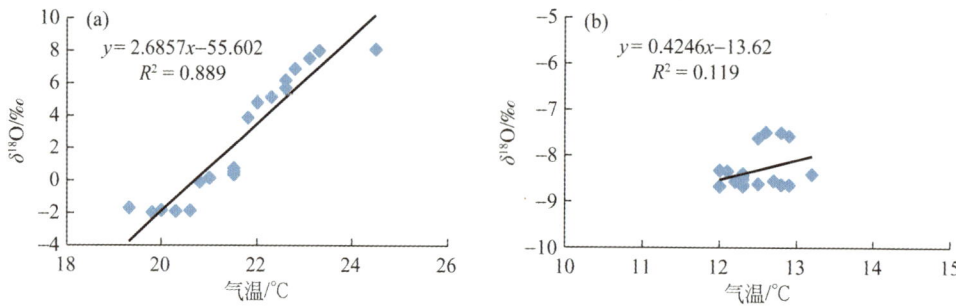

图 4-32　2013 年 7 月 28 日晚（a）和 29 日早（b）超纯水水汽 $\delta^{18}O$ 与气温的关系

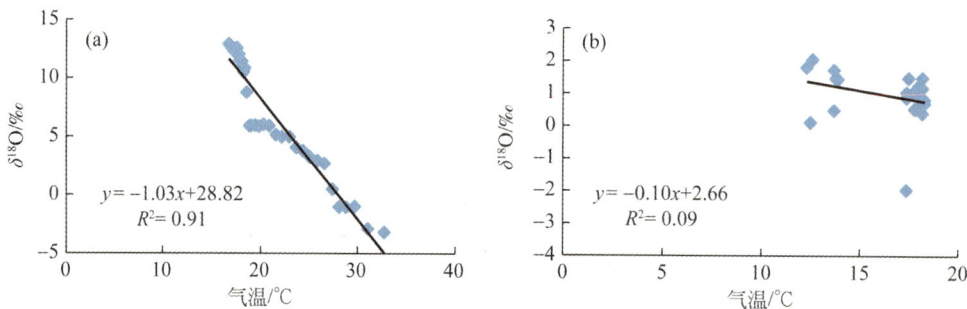

图 4-33　2013 年 9 月 14 日晚（a）和 15 日早（b）超纯水水汽 $\delta^{18}O$ 与气温的关系

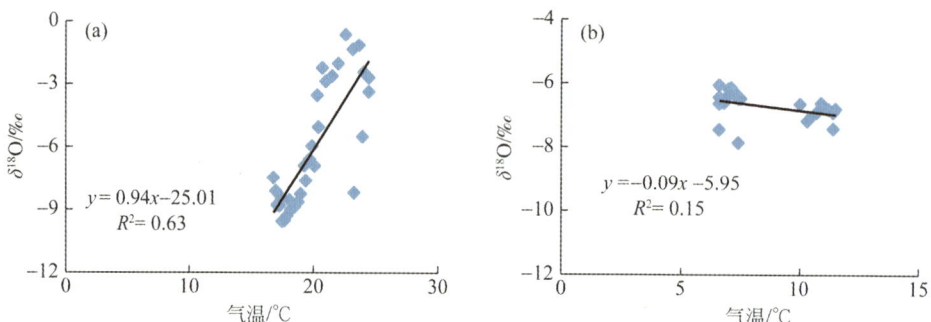

图 4-34　2013 年 9 月 18 日晚（a）和 19 日早（b）重氧水水汽 $\delta^{18}O$ 与气温的关系

（2）大气水汽 $\delta^{18}O$ 和 δD 值与空气湿度的关系

加湿控制室内夜间大气水汽稳定同位素 $\delta^{18}O$ 和 δD 值与空气相对湿度的关系如图 4-35 和图 4-36 所示，在夜间，随着相对湿度的增加，$\delta^{18}O$ 和 δD 值与空气湿度的关系可能正相关也可能负相关，相关性程度也有很大差异。$\delta^{18}O$ 与气温的关系也存在正与负两种可能性。$\delta^{18}O$ 和 δD 值与气象要素的这种线性不确定关系，一方面可能与加湿水源有关，另一方面可能与植物叶片吸收利用大气水汽的程度有关。

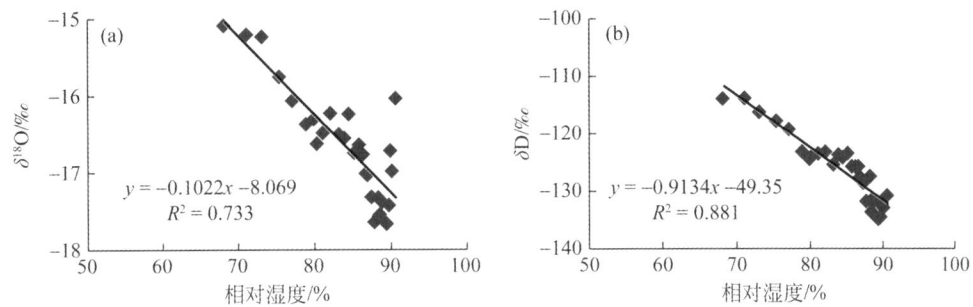

图 4-35 2013 年 9 月 14 日晚大气水汽 $\delta^{18}O$（a）和 δD（b）与相对湿度的相关性

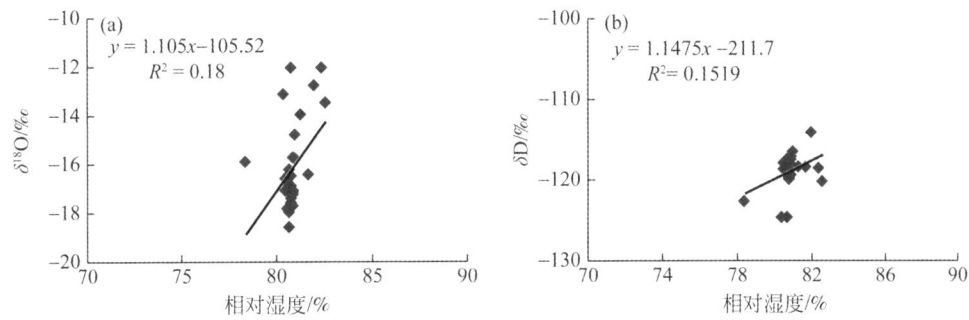

图 4-36 2013 年 9 月 17 日晚大气水汽 $\delta^{18}O$（a）和 δD（b）与相对湿度的相关性

3. 基于大气水汽 $\delta^{18}O$ 和 δD 的荒漠植物水汽吸收现象

Lee 等（2005）研究发现，大气水汽的 $\delta^{18}O$ 与其他环境变量，特别是大气相对湿度是协同变化的。如果湿度条件已知，蒸腾水汽的 $\delta^{18}O$ 与大气水汽的 $\delta^{18}O$ 相接近时，则说明大气水汽进入了叶片。

以 2013 年 7 月 28~29 日为例，蒸腾水汽的 $\delta^{18}O$ 和 δD 选取 2013 年 7 月 29 日 13：22~13：26 的自然条件下的数据，此时段的大气水汽的稳定同位素 $\delta^{18}O$ 和 δD 特征反映的是蒸腾水汽的 $\delta^{18}O$ 和 δD 特征，空气相对湿度均值为 35%。大气水汽的 $\delta^{18}O$ 和 δD 选取 2013 年 7 月 28 日 20：05~20：09 的加湿条件下的数据，加湿水源为甘肃景泰寺滩村地下水。此时段的大气水汽的稳定同位素 $\delta^{18}O$ 和 δD 特征反映的是加湿水汽的 $\delta^{18}O$ 和 δD 特征，空气相对湿度均值为 70%。由表 4-2 可知，蒸腾水汽与大气水汽的 $\delta^{18}O$ 和 δD 的值十分接近，说明 2013 年 7 月 28 日夜间加湿柽柳的叶片吸收利用了大气水汽。

表 4-2　2013 年 7 月中午蒸腾水汽与前一晚加湿水汽的 $\delta^{18}O$ 和 δD 的比较

时段	$\delta^{18}O$/‰	δD/‰	相对湿度/%
2013 年 7 月 29 日 13：22～13：26	−4.71～−2.85	−106.75～−94.37	35
2013 年 7 月 28 日 20：05～20：09	−4.42～−2.44	−105.79～−101.88	70

以 2013 年 9 月 13～14 日为例，蒸腾水汽的 $\delta^{18}O$ 和 δD 选取 2013 年 9 月 14 日 11：09～11：13 的自然条件下的数据，此时段的大气水汽的稳定同位素 $\delta^{18}O$ 特征反映的是蒸腾水汽的 $\delta^{18}O$ 和 δD 特征，空气相对湿度均值为 45%。大气水汽的 $\delta^{18}O$ 和 δD 选取 2013 年 9 月 13 日 20：28～20：32 的加湿条件下的数据，此时段的大气水汽的稳定同位素 $\delta^{18}O$ 和 δD 特征反映的是大气水汽的 $\delta^{18}O$ 特征，空气相对湿度均值为 73%。由表 4-3 可知，蒸腾水汽与大气水汽的 $\delta^{18}O$ 和 δD 的值较为一致，说明 2013 年 9 月 13 日夜间加湿柽柳的叶片吸收利用了大气水汽。

表 4-3　2013 年 9 月中午蒸腾水汽与前一晚加湿水汽的 $\delta^{18}O$ 和 δD 的比较

时段	$\delta^{18}O$/‰	δD/‰	相对湿度/%
2013 年 9 月 14 日 11：09～11：13	−5.98～−4.14	−113.02～−110.60	45
2013 年 9 月 13 日 20：28～20：32	−6.07～−4.58	−116.59～−110.81	73

4. 柽柳对不同加湿水源水汽吸收能力的差异

结合逆向茎干液流出现的时段，通过判断密封的控制室内水汽浓度及其 $\delta^{18}O$ 值的变化时序，可以进一步佐证荒漠植物吸收利用大气水汽的现象。图 4-37 显示了不同加湿时期柽柳逆向茎干液流出现时超纯水水汽浓度及其 $\delta^{18}O$ 值的变化序列，可以看出，逆向茎干液流出现的时段超纯水水汽的浓度和 $\delta^{18}O$ 值均呈下降趋势，且持续时间较长，说明柽柳叶片直接吸收了大气水汽。与超纯水加湿水汽变化特征相比，逆向茎干液流出现时重氧水加湿水汽的 $\delta^{18}O$ 组成变化显著，$\delta^{18}O$ 值急剧上升（偏正），而大气水汽浓度下降不明显（图 4-38），这说明超纯水作为加湿水源被荒漠植物柽柳吸收得快，且持续时间较长，而对于重氧水来说，吸收量较少。通过分析超纯水和重氧水的氢氧同位素特征发现，超纯水

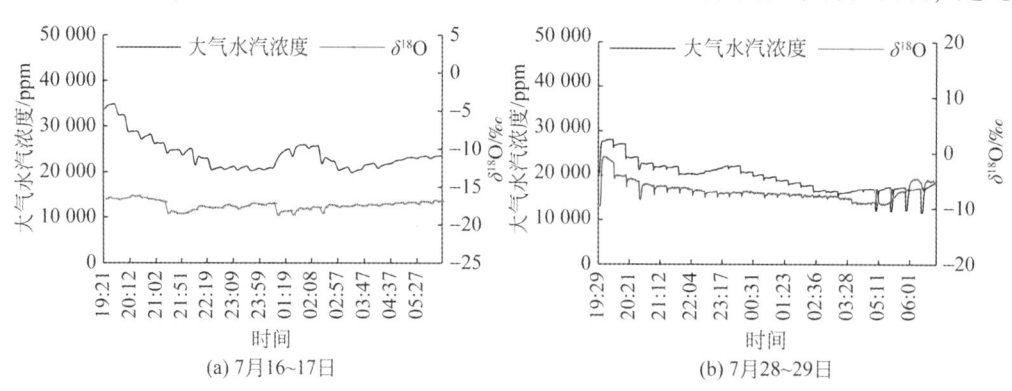

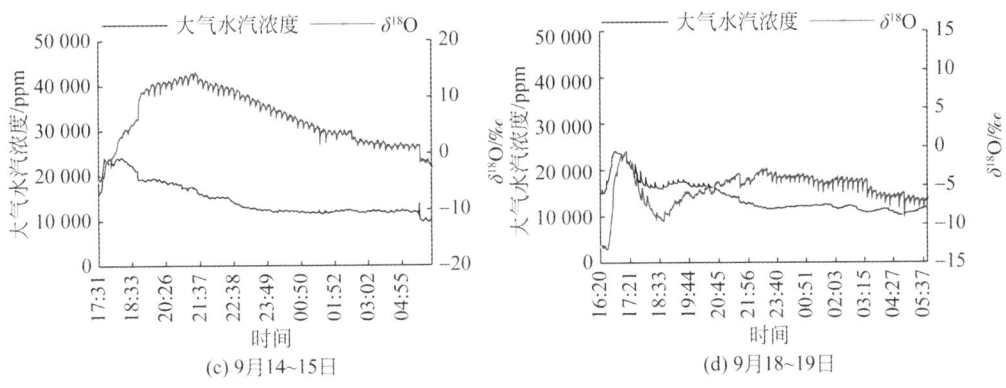

图 4-37 逆向茎干液流出现时段超纯水加湿水汽浓度及其 $\delta^{18}O$ 变化特征

的 $\delta^{18}O$ 值为 $-10.24‰$，而重氧水的 $\delta^{18}O$ 值为 $52‰$，这可能是由于重氧水的 $\delta^{18}O$ 值太过于偏重，荒漠植物柽柳吸收得很少。另外，无论是超纯水还是重氧水作为加湿水源，加湿后大气水汽 $\delta^{18}O$ 值初期均存在短暂上升现象，即呈现偏重的特征，然后 $\delta^{18}O$ 值再逐渐下降，这说明荒漠植物柽柳开始吸收大气水汽时间与加湿开始时间存在一定的时滞。

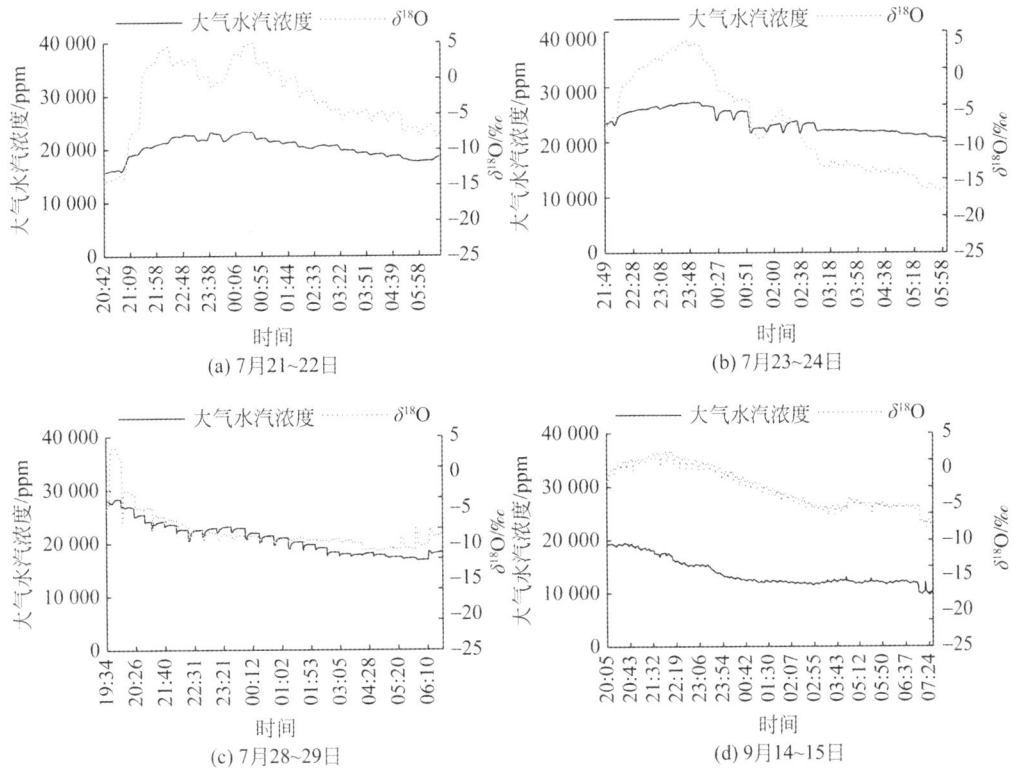

图 4-38 逆向茎干液流出现时段重氧水加湿水汽浓度及其 $\delta^{18}O$ 变化特征

为确定荒漠植物柽柳吸收大气水汽的最佳示踪水源，选取 $\delta^{18}O$ 特征值差异较大的多个水源进行示踪。除超纯水和重氧水作为示踪水源外，还选择寺滩村地下水和康师傅矿泉水作为加湿水源，加湿过程中两者大气水汽的 $\delta^{18}O$ 变化不明显，但大气水汽浓度亦有一定程度的降低，说明荒漠植物叶片吸收利用了寺滩村地下水和康师傅矿泉水的加湿水汽，但吸收利用量不及超纯水显著。通过以上分析可以得出，荒漠植物柽柳对于不同水源具有选择性吸收，初步推断加湿实验的最佳示踪水源为超纯水。

4.1.3 基于植物与土壤水分 $\delta^{18}O$ 的荒漠植物水汽吸收现象

1. 实验方法

控制室的设计与 4.1.1 节的一致。在植株外罩以透明人工控制室，控制室由有机玻璃拼接而成，边框连接处用胶带封严，玻璃框与地面接触部位用土覆盖，尽量隔绝加湿水汽的外泄。用地膜覆盖植株周边土壤，用胶带封严植物茎与土壤接触的地方，尽量隔绝加湿后土壤对加湿水汽的吸附。同位素样品的采集与处理方法在第 2 章已经介绍，不再赘述。

2. 示踪水源的确定

自然条件下柽柳叶、同化枝和茎水中 $\delta^{18}O$ 值的日变化情况如图 4-39 所示，叶片水中的 $\delta^{18}O$ 值最偏正，同化枝水中的 $\delta^{18}O$ 值偏正，但低于叶片 $\delta^{18}O$ 值，茎水中的 $\delta^{18}O$ 值最偏负。叶片水中的 $\delta^{18}O$ 值在 7∶00 处于全天的最低值，此后随着叶片蒸腾作用的加强，叶片水中轻的同位素优先蒸发进入大气，叶片水中越来越富集重同位素。午后随着蒸腾作用的减弱，叶片 $\delta^{18}O$ 值又出现回落。

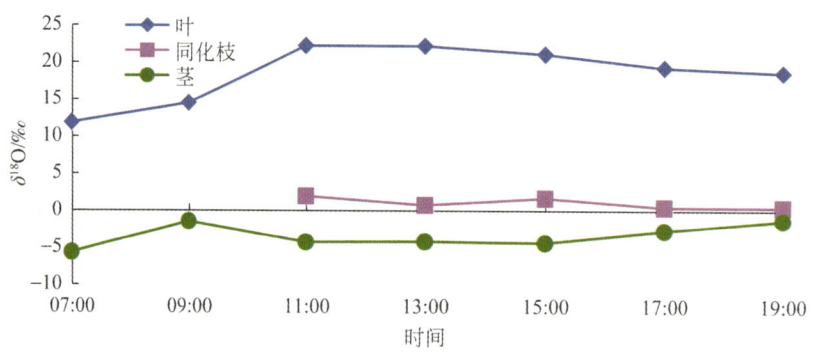

图 4-39　柽柳叶、同化枝和茎水 $\delta^{18}O$ 值的日变化

为确定最佳示踪水源，将 5 种示踪水源的 $\delta^{18}O$ 与植物同化枝、叶的 $\delta^{18}O$ 值做比较，结果如图 4-40 所示。柽柳植株各个部位的样品采集于 2012 年 6 月，叶片最富集 $\delta^{18}O$，尤其是新叶，这可能是因为组织新鲜，生理活性强，蒸腾旺盛，所以分馏作用导致 $\delta^{18}O$ 值达到 10.82‰ 以上。老叶可能因为叶表角质层较厚，保水能力强，所以 $\delta^{18}O$ 值低于新叶。同化枝因为受到叶片蒸腾作用的影响，也富集重同位素，所以 $\delta^{18}O$ 值为正。因为根从土壤中吸收水分后向上运输直至生长叶片的栓化枝条处，其 $\delta^{18}O$ 值几乎恒定，所以茎与根的 $\delta^{18}O$ 值几乎

一致。雨水样品的 $\delta^{18}O$ 值为正，可能因为当地气候干燥炎热，蒸发强烈，雨滴在降落过程中存在一定的再蒸发过程，轻的同位素蒸发了，而且收集的雨水是在降水的初期，重同位素优先凝结成为雨水，所以雨水样品 $\delta^{18}O$ 值异常偏正。示踪水源重氧水具有非常高的 $\delta^{18}O$ 值，与叶片的差异达到30‰以上，而具有低 $\delta^{18}O$ 值的农夫山泉饮用水、康师傅矿泉水、地下水和超纯水的值与叶片的差异也达到17‰~18‰，差异足够大，可以用来进行示踪。

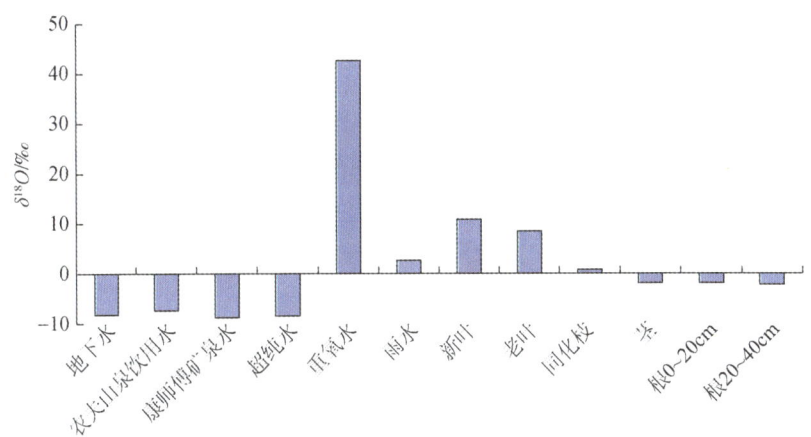

图 4-40　示踪水源以及柽柳植株的 $\delta^{18}O$ 分布特征

3. 不同时期同位素示踪结果

（1）2012 年野外加湿控制实验

A. 实验时间

本节选用 2012 年 9 月 4 日 19：00 至 5 日 19：00 连续 24 h 加湿控制实验作为示例。如果湿度高于 95% 以上，则暂时停止加湿，但必须使湿度维持在一定水平。

B. 实验植物选择

实验用加湿柽柳，植株高约 2.2 m，冠幅宽约 3 m，根部发出的主干有 2 支，直径 2~4 cm，主干上大概生长出 4~5 级枝条。对照柽柳，植株高约 2 m，冠幅宽约 2.5 m，根部发出的主干有 4 支，直径 2~4 cm，主干上大概生长出 4~5 级枝条。9 月的植物枝叶较为茂盛。

C. 样品采集方法

19：00 进行加湿实验前取加湿植株和对照植株样品，因为还不知道植物叶片是否吸水以及吸水的确切时间，所以在加湿的 24 h 中，每隔 2 h 采样一次，采样位置与加湿前大致相同。植物叶片吸水后的传导过程未知，所以同时采集叶片、同化枝和茎（一级和二级）的样品，并迅速装入 8 mL 样品瓶密封。

D. 土壤水分处理

实验前一直无降水，但是 2012 年 8 月 30 日~9 月 1 日有降水，因加湿控制室已经搭建好并封顶，室内不受降水影响。表土因蒸发强烈，含水量极低。砂壤土的田间持水量在 16%~20%，本研究区土壤剖面的土壤绝对含水量大多在 4%~7%，土壤相对湿度为 20%~40%，处于中度干旱状态。

E. 加湿湿度处理

控制室内安置有温湿度计,每隔 6 min 自动记录温湿度数据。在 4 日 19:00 封闭后,从与外界大气湿度相同的起点开始加湿,相对湿度迅速增加到 60% 以上,21:00 后达到 90%,因为夜间温度较低,相对湿度一直维持在 90% 以上。5 日 9:00 日出升温后有所下降,15:00 室外气温下降后,控制室内相对湿度又增加并维持在 60% 以上。

F. 加湿水源选择

加湿水源为农夫山泉湖北丹江口有限公司 2012 年 5 月 3 日同一批次生产的农夫山泉饮用天然水,经实验室测得 $\delta^{18}O = -7.33‰$。

G. 实验监测结果

如图 4-41 和表 4-4 所示,选取 4 日 19:00 至 5 日 19:00 的时间段,因为从气象资料上看出 5:00 之后出现太阳辐射,柽柳茎干液流数据也显示植物 5:00 之后出现正向茎干液流,植物开始出现正向的蒸腾作用,并且可能已经开始进行光合作用,所以将 5:00 作为一个节点。从图 4-41 可知,加湿前加湿植物与对照植物叶片水的 $\delta^{18}O$ 值差异不大,但是加湿植物叶片的 $\delta^{18}O$ 值在加湿后 2 h 即出现下降,加湿前到加湿 2 h 后氧同位素值的变化 $\Delta\delta^{18}O = 14.029‰ - 21.495‰ = -7.466‰$,此后在加湿过程中叶片水的 $\delta^{18}O$ 值始终小于加湿前叶片水的 $\delta^{18}O$ 值,即说明在加湿的情况下,植物可以通过叶片吸收加湿的水汽。对照植物叶片水的 $\delta^{18}O$ 值在自然条件下从 19:00 记录 2 h 后略有升高,说明这期间植物叶片仍有蒸腾现象,导致叶片水的 $\delta^{18}O$ 值偏重。4 h 后对照植物叶片水的 $\delta^{18}O$ 值也有下降,此时的大气相对湿度达到 60% 以上,说明在自然条件湿度较高的情况下植物也会通过叶片吸收大气中的非饱和水汽。在加湿条件下,加湿植物叶片水的 $\delta^{18}O$ 值始终低于对照植物,说明人为的高湿度更利于植物叶片吸收水汽。

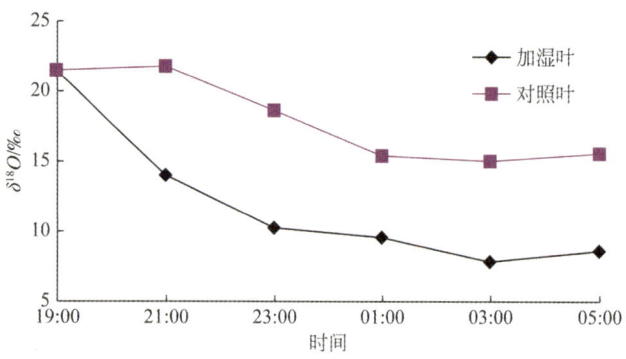

图 4-41 2012 年 9 月加湿与对照柽柳叶片水 $\delta^{18}O$ 值的变化

表 4-4 2012 年 9 月 4 日 19:00 至 5 日 19:00 柽柳加湿与对照叶片水的 $\delta^{18}O$ 值的变化

(单位:‰)

项目	19:00	21:00	23:00	01:00	03:00	05:00	07:00
加湿叶片 $\delta^{18}O$	21.495	14.029	10.260	9.580	7.854	8.633	6.483
对照叶片 $\delta^{18}O$	21.525	21.800	18.650	15.421	15.043	15.589	19.041

续表

项目	09：00	11：00	13：00	15：00	17：00	19：00	—
加湿叶片 $\delta^{18}O$	4.179	7.807	10.960	9.880	8.574	8.973	—
对照叶片 $\delta^{18}O$	16.676	14.143	16.601	23.560	21.616	19.850	—

(2) 2013年野外加湿控制实验

A. 实验时间

本节选用2013年7月28日19：00至29日7：00连续12 h两个控制室的加湿实验作为示例。对应自然状态下傍晚—夜间—凌晨时间段植物面临的高湿度大气条件。

B. 实验植物选择

大控制室加湿柽柳，植株高约3.6 m，冠幅宽约2.4 m，根部发出的主干有5支，直径4~6 cm，主干上大概生长出4~5级枝条。对照柽柳，植株高约3 m，冠幅宽约2 m，根部发出的主干有4支，直径2~4 cm，主干上大概生长出4~5级枝条。小控制室加湿柽柳，植株高约2 m，冠幅宽约2 m，根部发出的主干有4支，直径2~4 cm，主干上大概生长出4~5级枝条。对照柽柳，植株高约2.5 m，冠幅宽约2.5 m，根部发出的主干有6支，直径2~4 cm，主干上大概生长出4~5级枝条。

C. 样品采集方法

19：00进行加湿实验前取加湿植株和对照植株样品，叶片首次采样时间提前，每隔30 min采样一次，采样时间是28日19：30、20：00、20：30、21：00、21：30，另外经过一夜的加湿，于29日4：30再采样。估计叶片吸水后运输到同化枝和茎有时间差，因此同化枝的采样时间比叶片延迟30 min，为28日20：00、20：30、21：00、21：30和29日4：30。茎（一级枝）的采样时间比同化枝再延迟1 h，为28日21：00、21：30和29日4：30。二级枝采样时间为28日21：30和29日4：30。目的是分析叶片吸收水汽的运输过程的时间差，确定各样品的准确取样时间。

D. 土壤水分处理

实验前一直无降水，7月17日挖取2 m深土壤剖面，以10 cm间隔取样测土壤含水量。土壤剖面的土壤质量含水量大多在4%~7%，土壤相对湿度为20%~40%，处于中度干旱状态。2013年的土壤含水量与2012年的差异不大，说明在没有外来降水的影响下，当地的土壤含水量较稳定，受气候条件和地下水埋深的影响不大，对深根系植被的影响较稳定，对浅根系植被影响较大。

E. 加湿湿度处理

控制室内温湿度计每隔5 min自动记录温湿度数据。18：30封闭后开始加湿，到19：20控制室相对湿度已经增加到80%以上，维持在90%~95%，因为2012年的实验数据显示加湿叶片发生吸水的相对湿度的阈值在80%以上，因此将相对湿度较快地升高到80%以上，夜间因相对湿度较高，停止加湿后相对湿度一直维持在较高水平。

F. 加湿水源选择

加湿水源为重氧水，是由上海化工研究院生产的2 kg高浓度的原液加18 L实验室制备的超纯水配制而成 20 kg 的重氧水，在实验前以称重法严格配制并混合均匀，$\delta^{18}O = 42.56‰$。

G. 实验监测结果

如图 4-42 和表 4-5 所示，在此讨论的是 28 日 19：00 ~ 21：30 加湿时段的数据，加湿前加湿柽柳与对照柽柳叶片水的 $\delta^{18}O$ 值差异不大。以富含重氧同位素的水源进行加湿后，植物的叶片水 $\delta^{18}O$ 值在整个加湿过程中的变化表现不明显，在 21：30 才出现升高，加湿前后叶片水的氧同位素值的变化 $\Delta\delta^{18}O = 23.796‰ - 21.494‰ = 2.302‰$，说明在重氧水加湿的情况下，植物也可以通过叶片吸收加湿的水汽，但是吸收速度较慢，可能是因为叶片气孔对重同位素的选择性吸收。在加湿的中段部分，植物叶片水的 $\delta^{18}O$ 值甚至出现略微的下降，可能植物叶片吸收了加湿的重氧水中的轻同位素部分。对照植物的叶片 $\delta^{18}O$ 值在自然条件下从 19：00 开始到 19：30 后略有升高，说明这期间植物叶片仍有蒸腾现象，导致叶片 $\delta^{18}O$ 值偏重。1 h 后 21：00 对照植物的叶片 $\delta^{18}O$ 值下降，此时的大气相对湿度达到 80% 以上，说明在自然条件湿度较高的情况下植物也会通过叶片吸收大气中的非饱和水汽。21：30 对照植物的叶片 $\delta^{18}O$ 值又升高，对照气象数据，此时室外大气湿度较低，风力较大，增大了叶片的表面蒸腾，导致叶片重同位素富集。

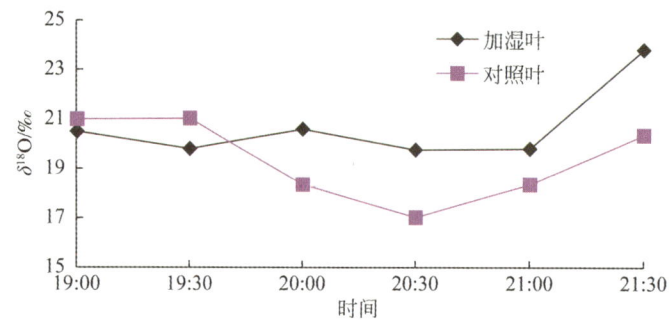

图 4-42 2013 年 7 月加湿与对照柽柳叶片水 $\delta^{18}O$ 值的变化

表 4-5 2013 年 7 月柽柳加湿与对照叶片水的 $\delta^{18}O$ 值的变化　　　（单位：‰）

项目	19：00	19：30	20：00	20：30	21：00	21：30
加湿叶片 $\delta^{18}O$	20.494	19.796	20.587	19.751	19.796	23.796
对照叶片 $\delta^{18}O$	20.994	21.023	18.352	17.017	18.352	20.352

(3) 2014 年野外加湿控制实验

A. 实验时间

本节选用 2014 年 6 月 7 日 20：00 ~ 22：00 的 2 h 的加湿控制实验作为示例。

B. 实验植物选择

实验用柽柳，植株高约 2.5 m，冠幅宽约 3 m，根部发出的主干有 6 支，直径 2 ~ 4 cm，长的较分散，主干上大概生长出 4 ~ 5 级枝条。将该植株从中间分散部位分成两部分，一部分用来加湿,外面罩上有机玻璃房,另一部分作为对照,暴露在外。实验中在同一株植株上同时进行实验与参照的对比,不会产生个体差异,更有利于分析结果。

C. 样品采集方法

20:00 进行加湿实验前先采集加湿植株和对照植株样品,等到相对湿度达到85%时开始采样,30 min 后再采样一次,1 h 后再采样一次。同时采集叶片、同化枝和茎(一级枝和二级枝)的样品迅速装入 8 mL 样品瓶并密封。采样时打开采样窗,采完样品立即关上窗户并密封。

D. 土壤水分处理

实验前一直无降水,但是未进行土壤剖面含水量分析。考虑到研究区 2012 年同期气象数据与 2014 年 6 月的气象数据较为接近,且深层土壤含水量相对稳定,因此采用 2012 年 6 月的土壤含水量数据代替 2014 年 6 月初的土壤湿度。土壤绝对含水量大多在 2% ~ 7%,土壤相对湿度为 10% ~ 40%,处于中重度干旱状态。除了表层土壤受强烈蒸发造成水分含量极低外,20 cm 以下的土壤含水量比较稳定,整体处于多年缺水干旱状态。

E. 加湿湿度处理

加湿时间为 20:00 ~ 22:00,对应自然状态下傍晚植物面临的高湿度大气条件。控制室内温湿度计每隔 1 min 自动记录温湿度数据。20:00 封闭后开始加湿,到 21:00 控制室相对湿度已经增加到 85% 以上,中间因为相对湿度较高,加湿停止了一段时间,后又继续加湿并一直维持在 80% 以上。

F. 加湿示踪水源选择

2013 年实验期间发现植物对重氧水加湿的水汽吸收得很慢,因此采用易于吸收的轻同位素水源加湿。水源为同位素水文学实验室超纯水机制备的同一批超纯水,实验前统一制备并混合均匀,测得 $\delta^{18}O = -8.39‰$。

G. 实验监测结果

如图 4-43 和表 4-6 所示,加湿前取加湿植物与对照植物叶片测定 $\delta^{18}O$ 值差异不大,但是加湿植物的叶片水的 $\delta^{18}O$ 值在加湿后 1 h,即相对湿度达到85%后已经出现下降,加湿前后叶片水的 $\delta^{18}O$ 值的变化 $\Delta\delta^{18}O = 12.404‰ - 17.365‰ = -4.961‰$,即说明在使用低 $\delta^{18}O$ 值的超纯水加湿的情况下,植物可以通过叶片吸收加湿的水汽。在此之后加湿植物叶片 $\delta^{18}O$ 值呈现持续下降的趋势。与 2012 年农夫山泉饮用水和 2013 年的重氧水对比,超纯水加湿后叶片的吸收似乎更快,有可能是水质对叶片气孔的影响。超纯水机的反渗透膜出水孔径只有 0.5 ~ 10 nm,可以除去水中的各种离子、胶体、微生物、有机物等,而水分子的直径为 0.4 nm,被超声波汽化后的无大分子影响的水汽显然更易于被植物的气孔毫无阻碍地吸收进去。对照植物的叶片水的 $\delta^{18}O$ 值在自然条件下 1 h 后也出现下降,但是外界的相对湿度一直维持在非常低的水平,这个原因暂时未明。30 min 后 $\delta^{18}O$ 值又持续升高,此时外面的风力强劲,应该是增大了叶片的表面蒸腾,导致叶片水的重同位素富集。

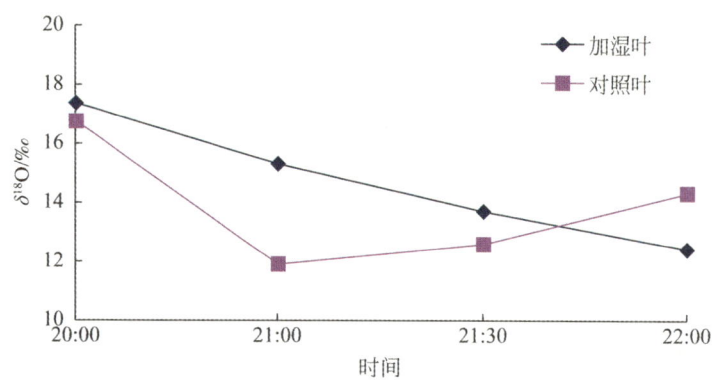

图 4-43 2014 年 6 月加湿与对照柽柳叶片水 $\delta^{18}O$ 值的变化

表 4-6 2014 年 6 月柽柳加湿与对照叶片氧同位素值的变化　　　　（单位：‰）

项目	20：00	21：00	21：30	22：00
加湿叶片 $\delta^{18}O$	17.365	15.305	13.696	12.404
对照叶片 $\delta^{18}O$	16.752	11.905	12.583	14.316

4.1.4　植物大气水汽吸收的荧光示踪

为说明超声波荧光加湿方法的有益效果，0.1% FB（摩尔质量 916.98 g/mol）荧光试剂在控制湿度为 75%~85% 下，用荧光显微镜检测荧光加湿条件不同加湿时间下处理组与自然条件下对照组霸王叶纵切面的比较，结果如图 4-44 所示。由于 FB 荧光试剂能与细胞壁或叶肉细胞内的多糖结合在 356 nm 激发光下发蓝光，而对照组的叶肉细胞由于叶绿体中含大量的叶绿素，叶绿素在 356 nm 激发光下发红光。从处理组图 4-44（c）、（d）、（e）、（g）、（h）和对照组图 4-44（a）、（b）可以看出，霸王叶片在 75%~85% 的湿度下不同程度的吸收了大气水汽，随着荧光加湿时间的延长，叶片叶肉细胞由红色变成蓝色荧光不断加强。荧光加湿 2 h 和 6 h 时，少量叶肉细胞发出蓝色荧光，如图 4-44（e）、（f）所示；荧光加湿 18 h 时，大部分叶肉细胞变蓝色荧光，如图 4-44（g）所示，但还能看到少量底层叶肉细胞发红色荧光，如图 4-44（c）、（d）所示，说明叶肉细胞还能吸收大气水汽；荧光加湿 38 h 时，叶肉细胞发出非常强的蓝色荧光，全部叶肉细胞变蓝，如图 4-44（h）所示，表明此时叶片吸收的大气水汽达到了一个最大的吸收值。另外，荧光加湿 18 h 时，霸王叶片上表皮和下表皮的叶肉细胞发出相同强度的纯蓝色荧光，如图 4-44（c）和（d）所示，说明霸王叶片的上表皮和下表皮具有相同的吸水能力。

由此可见，霸王叶片能吸收非饱和大气水汽，并在空气湿度 75%~85% 的情况下霸王肉质状叶片的叶肉细胞能储存大量的水分，且上下表皮对大气水汽的吸收没有差异。

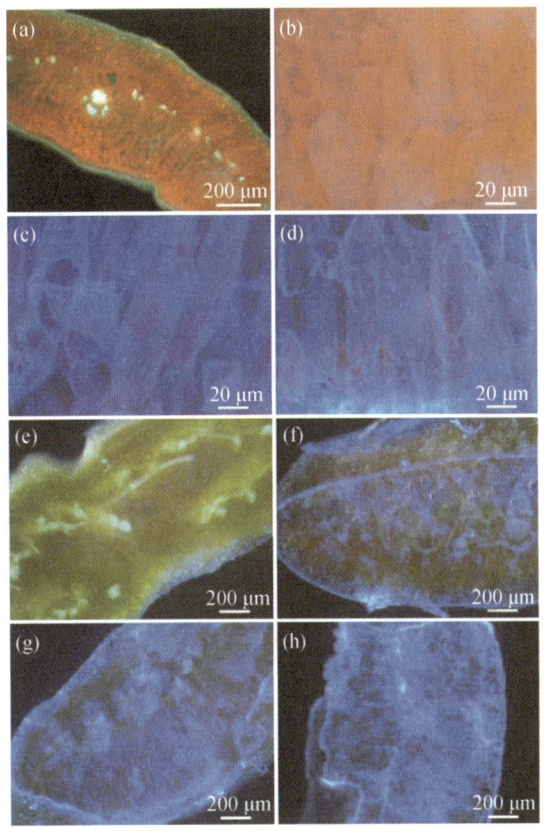

图 4-44 不同荧光加湿时间段霸王叶纵切面荧光图

(a)、(b) 是对照组霸王叶纵切面图，其中 (a) 是在 40 倍下拍摄，(b) 是在 400 倍下拍摄；(c)、(d) 是空气湿度 80%~85% 荧光加湿 18h 时 400 倍下拍摄的加湿霸王叶纵切面图，(c) 是上表皮叶肉细胞，(d) 是下表皮叶肉细胞；(e)、(f)、(g)、(h) 分别是空气湿度 75%~85% 荧光加湿 2 h、6h、18h、38h 下的 40 倍下拍摄的霸王叶纵切面图

在同样的加湿条件下，对梭梭同化枝也进行了不同时间段的荧光加湿（图 4-45）。从图 4-45 中可以看出，梭梭同化枝也能吸收大气水汽。未加湿时，梭梭同化枝的叶肉细胞发红色荧光 [图 4-45（d）]，中间的储水组织发浅蓝色 [图 4-45（a）] 或灰白色 [图 4-45（d）]。荧光加湿 18 h 时后，部分叶肉细胞由红色变为蓝色 [图 4-45（e）]；中间的储水组织变为深蓝色或浅蓝色 [图 4-45（b）和（e）]。荧光加湿 36 h 后，梭梭同化枝的大部分储水组织由浅蓝色 [图 4-45（a）] 或灰白色 [图 4-45（d）] 转变为纯蓝色 [图 4-45（c）和（f）]。这些结果表明，梭梭同化枝在 75%~85% 湿度下吸收大气水汽；梭梭吸收的大气水汽主要储存在同化枝中间的储水组织中；荧光加湿36 h 后，梭梭叶肉细胞还没有完全变蓝，储水组织发出的蓝色荧光也不是十分强烈，这表明梭梭的储水组织还能继续吸水储存。可以看出，梭梭储水细胞的储水能力非常强，比霸王叶肉细胞的储水能力更强，这也说明了为什么梭梭的抗旱能力比霸王更强。

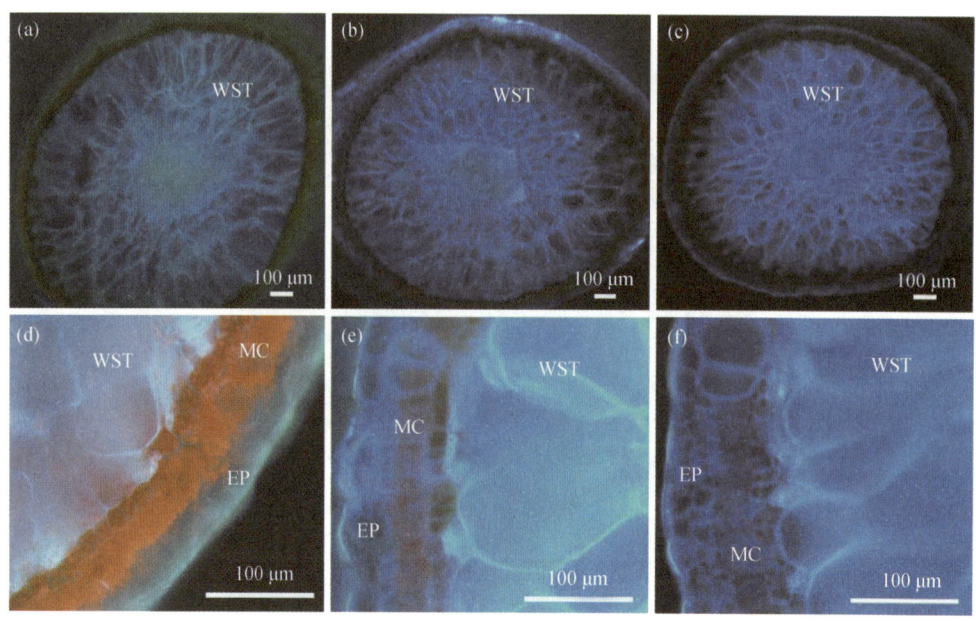

图 4-45　不同荧光加湿时段后梭梭同化枝的剖面图

0（a）、18 h（b）和 36 h（c）的加湿截面（100 倍）；0（d）、18 h（e）和 36 h（f）的加湿截面（400 倍）。WST 指组织中的水分储存；MC 指叶肉细胞；EP 指表皮

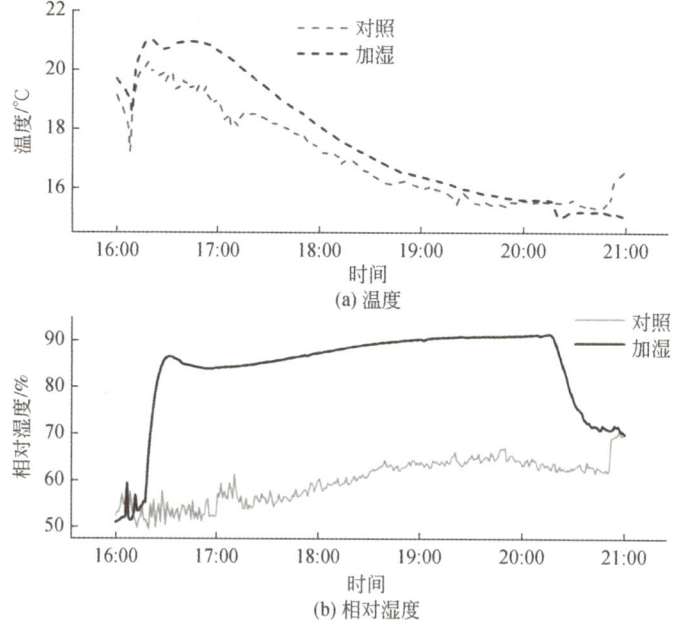

图 4-46　荧光加湿约 4 h 的控制室空气温湿度变化

为进一步鉴定叶表面吸收大气水汽的部位，对植株荧光加湿取样时间缩短，进行了多次短时段荧光加湿实验，加湿实验温湿度变化如图 4-46 和图 4-47 所示。图 4-48 和

图 4-49 是梭梭同化枝在不同荧光加湿条件下的表面图和纵切图,其中,图 4-48(a)和(b)是在荧光加湿条件下(图 4-46)加湿 4 h 后采样的梭梭的表皮荧光图和明场图;图 4-48(c)和(d)是在荧光加湿条件下(图 4-47)加湿约 3 h 后的表皮荧光图和明场图。从同一显微镜视野下的荧光图和明场图,可以明显地鉴别出梭梭同化枝在加湿 3 h 或 4 h 后,其表面的某些气孔最先发出强烈的蓝色荧光,同样,梭梭纵切图 4-49 表现出类似的情况。这表明梭梭同化枝最先是通过部分活化的气孔捕捉到大气水汽水分子的,并由这些活化的气孔将水分吸进叶肉细胞。这部分活化的气孔也许是气孔表面有特定的分泌物或是有大气沉降物而导致气孔活化,使气孔由疏水性的表面变成亲水性,从而使其具有吸收大气水汽的能力。

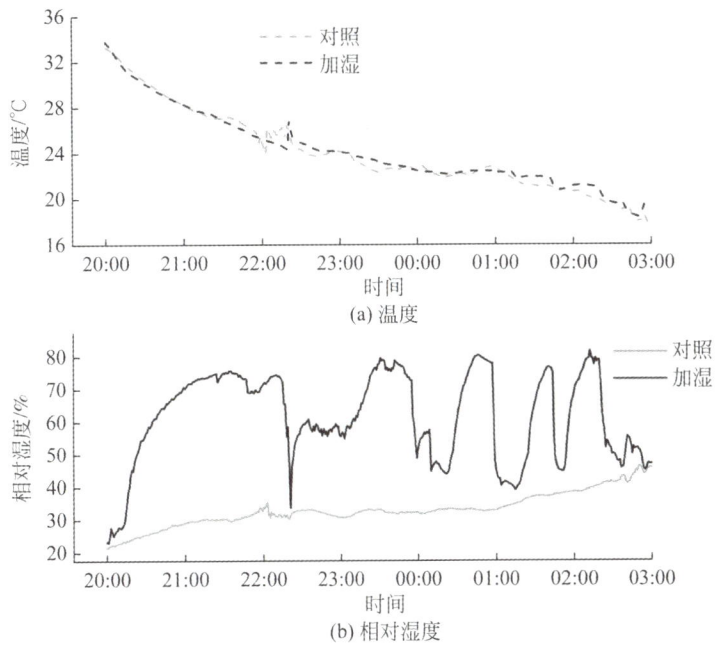

图 4-47 荧光加湿约 3 h 的控制室空气温湿度变化

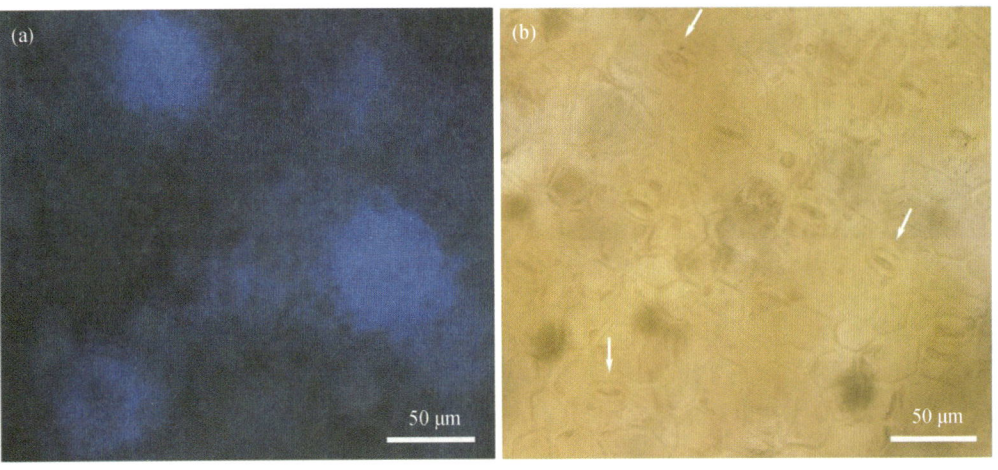

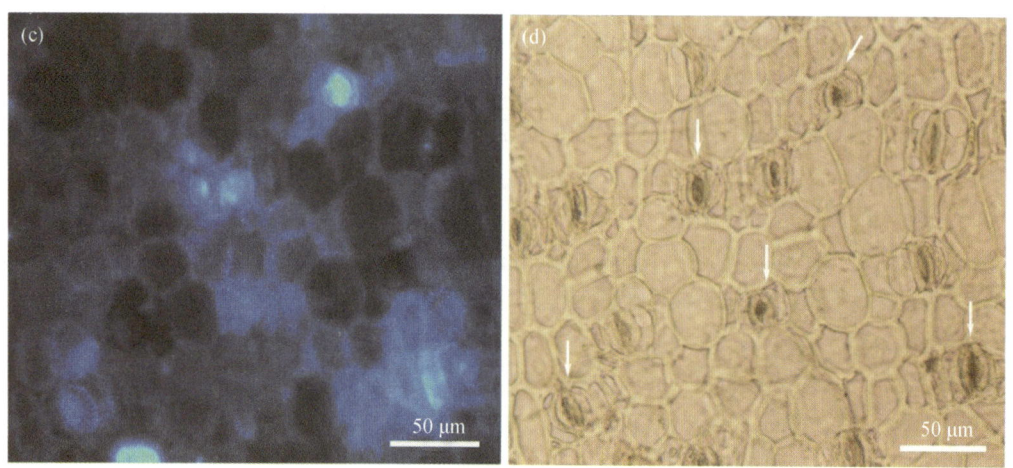

图 4-48 梭梭同化枝在不同荧光湿润时间下的表皮结构
(a) 荧光加湿约 4 h 后梭梭表皮荧光图；(b) 对应于 (a) 明场下的表皮图；
(c) 荧光加湿约 3 h 后的梭梭表皮荧光图（即第三次润湿后于 00：55 采样）；
(d) 对应于 (c) 明场下的表皮图。箭头指向气孔

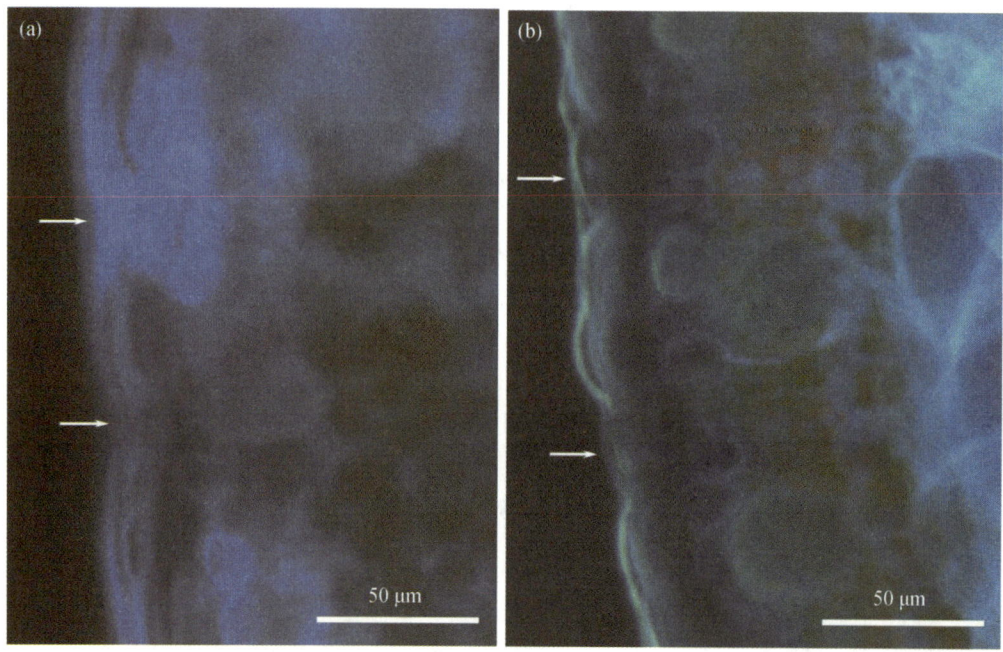

图 4-49 梭梭同化枝在加湿实验图 4-47 下加湿近 3 h 的纵切面图
(a) 00：55 时取样；(b) 20：00 取样（即开始湿润 0h）。箭头指向气孔

图 4-50 是喷洒法的梭梭同化枝的表面荧光图，喷洒导致叶表面的荧光太多，即使是在短时间的取样检测，也无法鉴定出梭梭同化枝的表面的吸水部位。

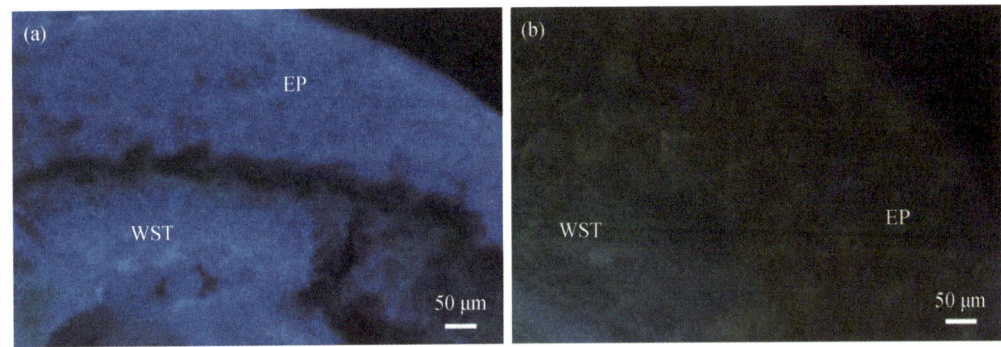

图 4-50 用荧光试剂处理梭梭同化枝的横截面
(a) 2 h 喷洒; (b) 0 h 喷洒。WST 指组织中的水分储存; EP 指表皮

由以上分析可知, 超声波荧光加湿方法能鉴定出梭梭同化枝的吸水部位, 而喷洒和涂抹法不能。采用荧光试剂经气化过程, 通过调节荧光加湿湿度、荧光加湿时间以及荧光水溶液的浓度能方便地操作控制叶面对荧光的吸收量, 方便检测叶面对小量荧光吸收的反应, 鉴定出植物叶片对大气水汽的吸收部位。直接喷洒和涂抹荧光试剂于叶面上, 由于一次性喷洒或涂抹的荧光试剂量过多, 常导致叶表没有吸收的部位也粘有荧光, 如图 4-50 所示, 不易于后续荧光对叶表吸水部位的鉴定。通过超声波荧光加湿法和显微检测, 可以鉴定出霸王肉质叶片和梭梭同化枝都能吸收非饱和大气水汽, 同时, 通过此方法也鉴定出梭梭是最先通过某些活化气孔来吸收大气水汽的。

4.2 荒漠植物大气水汽吸收的边界条件

本节利用茎干液流与同位素示踪的时序突变点, 辨识荒漠植物大气水汽吸收的边界条件, 以多枝柽柳为例。既然植物叶片直接吸收水是植物普遍具有的一项生理功能, 那么在明确荒漠植物吸收大气水汽的气象与土壤边界条件的基础上, 结合生长季气象和土壤含水量数据, 有利于正确评估荒漠植物利用大气水汽对其生存的重要性。

4.2.1 植物大气水汽吸收的气象边界条件

1. 基于茎干液流确定的柽柳水汽吸收边界条件

如图 4-51 所示, 茎干液流数据指示空气相对湿度超过 75% 时柽柳叶片便有可能吸收利用大气水汽, 当用超纯水加湿空气, 使相对湿度>75% 时, 柽柳出现了明显的逆向茎干液流, 而对照柽柳同时段无逆向茎干液流, 同时加湿柽柳叶片 $\delta^{18}O$ 值明显下降, 说明此时叶片已吸收水汽。

2. 基于同位素示踪确定的柽柳水汽吸收边界条件

在人工加湿的条件下, 柽柳叶片对不同示踪水源形成的非饱和水汽都可以吸收, 但是

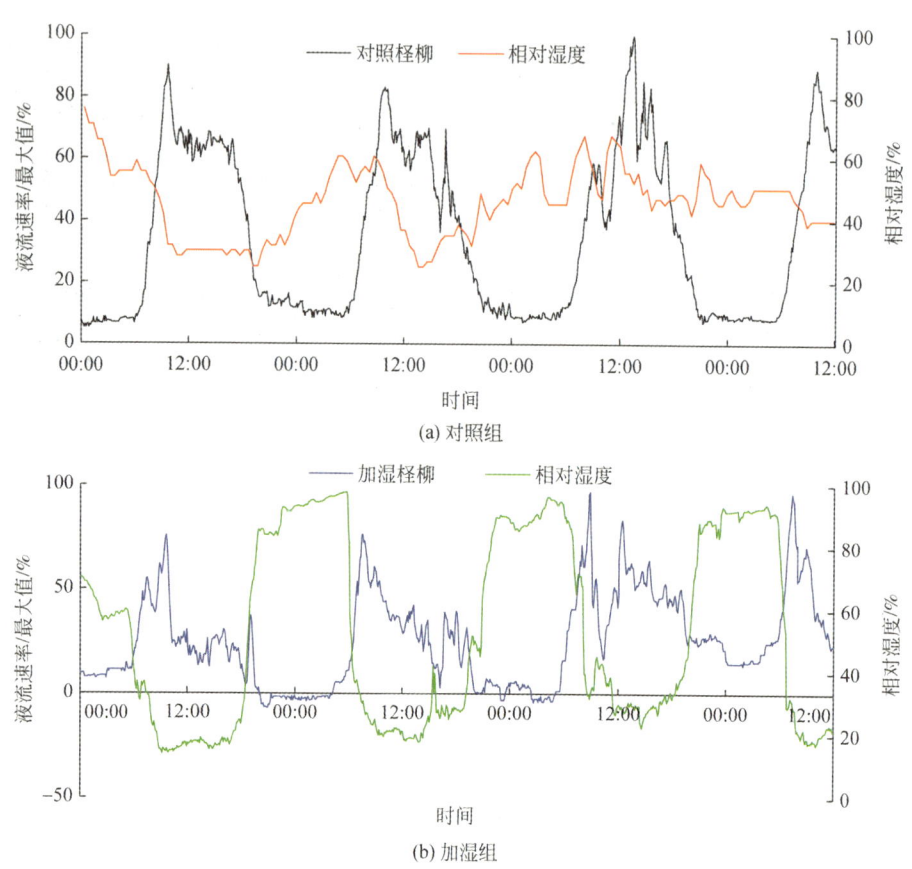

图 4-51　加湿组与对照组柽柳茎干液流和空气相对湿度同步变化过程

又存在差异。柽柳叶片对不同水汽的吸收是否存在一个最低的相对湿度要求，叶片在吸收了非饱和水汽后是否能够向下传导，什么时间能够向下传导，传导的路径有多远，这对研究自然条件下的荒漠植物来说有着非常重要的参考意义。因此通过分析柽柳叶片水中的 $\delta^{18}O$ 值在康师傅矿泉水、农夫山泉饮用水、地下水、重氧水、超纯水五种示踪水源加湿后随相对湿度的变化情况，以及通过比较叶片、同化枝和一级茎水中的 $\delta^{18}O$ 值随时间的变化情况，初步得到柽柳吸收利用非饱和水汽的一些规律。

从图 4-52 可以看出，不同水源加湿后，叶片水的 $\delta^{18}O$ 值发生变化的相对湿度分别是

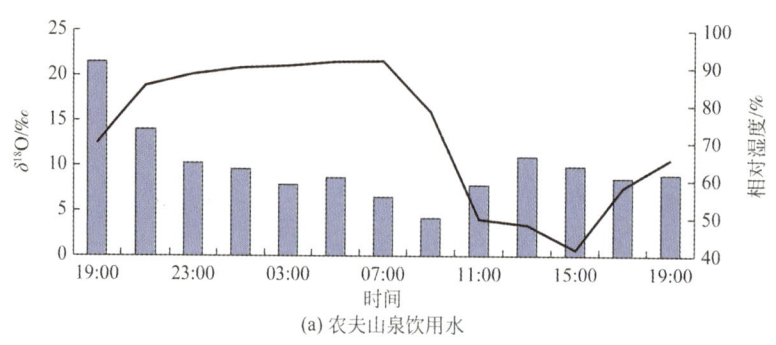

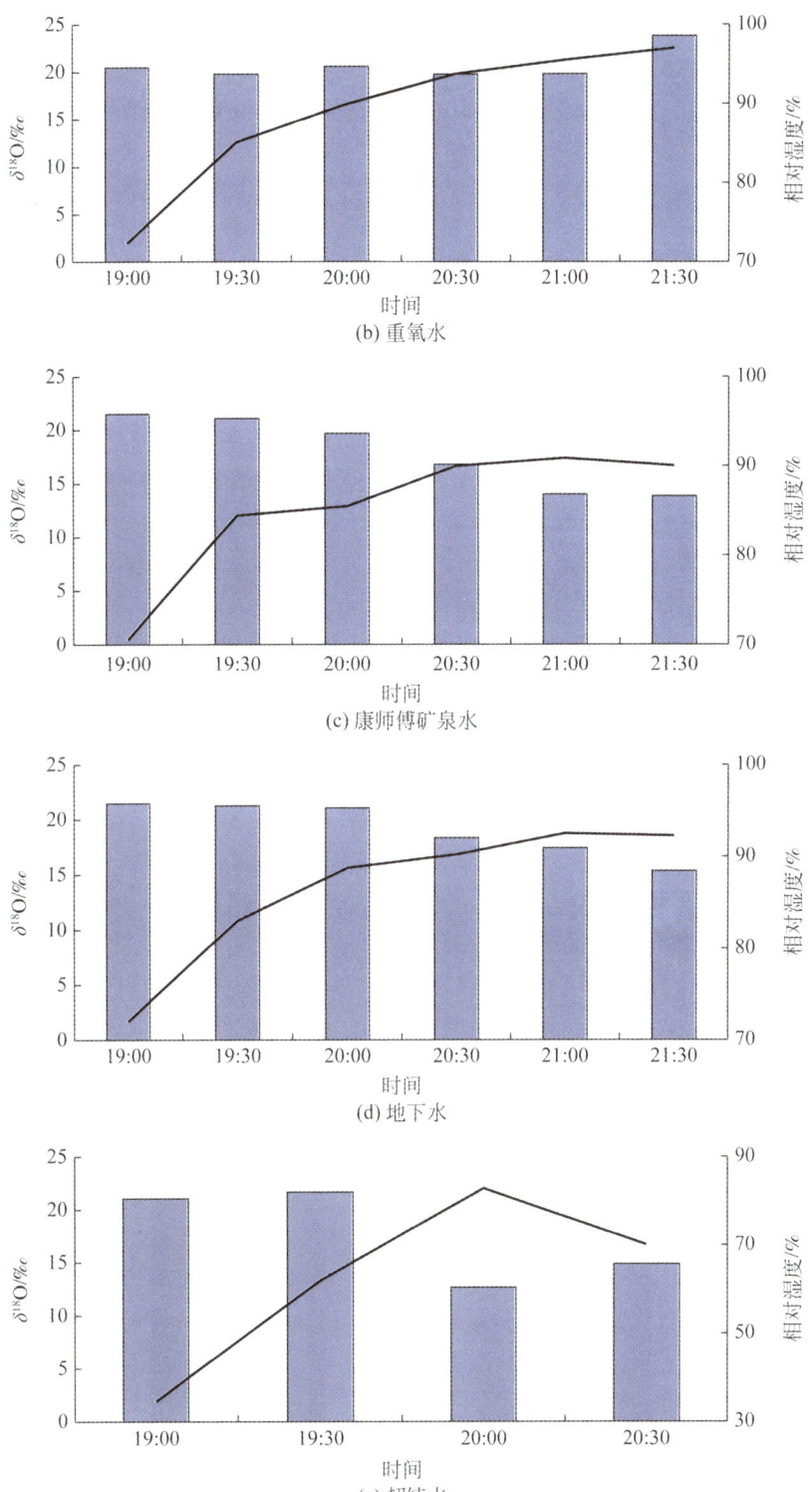

图 4-52 不同水源加湿后叶片水中 $\delta^{18}O$ 值随相对湿度的变化

荒漠植物大气水汽吸收利用

农夫山泉饮用水>80%，重氧水>95%，康师傅矿泉水≈85%，地下水>90%，超纯水≈80%，尽管叶片水的 $\delta^{18}O$ 值发生变化的相对湿度略有差异，但80%显然是所有水源加湿湿度的最低要求，即一定环境条件下叶片吸收非饱和水汽的相对湿度条件应大于80%。

4.2.2 不同荒漠植物大气水汽吸收边界条件的差异

对额济纳旗其他荒漠植物水汽利用的研究表明，不同物种水汽利用边界条件、吸水部位存在差异（图4-53）。白刺在相对湿度>70%时已吸收水汽，主要靠叶表皮毛吸收水汽。霸王甚至在相对湿度>65%时就已经吸收水汽，主要靠叶表细胞表面分泌物吸附大气水汽。梭梭与柽柳相似，相对湿度>75%时已吸收水汽，主要靠活化气孔来吸收大气水汽。

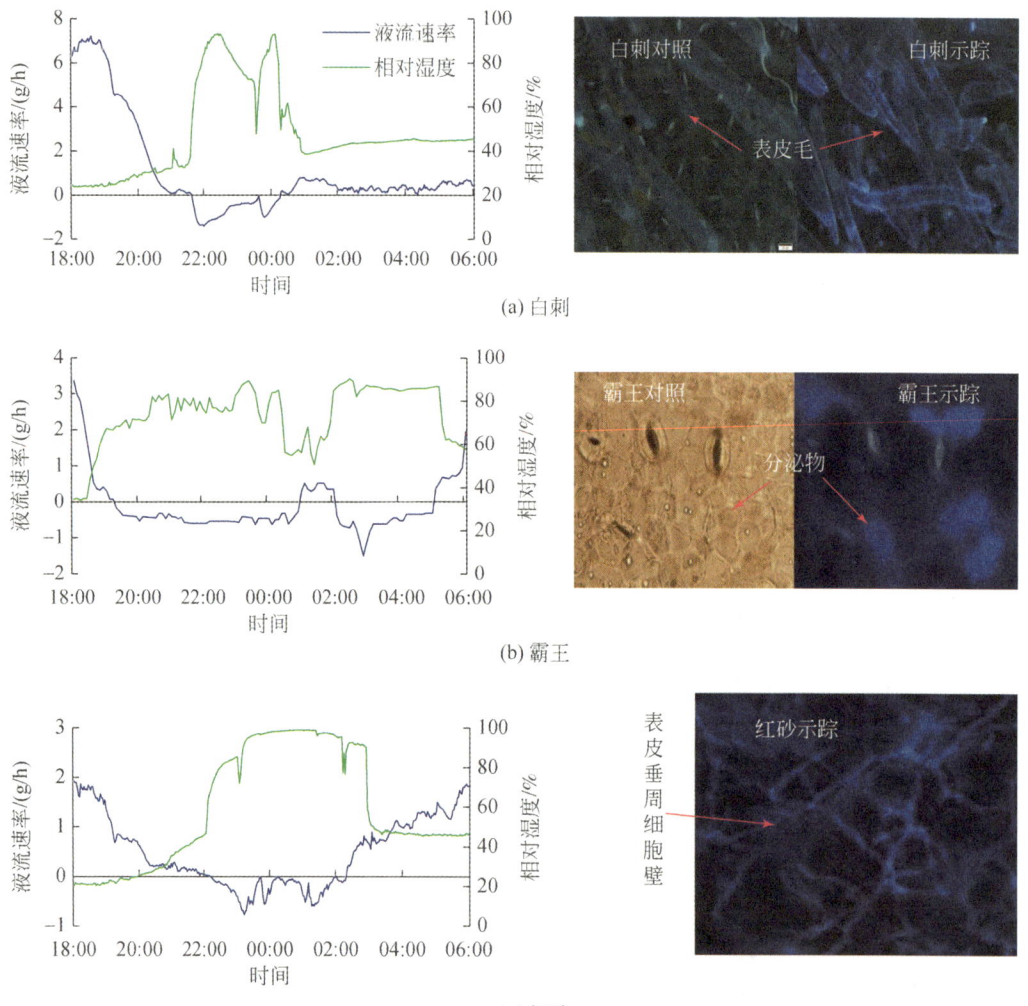

(a) 白刺

(b) 霸王

(c) 红砂

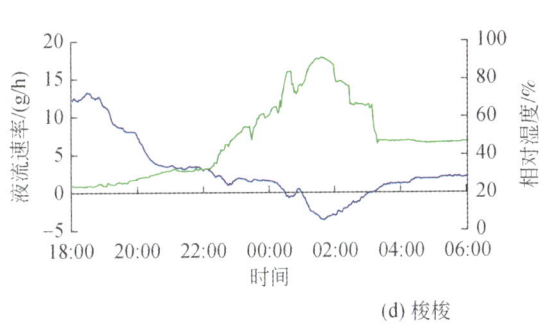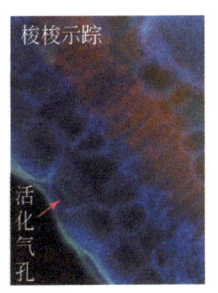

(d) 梭梭

图 4-53　不同荒漠加湿茎干液流变化（左）和叶片荧光示踪（右）

　　2014 年 7 月 28 日~8 月 7 日在额济纳旗对梭梭、红砂、白刺和柽柳的大气水汽吸收利用情况进行了研究，得到以下结论：①对梭梭而言，当相对湿度达到 70% 左右时，逆向液流即可发生，叶面湿度传感器指示此时叶片表面并未湿润，而当相对湿度>90%时，叶面湿润。加湿条件下，梭梭逆向液流量占晴天白天蒸腾耗水量的比例可达 23.49%。②对红砂而言，当相对湿度达到 60% 左右时，逆向液流即可发生，叶面湿度传感器指示此时叶片表面并未湿润，但当相对湿度>75%时，叶面出现了湿润现象。加湿条件下，红砂逆向液流量占晴天白天蒸腾耗水量的比例可达 17.72%。③对白刺而言，当相对湿度接近 60%时，逆向液流即可出现，由于未在白刺控制室内布置叶面湿度传感器，无法明确叶面湿润状态。加湿条件下，白刺逆向液流量占晴天白天蒸腾耗水量的比例可达 25.99%。④对柽柳而言，当相对湿度达到 60% 左右时，逆向液流即可发生，叶面湿度传感器指示此时叶片表面并未湿润，但当相对湿度>70%时，叶面出现了湿润现象。加湿条件下，柽柳逆向液流量占晴天白天蒸腾耗水量的比例可达 15.64%。

第 5 章 不同样地荒漠植物耗水特性

开展干旱区灌木耗水特性及其影响因子的研究，对于探究生态环境保护，揭示植物对干旱环境的适应过程与机制具有重要意义。植物茎干液流量的 90% 以上用于蒸腾耗水，因此植物茎流变化能准确反映单株植物的蒸腾耗水过程。影响植物茎干液流的因素主要包括植物生理生化形态特征、土壤水分以及气象条件，其中气象条件对植物茎流瞬间变化影响显著。大量研究表明，干旱区植物茎干液流与气象因子存在显著关系。21 世纪以来，西北干旱区温度和降水均处于高位震荡（Qu et al., 2007），开展植物茎干液流与气象因子的关系研究对于估算植物耗水量、预测耗水规律具有非常重要的作用。本章通过对寺滩村、李井滩研究区多种荒漠植物茎干液流变化及其环境因子的监测，了解不同生境下荒漠植物的耗水特性，分析茎干液流与气象因子之间的关系，以期为深入研究荒漠植被的生态需水量与水量平衡，以及干旱区生态建设中植被物种选择与管理提供科学依据。

5.1 寺滩村样地柽柳耗水特性

本节同步监测柽柳茎干液流与样地微生境气象变化，分析不同天气条件柽柳茎干液流日变化特征。通过偏相关分析、非线性回归分析和多元线性逐步回归分析，构建柽柳茎干液流与气象因子之间的关系，旨在揭示柽柳的耗水特性。寺滩村样地的生境因子特征及近几十年气候变化特征详见本书 2.1 节。

5.1.1 液流速率与蒸腾速率的比较

将两种不同型号探头监测的柽柳液流速率与快速称重法获取的同株同期蒸腾速率进行比较，两者之间存在显著线性相关（图 5-1），相关系数均在 0.90 以上，其中 SGA9 探头监测的液流速率与快速称重法获得蒸腾速率非常接近（$R^2=0.940$，$P<0.001$）。两条线性回归方程的斜率均接近于 1，SGA9 探头监测的液流速率与蒸腾速率的线性回归方程的截距仅为 0.631［图 5-1（a）］，而 SHB16 为 5.905［图 5-1（b）］，并未显著偏离零点。同时，两条线性回归直线均在 1∶1 直线的上方，表明两种型号的探头均高估了实际蒸腾速率。与快速称重法获得的蒸腾速率相比，SGA9 和 SGB16 探头监测的液流速率误差分别为 11.55% 和 13.28%。

与快速称重法相比，热平衡法监测的柽柳液流高估了蒸腾，这与许多学者在实验室比较盆栽称重法与热平衡法得到的结果一致（Ham and Heilman, 1990；Allen and Grime,

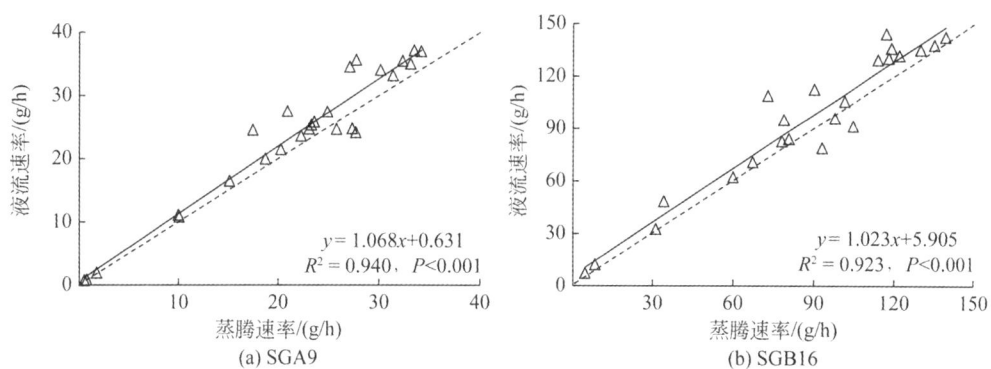

图 5-1 热平衡法监测的柽柳液流速率与快速称重法获得的同株同期柽柳蒸腾速率的比较
(a)、(b) 代表了两种型号的探头（SGA9 和 SGB16）测定的液流速率与对应蒸腾速率的比较；虚线表示 1∶1 关系

1995；Angadi et al., 2003），但是 Shackel 等（1992）和 Yue 等（2008）比较了测渗计法与热平衡法，得到了植物蒸腾结果，认为热平衡法监测的液流速率低估了植物的蒸腾作用。液流仪对植物耗水的高估主要归因于环境温度的变化。干旱地区植被较稀疏，而液流仪对外界环境温度变化敏感。相比植被茂密的环境中气温的变化，在植被覆盖度较低的环境中太阳辐射引起的气温波动更显著，干扰了液流仪的测量精度（Gutierrez et al., 1994；Senock and Ham, 1995；Lu et al., 2004），因而，通常野外监测的液流速率偏高（Zhang and Kirkham, 1995）。如果在野外条件下对包裹的液流仪探头进行了充分的绝缘与防护工作，环境温度波动对液流仪监测精度的影响可被有效地降低（Shackel et al., 1992；Gutierrez et al., 1994）。另外，与测渗计法相比，热平衡法之所以低估植物蒸腾的一个重要原因是测渗计法获取的植物蒸腾值中包含了土壤蒸发（Allen, 1990）。

许多文献报道，热平衡液流仪监测草本与木本植物液流速率在 15 min ~ 24 h 尺度水平上的平均误差<10%（Weibel and de Vos, 1994）。本节得到野外条件下 12 h 尺度水平上 SGA9 探头监测柽柳液流速率的误差为 11.55%，SGB16 探头的误差为 13.28%。Angadi 等（2003）评估了 SGA9 探头监测直径 9.00 mm 加拿大油菜液流的误差在 1 h 尺度水平上为 11.9%，在日尺度水平上为 11.3%，这与本节的结果非常接近。用液流仪监测天或更长尺度植物液流速率变化的精度更高（Steinberg et al., 1989；Kjelgaard et al., 1997）。

5.1.2 柽柳茎干液流的日变化

图 5-2 显示了柽柳三个不同径级茎干液流速率和太阳辐射的日变化。从图 5-2 (a) 可以看出，柽柳枝条单位时间内的液流量具有明显的昼夜节律性变化。柽柳各枝条白天的变化曲线总体上表现为多峰型。茎干液流启动时间在 6∶00 ~ 6∶30，液流启动时间与太阳辐射紧密相关 [图 5-2 (c)]。茎干液流启动后，液流速率迅速增加，在 9∶00 ~ 10∶00 快速上升阶段结束，在 9∶00 ~ 10∶30 达到第一个峰值，且此时的峰值一般较大，第二个较大峰值一般出现在 12∶30 ~ 14∶00。白天，尤其是晴天天气条件下，12∶00 ~ 13∶30 常

常出现一个液流的低谷期,这是由植物的"午休"现象造成的。峰值出现的时间和峰值的个数与太阳辐射的波动有很大关系 [图 5-2 (a) 和 (c)],一般最大峰值之前和次大峰值之后,仍有许多较小峰值。15:30 之后,随着太阳辐射的减弱,液流速率开始波动下降,下降速度通常比早上上升阶段的速度慢;17:00~18:00 之后液流速率下降较快,19:30~20:00 液流速率趋于稳定。整个夜间,直到次日液流速率再次启动前,枝条茎干维持着相对稳定的低液流速率。

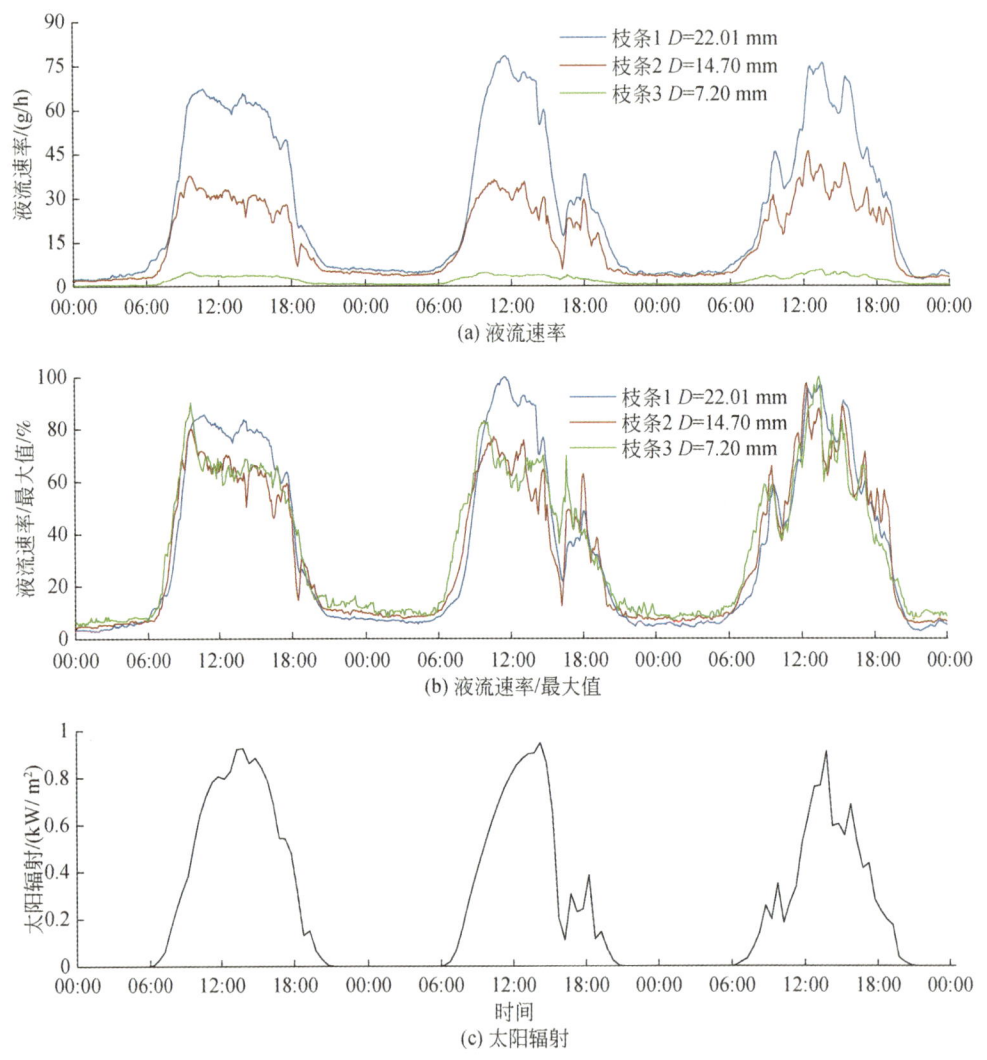

图 5-2 同株柽柳不同直径茎干液流和太阳辐射的日变化

同一枝上不同级别的枝条液流速率变化也存在一定的规律。枝条 1、2、3 属于同一个枝上不同级别的枝条,即枝条 1 为主枝,枝条 2 是其上面的一个二级枝,而枝条 3 又是枝条 2 上的一个次级分枝。这 3 个枝条的液流速率在白天差异显著,而夜间差别不大 [图 5-2 (a)]。由于三个不同级别的枝条单位时间的液流量明显不同,为了更好地揭示上下级别枝条间的变化特征，消除因枝条大小产生的液流速率差异，对液流速率进行标准化处理，将每一个枝条的液流速率表示为占观测期间各自液流速率最大值的比例［图5-2（b）］。从图中可以看出，经标准化处理后各枝条间的液流速率差异显著减小。早上，随着太阳的升起，液流启动的先后顺序为枝条3（三级枝）>枝条2（二级枝）>枝条1（主枝），即同一枝干上，越靠近上部的枝条液流启动时间越早。从上午出现第一个峰值的时间来看，越靠近上部，即级别越低的枝条，峰值出现的时间越早。枝条3出现第一个峰值的时间比枝条1提前0.5~1.0 h。在相对环境因子背景下，3个枝条液流速率的变化趋势相似，但液流速率波动频率不同，枝条3和枝条2的波动频率明显大于枝条1［图5-2（b）］，说明级别越低、越靠近上部的枝条对环境因子的响应越敏感，环境因子的微弱变化就能在液流速率中体现出来，而主枝因液流量大，对环境因子的容忍度较大，所以环境因子的微弱变化在主枝液流速率中的表现不明显。当环境因子变化较大时，各个级别的枝条液流速率响应均非常显著。在图5-2（a）中，之所以枝条1和枝条2的液流波动频率大于枝条3是因为在同一纵坐标轴中枝条3的液流速率明显小于枝条1和枝条2，其液流速率的波动被掩盖。

研究表明，许多植物在夜间仍有液流存在。关于夜间液流的用途一般有两种说法，一种认为夜间液流不再用于蒸腾过程，而是用于补偿植物体内因白天蒸腾消耗的水分，使植物储水组织得到一定程度的恢复；另一种认为夜间叶片气孔仍全部或部分处于开放状态，此时植物的蒸腾仍在继续，所以土壤中的水分通过根系进入植物茎干、叶片，形成夜间缓慢的液流速率。本节通过测定柽柳夜间气体交换参数，发现夜间柽柳叶片的气孔并未完全关闭，蒸腾仍在继续［图5-3（a）］，气孔导度与蒸腾速率表现出相似的变化过程，19:00至次日5:00叶片气孔导度值在2.6 mmol/(g·s)附近波动（除21:30外），蒸腾速率在这段时间的变化更稳定，在1.0 mmol/(g·s)波动；日落前（17:00~19:00），气孔导度和蒸腾速率缓慢下降，而日出后（7:00），两者均显著快速上升。为明确柽柳夜间液流用于夜间蒸腾和补充组织水分的比例，通过枝条的叶片总干重计算了单枝柽柳的夜间蒸腾速率，并与同时期的液流速率进行了比较，如图5-3（b）所示，17:00~19:00茎干液流速率远远高于蒸腾速率，后者占前者的20.6%~24.4%，也就是说，日落前茎干液流已经开始为植物补给水分，且补给力度大，在75.6%~79.4%；日落后，茎干液流逐渐下降，并趋于稳定，20:00至次日5:00，蒸腾速率占茎干液流速率的比例在29.3%~64.6%，平均达47.4%，说明相当一部分夜间液流用于植物的夜间蒸腾；日出后（7:00），蒸腾速率和茎干液流速率均快速增加，且两者相当，甚至前者略微高于后者。由此可见，茎干液流补充组织水分的过程主要集中在日落前，而在夜间约50%的茎干液流用于植物的夜间蒸腾。

植物吸收的水分中大约99%用于蒸腾耗水，茎干液流和蒸腾量关系的研究表明，一天的蒸腾耗水量通常等于茎干液流总量，在日尺度上，可以用茎干液流量表征蒸腾耗水量（Fredrik and Anders，2002），所以可以用热平衡记录的液流量反映植物的耗水能力。日累积液流量不仅可以体现植物的耗水量，也可以体现植物的耗水过程。图5-4为2013年7月19日晴天天气条件下柽柳不同枝条的日累积液流量。不同直径枝条之间的耗水过程相似，累积液流量上升段集中在8:00~18:00，其余时间累积过程平缓。但不同枝条日耗水量

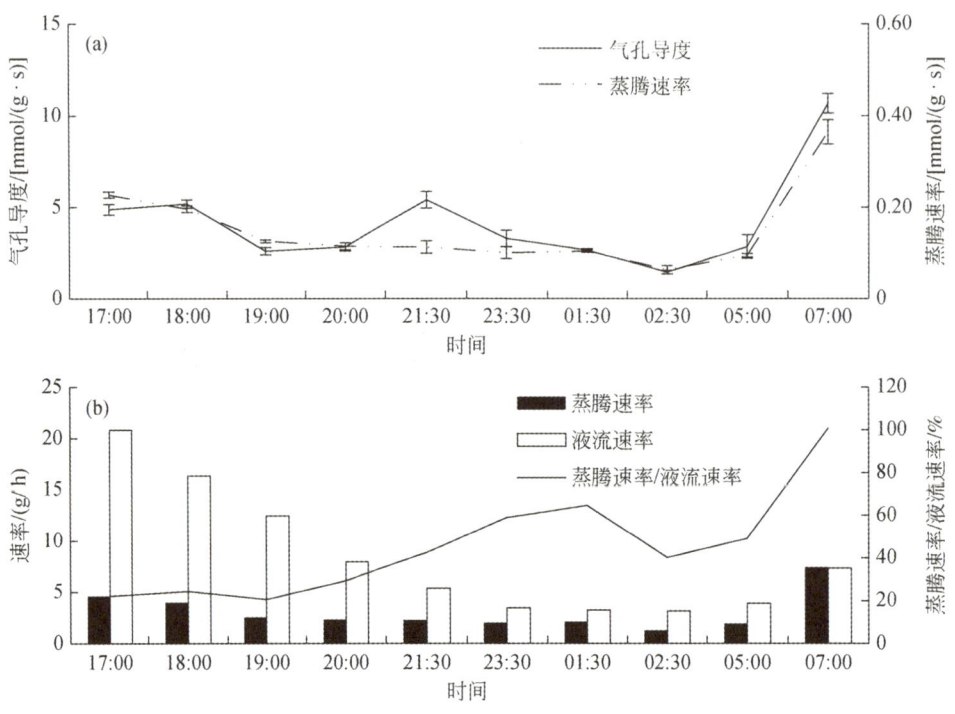

图 5-3 柽柳夜间蒸腾与液流随时间的变化

差异较大,直径 22.01mm 枝条 1 的日耗水量为 677.935 g,枝条 2 和枝条 3 的分别为 365.813 g 和 47.152 g。

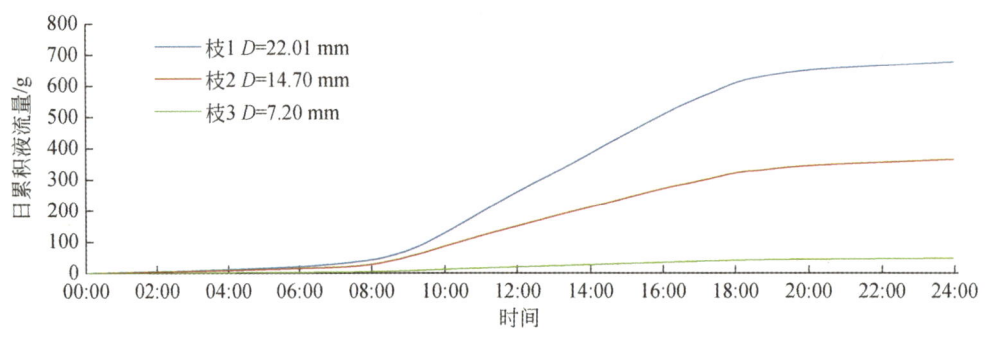

图 5-4 同株柽柳不同直径茎干日累积液流量

夜间液流的变化也与环境因子息息相关,结合各气象因子的夜间变化分析柽柳夜间液流变化,不难发现饱和水汽压差(VPD)与液流速率正相关,当 VPD 值较大时,液流速率偏高;当 VPD 值较小时,液流速率偏低,甚至出现逆向液流。Fisher 等(2007)认为 VPD 是夜间蒸腾存在的驱动力,两者有很好的一致性,可以用线性回归方程表达,他们还认为温度对夜间液流也有较大影响,但是由于温度与 VPD 显著相关,很难区分两者对夜间液流的影响。夜间液流变化也与土壤含水量有关,供水充分条件下的植物一般在夜间有较小的再水化作用,因此夜间液流会很小,甚至几乎可以忽略,夜间液流与 VPD 以及土壤水分可利用性成正比 (Moore et al., 2008)。

不同植物或不同环境下的同一植物夜间液流量会存在较大差异。例如,宁夏六盘山沙棘的夜间液流量占日总液流量的比例为 12.87%~19.62% (沈振西等, 2014); 辛智鸣等 (2015) 指出乌兰布和沙漠的沙棘果期夜间存在明显茎干液流, 8:30 至次日 9:00 茎干液流量占全天的比例不足 20%。河西走廊中段临泽绿洲-荒漠过渡带梭梭夜间液流量占日总液流量的 1%~30%, 白刺为 0.1%~16%, 沙拐枣为 1%~20% (徐世琴等, 2015)。Bucci 等 (2004) 发现, 在旱季夜间液流量可占日总液流量的 13%~28%。Moore 等 (2008) 发现, 白天最大液流速率较低的茎干在夜间通常有较大液流速率产生, 并认为夜间叶片气孔的开放促进了植物夜间液流的发生。本节显示干旱区柽柳夜间具有相对稳定的低液流量, 占日总液流量的 3.92%~13.53%。

关于茎干夜间液流的用途一般有两种说法,一种认为夜间液流用于补偿植物体内因白天蒸腾消耗的水分;另一种认为夜间液流用于植物夜间蒸腾。有研究指出,饱和水汽压差和风速与液流的关系可用来判断夜间液流的利用途径 (Benyon, 1999)。当液流与饱和水汽压差和风速高度相关时, 夜间液流主要用于蒸腾 (沈振西等, 2014); 当夜间液流与饱和水汽压差和风速关系较弱时, 夜间液流主要用于植物茎干水分补充 (潘占兵等, 2006)。乔木油松和侧柏 (王华田等, 2002)、荒漠灌木梭梭、沙拐枣和白刺 (陈亚宁等, 2014) 的茎干夜间液流主要用于补充白天蒸腾作用引起的水分亏缺, 而桉树夜间液流主要用于蒸腾 (Benyon, 1999)。本节通过测定柽柳夜间气体交换参数, 发现在夜间柽柳叶片的气孔并未完全关闭, 蒸腾仍在继续; 茎干液流补充组织水分的过程主要集中在日落前的 2 h, 而夜间, 约 50% 的茎干液流用于植物的夜间蒸腾。雪松、大叶榉、丝棉木和水杉夜间液流在前半夜主要用于蒸腾, 而后半夜则主要用于茎干补水 (Berbigier et al., 1996)。

5.1.3 不同天气条件柽柳茎干液流变化特征

不同天气条件下,柽柳茎干液流日变化曲线不同 (图 5-5), 图 5-5 中展现了晴天、阴天和风天三种天气条件下柽柳液流速率的日变化过程。关于雨天的柽柳茎干液流日变化过程将在第 6 章中详细讨论, 这里不再描述。从图 5-5 可以看出, 晴天状况下柽柳茎干液流速率日变化进程大致呈"几"字形。6:00 左右, 液流启动之后迅速上升, 在 9:30~11:30 出现第一个峰值, 9:30~16:00 液流速率虽有上下波动, 但一直维持在较高水平, 为 55.417~73.974 g/h, 明显高于阴天柽柳液流速率的峰值。17:30 左右液流速率快速下降, 在 20:30 左右趋于稳定, 且通常夜间仍保持着较低的正向液流速率。7 月 23 日黎明前由于较高的空气湿度, 柽柳茎干产生了微弱的逆向液流。

在阴天, 柽柳液流启动略晚, 上升速率也比晴天状况下的慢, 上升过程持续时间长, 且存在波动。液流速率日变化曲线呈明显的 "多峰型", 峰值出现时间不固定, 最大峰值甚至出现在 18:00 左右, 为 56.356~58.613 g/h, 低于晴天柽柳液流速率最大值。阴天

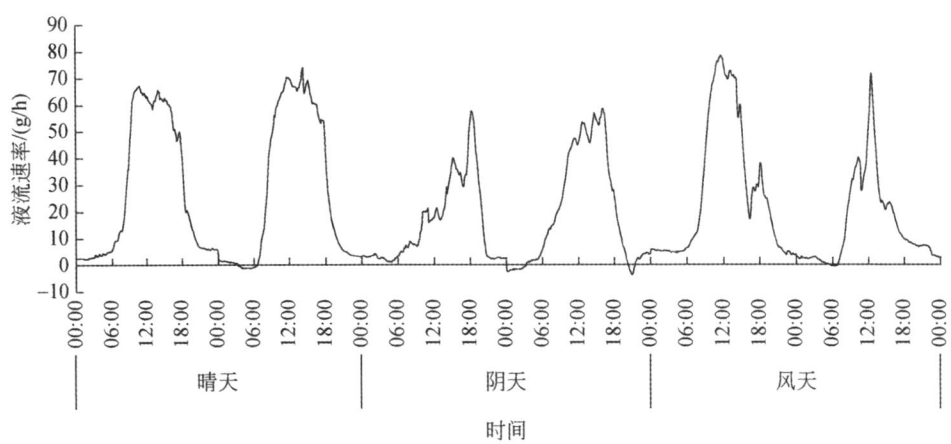

图 5-5 不同天气条件下柽柳茎干液流日变化

晴天：2013 年 7 月 19 日、7 月 23 日；阴天：7 月 18 日、7 月 28 日；风天：7 月 20 日（风晴天）、7 月 24 日（风阴天）

的下午，液流速率快速下降，时间也不固定，16：00～18：30 均有可能。另外，在 7 月 28 日黎明前和夜间均出现了少量的逆向液流。

大风天气，柽柳液流速率日变化曲线不规则，波动幅度大，最大液流速率甚至可以超过晴天的液流速率。7 月 20 日液流速率最大峰值为 78.400 g/h，超过了 7 月 23 日最大峰值 73.974 g/h，但高液流速率阶段维持时间较短，为 1.5～4.5 h，小于晴天的 6.5 h。阴天和大风天气下，柽柳液流活跃期，即高液流阶段比晴天的窄。

柽柳不同天气条件下的液流速率日变化与气象因子，如太阳辐射、气温、空气湿度和风速等密切相关。结合图 5-6，分析图 5-5 柽柳液流的日变化，不难看出，无论是晴天、阴天还是风天，日变化过程均受到太阳辐射的显著影响，表现为不同天气条件下太阳辐射与茎干液流的变化总体趋势一致。柽柳茎干液流与太阳辐射之间无明显时滞，随着太阳升起，液流速率迅速增加；随着太阳落山，液流速率下降。晴天条件下，太阳辐射最强的 12：00～13：00，柽柳液流速率下降，即出现"午休"现象。张小由等（2003）认为干旱区植物的"午休"现象主要是由于植物体遭受水分胁迫，自身为了防止体内水分过度散失，减小气孔开度，降低植物蒸腾，而不是由于气温较高，羧化效率下降导致的蒸腾下降，因为羧化酶在 25～35 ℃ 一般不会发生钝化。相比阴天，晴天条件下，气温高、空气湿度小、饱和水汽压差大导致晴天液流量明显高于阴天。7 月 23 日 3：00～6：30 空气相对湿度超过了 90%，VPD 低于 3.0 hPa，且相当一段时间低于 2.0 hPa，而柽柳叶水势有时即使在夜间也超过了 3.0 hPa，植物叶片与大气界面的逆向水汽压差导致柽柳逆向液流发生。7 月 28 日柽柳逆向液流的发生也是这个原因导致的。关于逆向液流现象将在第 6 章中详细阐述。

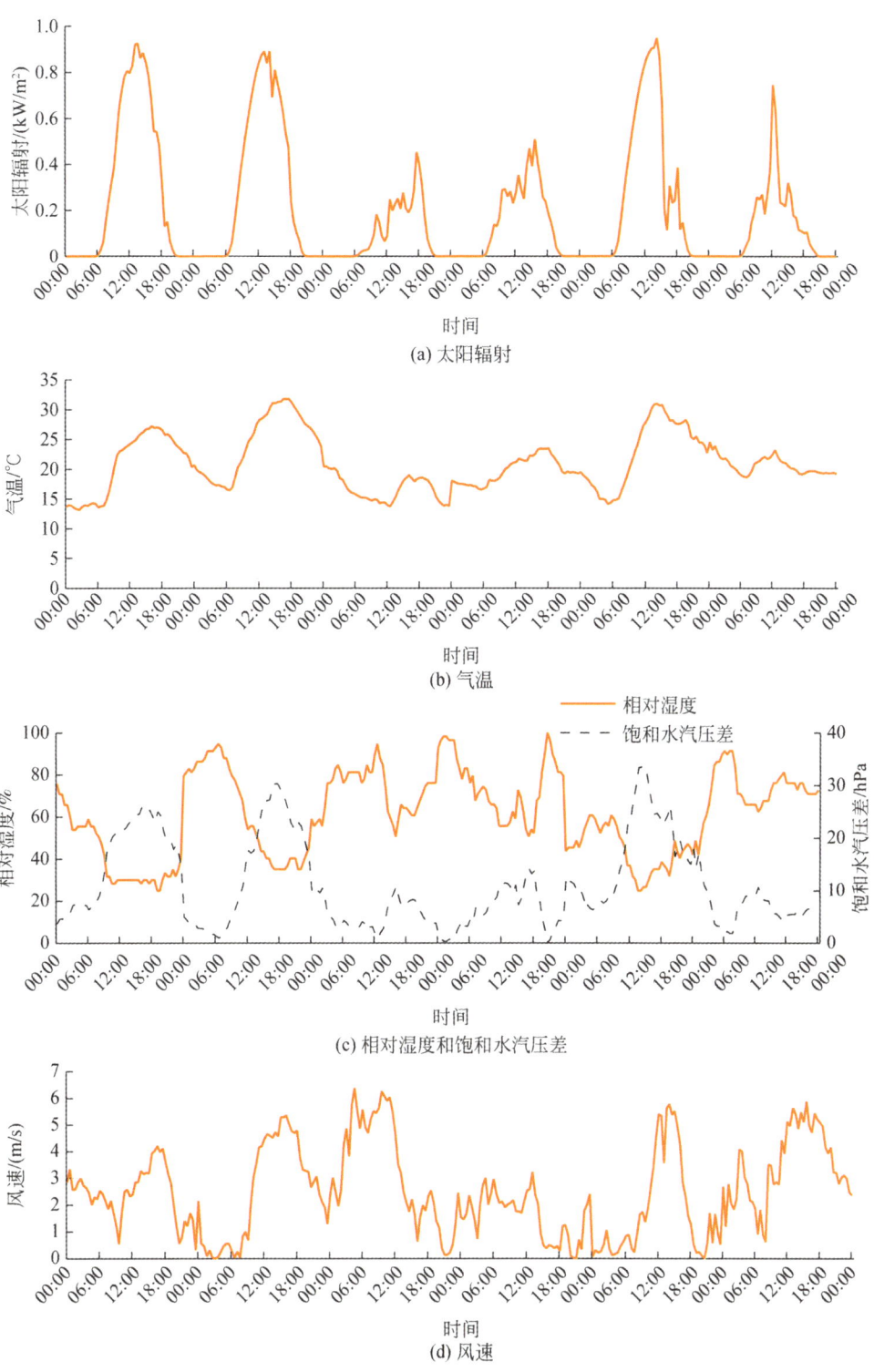

图 5-6　不同天气条件下主要气象因子日变化

气象因子观测时间与图 5-4 中的液流监测同步

在阴天，太阳辐射强度小、气温低、空气相对湿度较高，饱和水汽压差相比晴天也较小，所以叶片内外水汽压差比晴天的小，柽柳蒸腾耗水少，相应地，柽柳液流速率偏低。7月18日和28日液流速率变化形式与太阳辐射变化形式也存在明显差异，如7月18日11：00左右太阳辐射出现一个低谷，而液流速率没有明显的下降，可能与风速有关，因为风促进了叶片表面水汽的交换，将较湿的水汽带走，加速了植物的水分散失。7月28日9：30~14：30太阳辐射波动剧烈，辐射强度在14：30达到最大，而液流速率的变化较缓和，较高的液流速率一直延续到16：30左右，这与气温、空气相对湿度和VPD的变化相关，9：30~16：30气温和VPD总体上处于缓慢上升状态，而空气相对湿度呈波动下降状态。

在风速较大的7月20~24日，液流速率的总体变化趋势是由太阳辐射影响的。太阳辐射最大值出现在13：00左右，而液流速率最大值出现在11：30左右，此时太阳辐射强度、气温、饱和水汽压差均未达到最大值，且超过了晴天液流速率最大值。最大液流速率比太阳辐射强度最大值提前1.5 h出现，可能与风速有关，11：00~11：30平均风速为3.955 m/s，促使部分气孔开放，增进植物蒸腾，进而增加液流速率，使液流峰值达到78.400 g/h，超过了晴天状况下的最大值。随着时间的推移，太阳辐射强度、气温和饱和水汽压差均不断增大，并在13：00左右达到最大值，叶片内外水汽压差较大，加之风速超过了5.0 m/s，不断将叶片表面的水汽带走，在这些气象因子综合影响下，植物为了避免过度失水，维持体内水分平衡，关闭部分气孔，降低蒸腾耗水，从而实现自我保护。可见，风对植物蒸腾的影响是双向的，通过影响叶片气孔的开闭对植物蒸腾产生影响。潘瑞炽（2001）认为微风促进植物蒸腾，而强风引起部分气孔关闭，导致蒸腾降低。但我们认为关于风速的临界值很难界定，因为不同土壤水分含量、其他气象因子组合差异以及植物本身的生理、生态差异等都会对植物蒸腾产生不同的影响，风速在很多情况下只是一个促进因子。岳广阳等（2006，2007）分析了科尔沁沙地小叶锦鸡儿和黄柳的液流速率日变化，认为风能直接影响灌丛叶片蒸腾，但其作用机理比较复杂。

5.1.4 柽柳茎干液流与气象因子的关系

1. 茎干液流与气象因子偏相关关系

建立液流速率与气象因子间的相关关系不仅可以了解气象对液流速率的影响，也可以评估植物蒸腾耗水量。

用2012年8月土壤含水量代替2013年8月的土壤含水量，因为国家气象基准站记录的景泰2012年和2013年的年降水量分别为183 mm和148.9 mm，1~8月的降水量分别合计135.7 mm和120.4 mm，降水作为土壤水的唯一补给来源，在降水量相差不大的情况下，同期土壤含水量尤其是深层土壤含水量应该差异不明显。

表5-1显示了晴天柽柳液流速率与主要气象要素的偏相关分析结果。在生长季，太阳辐射始终是影响白天柽柳液流速率的主导因子，其中7月表现的最显著（$R^2=0.941$，$P<0.01$），主要是因为7月降水量为50.4mm，占多年平均降水量的28%，降水使得土壤含

水量增加（图 5-7），同时植物处于营养生长旺盛期，蒸腾作用对气象要素的响应敏感。8 月太阳辐射虽然仍是影响柽柳白天液流速率的主要因子，但相关程度降低，主要是因为 8 月的降水量仅为 14.8 mm，土壤水缺少补给，并且液流观测期间，白天平均风速超过了 5 m/s，因此土壤水的匮乏以及较大风速限制了植物蒸腾作用的进行。除太阳辐射以外，其他气象因子对液流速率的影响在各个月的表现有所差异，但总体来看，生长季各气象因子对柽柳液流速率影响的程度依次为太阳辐射>VPD>气温>相对湿度>风速。

表 5-1 柽柳液流速率与主要气象要素的偏相关分析

气象要素	偏相关系数 R^2			
	6 月	7 月	8 月	9 月
净太阳辐射（R_s）	0.828***	0.941***	0.790***	0.900***
气温（T_a）	0.412**	0.808***	0.187	0.423*
相对湿度（RH）	-0.409**	-0.782***	0.300	-0.383*
饱和水汽压差（VPD）	0.397**	0.488**	0.413**	0.544***
风速（V）	0.166	-0.065	-0.403**	0.176

* 表示显著水平（双侧）$P<0.10$，** 表示 $P<0.05$，*** 表示 $P<0.01$。

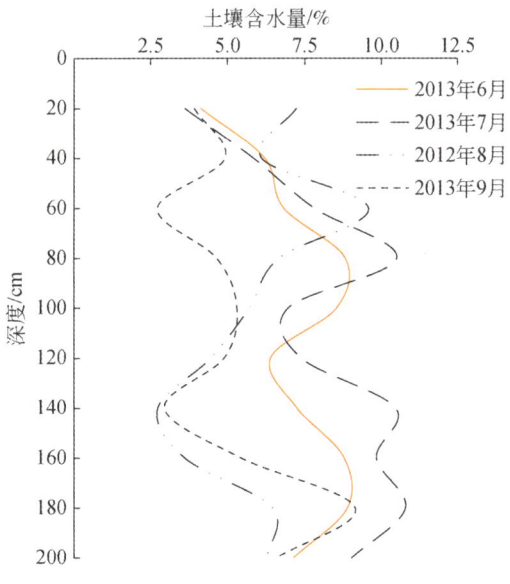

图 5-7 不同月份土壤含水量

2. 柽柳茎干液流与太阳辐射的关系

虽然太阳辐射是影响生长季柽柳白天液流速率的主导因子，但在不同时期上午和下午液流速率随太阳辐射变化的趋势不同（图 5-8），并用方程式对两者的关系进行函数拟合（表 5-2）。在 6 月、8 月的上午，液流速率先随着太阳辐射的增加而迅速增加（向上箭头表示），并在 10：30 左右先于太阳辐射达到最大值，之后随着太阳辐射的增加而略微下降；下午，液流速率随着太阳辐射的下降而迅速下降（向下箭头表示），并出现了次高峰

[图 5-8（a）和（c）]。这种液流速率先于太阳辐射达到最大值的现象被称为植物"午休"现象，表明植物受到水分胁迫。6 月上午和下午液流速率与太阳辐射的关系可用多项式函数表达，相关系数 R^2 分别为 0.968 和 0.966，而 8 月可分别用多项式和幂函数表达，相关系数 R^2 分别为 0.976 和 0.936。在 7 月、9 月，植物水分胁迫不严重，因而在此期间液流速率随着太阳辐射的增强而增加，并几乎同时达到最大值，之后随着太阳辐射的下降而迅速下降 [图 5-8（b）和（d）]。7 月上午和下午液流速率与太阳辐射的关系可用多项式函数表达，相关系数 R^2 分别为 0.930 和 0.964，而 9 月可用幂函数表达，相关系数 R^2 分别为 0.943 和 0.970。另外，从图 5-7 各纵坐标的截距可以看出，黎明前和日落后液流速率并不为零，表明夜间仍有液流发生，这与图 5-4 得到的结果一致。

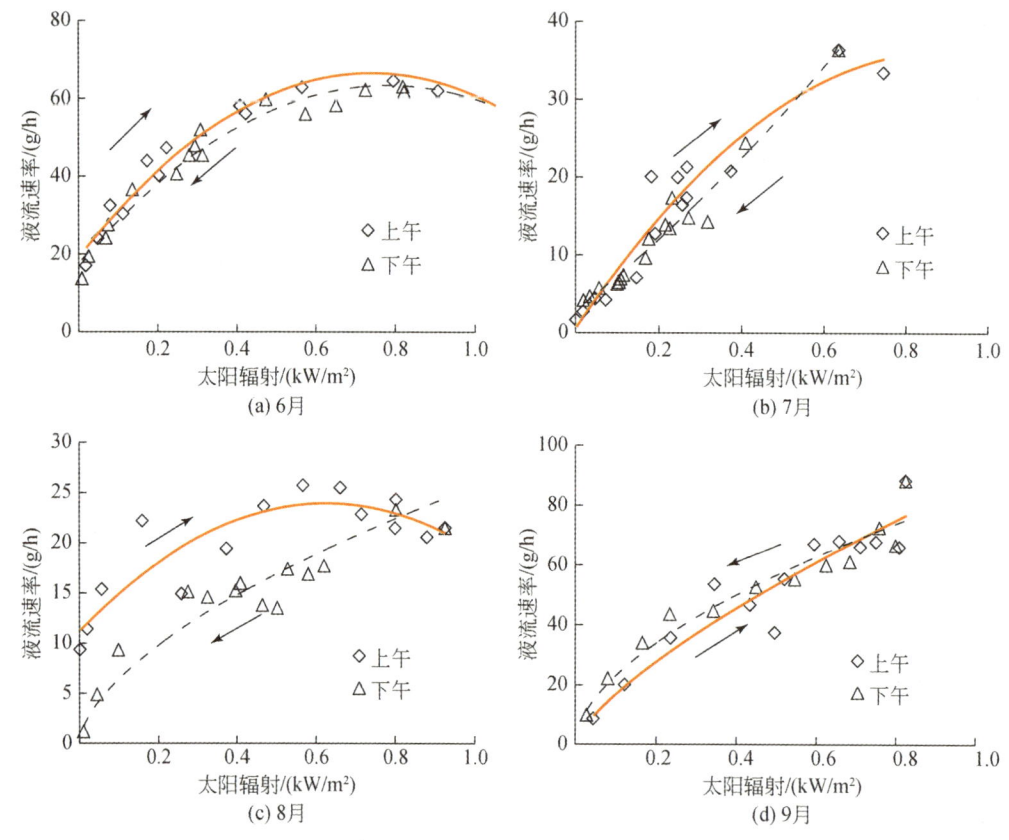

图 5-8 不同月份柽柳平均液流速率对太阳辐射的响应

表 5-2 不同月份柽柳上午、下午液流速率与太阳辐射的回归分析

月份	时段	回归方程	相关系数 R^2
6	上午	$SF = -86.320\ Sr^2 + 127.620\ Sr + 19.388$	0.968***
	下午	$SF = -74.682 Sr^2 + 116.93 Sr + 17.629$	0.966***
7	上午	$SF = -89.287 Sr^2 + 159.27 Sr + 1.302$	0.930***
	下午	$SF = 32.477 Sr^2 + 85.213 Sr + 5.695$	0.964***

续表

月份	时段	回归方程	相关系数 R^2
8	上午	$SF = -32.658Sr^2 + 40.726Sr + 11.241$	0.976***
	下午	$SF = 51.249Sr^{0.598}$	0.936***
9	上午	$SF = 88.026Sr^{0.717}$	0.943***
	下午	$SF = 83.703Sr^{0.561}$	0.970***

注：SF 指柽柳平均液流速率；Sr 指太阳辐射。
*** 表示显著水平（双侧）$P<0.01$。

植物液流变化受物种本身的生理生态特性和外界环境的共同作用。液流速率与各气象因子的偏相关分析结果表明：6~9月太阳辐射是影响柽柳液流速率的主导因子。Qu等（2007）认为，影响长穗柽柳液流速率的主要气象因子依次为太阳辐射>气温>VPD>相对湿度>风速，这与本节得到影响多枝柽柳液流的主要气象因子依次为太阳辐射>VPD>气温>相对湿度>风速的结果非常接近。Moore等（2008）分析了中国柽柳液流速率对 VPD 的敏感性，发现在9~10月中国柽柳液流速率与 VPD 呈显著正相关（$R^2=0.54$，$P<0.001$），这与本节得到9月柽柳液流速率与 VPD 的相关系数为0.544（$P=0.007$）极为接近。8月液流速率与风速呈负相关，这是由于较大的风速导致叶片气孔关闭，进而抑制了植物蒸腾。在湿润的环境中风速与植物蒸腾的耦合性很好，风充当着物理作用，通过破坏叶片和冠层与大气的稳定边界层，叶片表面蒸腾的水汽与干燥的空气发生交换，从而促进植物蒸腾。本节中柽柳液流速率与太阳辐射之间无显著滞后，这与 Yue 等（2008）得到的小叶锦鸡儿液流与太阳辐射之间也无明显滞后的结果类似，但许多受干旱胁迫的灌木液流与气象因子间存在时间上的滞后。

植物生长所需要的水分主要通过根系吸水获得，因而土壤含水量的多寡直接影响着植物蒸腾耗水过程。图5-9显示了2012年8月和2013年7月20~200 cm 土壤含水量，除土

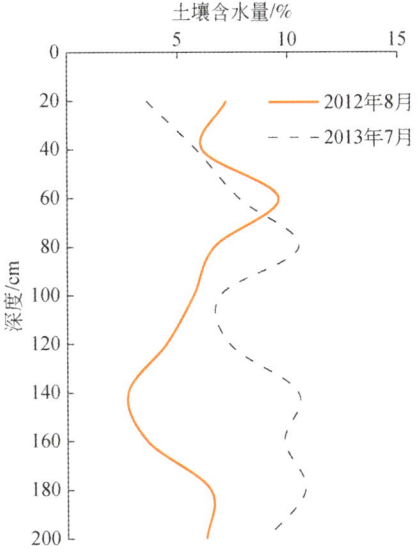

图5-9 2012年8月和2013年7月土壤剖面含水量

壤表层外，2013年7月土壤含水量明显高于2012年8月。2012年8月表层土壤含水量偏高是因为土壤样品采自雨后第一天。实验地的土壤类型以砂壤土为主，土壤凋萎系数为6.39%。从图5-9来看，2012年8月20~200 cm土壤含水量平均值为5.89%，土壤剖面各层的含水量普遍低于土壤凋萎系数，而2013年7月20~200 cm土壤含水量平均值为8.24%，高于土壤凋萎系数。由此可见，2012年8月柽柳受到明显的水分胁迫，而2013年7月柽柳水分条件相对较好。

3. 柽柳茎干液流与饱和水汽压差的关系

由于土壤水分条件的不同，相似天气条件下2012年8月和2013年7月柽柳茎干液流速率随VPD的变化过程不同（图5-10），并对两者的关系做了回归分析（表5-3）。2012年8月柽柳明显受到水分胁迫，白天平均液流速率低于2013年7月白天平均液流速率（图5-10），2013年7月的土壤含水量略高于土壤凋萎系数，所以植物受到水分胁迫的程度较轻。在2012年8月和2013年7月，由于土壤水分的限制，无论在白天还是夜间柽柳液流速率和VPD呈二次多项式的函数关系（表5-3），即柽柳液流速率随着VPD的增加呈现先增加后减小的趋势。2012年8月白天柽柳液流速率与VPD的相关显著性较低（$R^2 = 0.501$），而夜间液流速率与VPD呈显著相关（$R^2 = 0.718$）；2013年7月无论是白天还是夜间平均液流速率均与VPD呈显著正相关，尤其是夜间。生长在河岸带的中国柽柳因具有较好的土壤水分条件，夜间柽柳液流速率随着VPD的增加呈指数增长；白天两者之间呈显著的Sigmoidal关系（Moore et al., 2008）。在土壤水分较好的条件下，其他植物，如北美红杉（Burgess and Dawson, 2004）、西黄松和蓝栎（*Quercus douglasii*）（Fisher et al., 2007）、树斑鸠菊（*Vernonia arboreu*）和渐尖栲（*Castanopsis acuminatissima*）（Horna et al., 2011）、*Quercus lanceifolia*（Gotsch et al., 2014）的液流速率与VPD呈显著的指数或线性

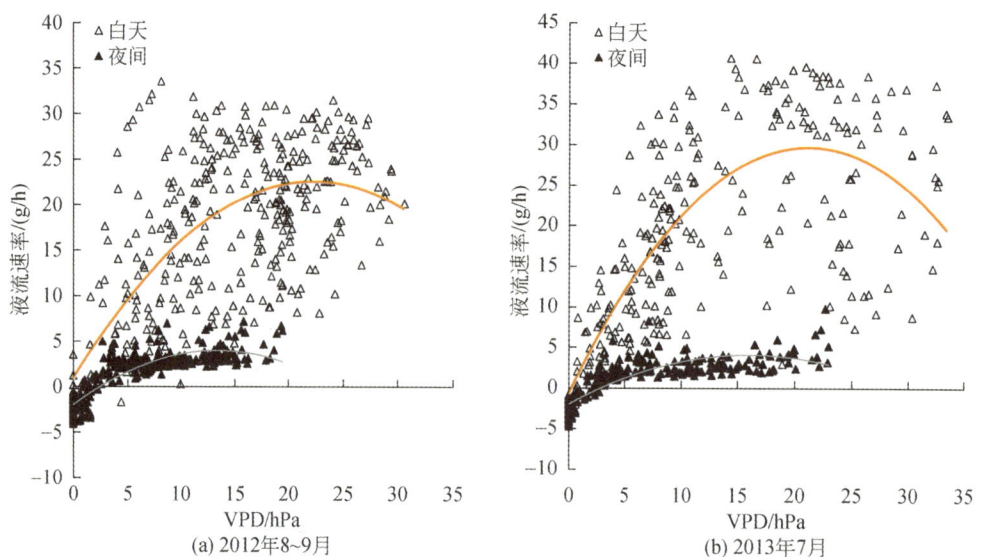

图5-10 白天与夜间柽柳枝干平均液流速率对饱和水汽压差（VPD）的敏感性

白天指7：00~19：30；其余时间为夜间。(a) 2012年8月20日~9月2日两个茎干液流的平均值与VPD的关系；(b) 2013年7月18~28日两个茎干液流的平均值与VPD的关系

正相关关系,这种关系通常与较弱的气孔调节有关(Dawson et al.,2007)。荒漠植物小叶锦鸡儿液流速率在土壤水分亏缺的情况对 VPD 的变化不敏感($R^2 = 0.369$,$P = 0.005$),此时土壤水分被认为是影响液流速率的主要因子之一,气孔关闭是对干旱胁迫最重要的快速响应,干旱时期,当 VPD 过高时,气孔关闭以减小植物水分耗散(Pataki et al.,2000)。

表 5-3 2012 年 8 月和 2013 年 7 月在白天及夜间柽柳液流速率与 VPD 的回归分析

时间	时段	函数方程	相关系数 R^2
2012 年 8 月	白天	SF = −0.044VPD^2 + 1.951VPD + 0.794	0.501***
	夜间	SF = −0.033VPD^2 + 0.893VPD − 2.013	0.718***
2013 年 7 月	白天	SF = −0.068VPD^2 + 2.868VPD − 0.758	0.658***
	夜间	SF = −0.024VPD^2 + 0.759VPD − 1.981	0.703***

注:SF 指柽柳平均液流速率;VPD 指饱和水汽压差。
*** 表示显著水平(双侧)$P < 0.01$。

当植物受到水分胁迫时,叶片气孔导度下降,进而液流速率降低。6~8 月的月降水量分别为 30.0 mm、50.4 mm、14.8 mm,降水是研究区土壤水分最主要的补给源。结合月降水量、土壤含水量(图 5-7)、液流与气象因子的关系(表 5-1),认为当植物受到一定的土壤水分胁迫时,植物液流对气象因子的敏感度降低,在非常干旱的时期,土壤含水量是影响植物液流速率大小的主要因子之一。在干湿季分明的生态系统,旱季土壤含水量可能是影响植物蒸腾的主导因子,如在夏季,当美国橡树稀树草原地区(oak-savanna site)土壤含水量处于最低值 10.5% 时,蓝栎液流也下降到最小值(Fisher et al.,2007)。土壤含水量高低直接关系到日蒸腾变化曲线形态,在无水分胁迫条件下梭梭蒸腾速率的日变化呈单峰曲线,而在水分胁迫条件下呈双峰曲线。孙慧珍(2002)对东北东部山区主要树种树干液流的研究表明,当植物由遭受水分胁迫转为被充足水分供水后,此时树干液流速率变化与气象因子的相关程度降低。

5.2 孪井滩样地荒漠植物耗水特性

本节选取孪井滩样地内的梭梭、白刺、红砂、霸王 4 种主要荒漠植物为研究对象,同步监测植物茎干液流与气象因子变化,分析 4 种植物茎干液流的日变化进程,揭示它们的日耗水特性。孪井滩样地的生境因子特征及近几十年气候变化特征详见本书 2.2 节。

5.2.1 红砂茎干液流日变化及其与环境因子的关系

2013 年 8 月 13~14 日开展了红砂茎干液流监测实验,自然条件下红砂茎干液流与气象因子日变化进程如图 5-11 所示,日出后红砂茎干液流速率迅速增加,并于 8:00~9:30 达到高值点,高峰段持续到 11:00~12:00,随后下降;15:00~17:00 出现次高峰,即红砂并未随着午后太阳辐射的增强和气温的升高[图 5-11(c)]而增加茎干液流速率，避免植物体水分过度亏缺，有利于其适应干旱、高温的环境。另外，与上午茎干液流速率的快速上升不同，下午随着太阳辐射减弱，红砂茎干液流速率呈波动式缓慢下降。夜间，红砂出现低速液流，8月13日夜间平均液流速率为0.338 g/h，累积液流量为4.096 g，占白天平均液流速率的25.32%，占白天累积液流量的14.31%，占全天累积液流量的12.75%。在夜间，当空气相对湿度达到65%附近、VPD<9 hPa时［图5-11（b）］，红砂可以出现逆向液流，这可能与红砂为泌盐型植物有关，其叶片和枝条因表面盐分的存在容易从空气中捕获水汽，吸附于植物体表面的部分水分向下传送，产生逆向液流。

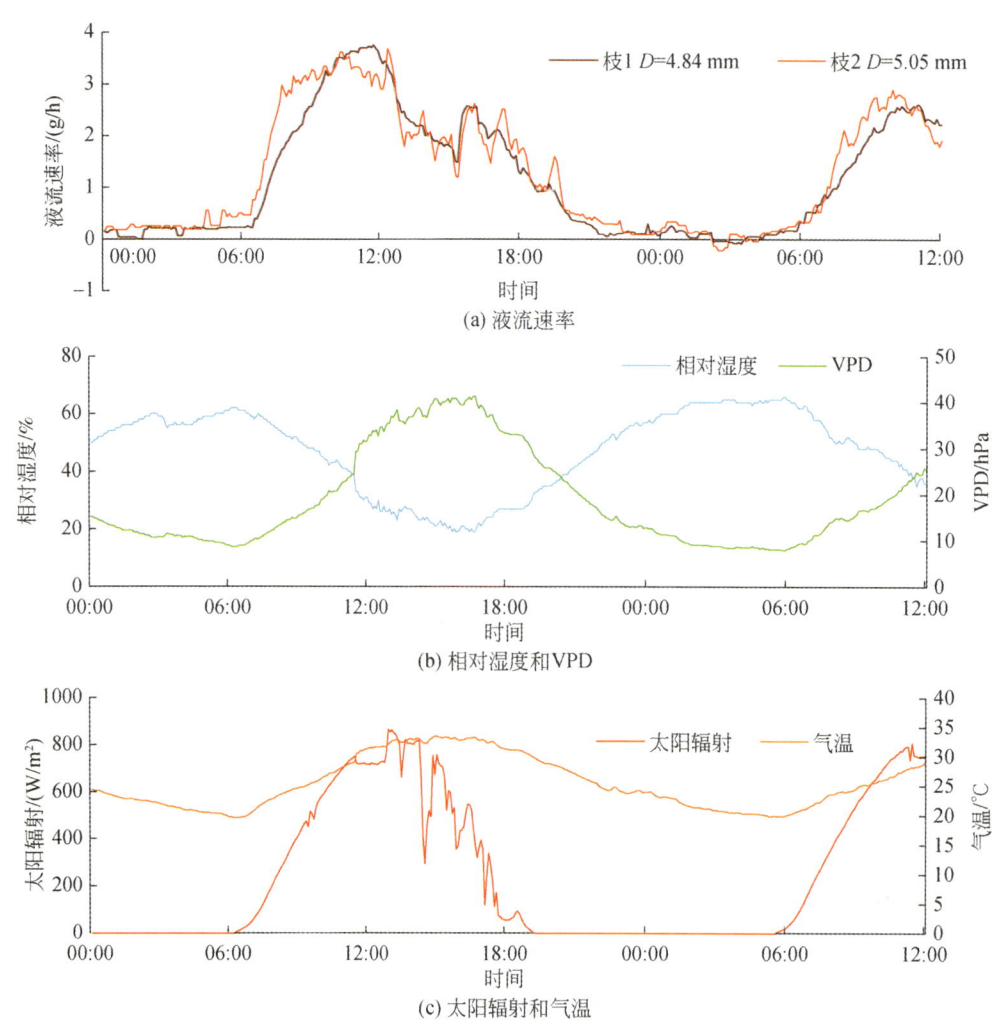

图5-11 自然条件下红砂茎干液流与气象因子日变化进程

5.2.2 白刺茎干液流日变化及其与环境因子的关系

2013年8月16~17日开展了白刺茎干液流监测实验，自然条件下白刺茎干液流与气象因子日变化进程如图5-12所示,8月16日多云转晴,6:00左右液流速率开始上升,7:00~10:00为液流速率快速增加阶段,虽然9:00~11:00太阳辐射较弱,但气温处于逐渐上升状态,空气相对湿度较低,促进蒸腾作用的进行。同样地,白刺下午液流速率的下降速度略缓和于白天的上升速度。17日为多云天气,茎干液流速率较小,其动态变化与太阳辐射的波动形式相似。夜间,白刺维持着较低的液流速率,且夜间较高的气温和较低的空气相对湿度,有利于茎干液流的发生[图5-12(a)和(b)]。

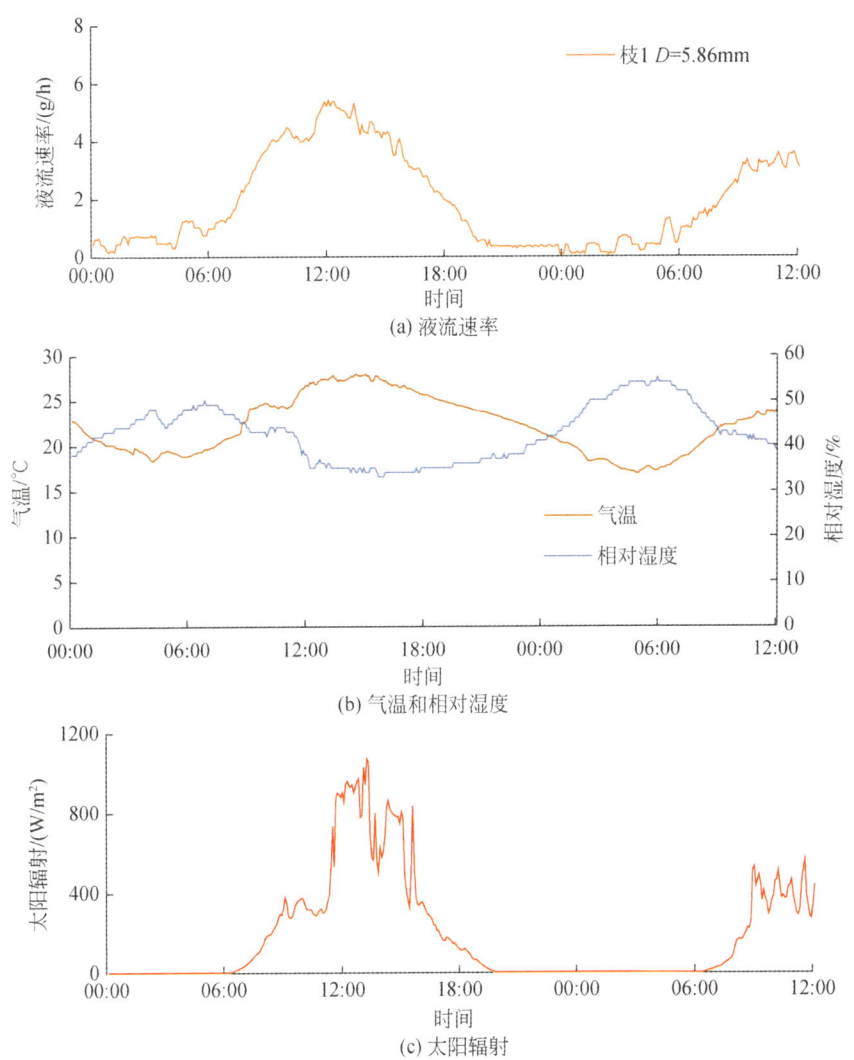

图5-12 自然条件下白刺茎干液流与气象因子日变化进程

5.2.3 霸王茎干液流日变化及其与环境因子的关系

2013年8月16~17日开展了与白刺同步的霸王茎干液流监测实验,自然条件下霸王茎干液流与气象因子日变化进程如图 5-13 所示，8 月 16 日多云转晴，霸王茎干液流速率的日变化进程呈"多峰型"，6:00 左右液流速率开始上升；7:00~9:00 出现了液流速率的首个高峰阶段，平均液流速率为 5.366 g/h；11:30~15:30 液流速率并未随着太阳辐射的增强和气温的升高而显著增加，该阶段平均液流速率为 5.424 g/h，与第一个高峰阶段的平均值相近，这说明霸王自我调节能力强，以此减少水分亏缺。17 日为多云天气，茎干液流速率较小，其动态变化与太阳辐射的波动形式相似。夜间，霸王维持着低速液流。8 月 16 日夜间平均液流速率为 0.930 g/h，累积液流量 10.142 g，分别占白天平均液流速率、液流量的 23.70% 和 19.43%，占全天平均液流速率、液流总量的 35.96% 和 16.27%。

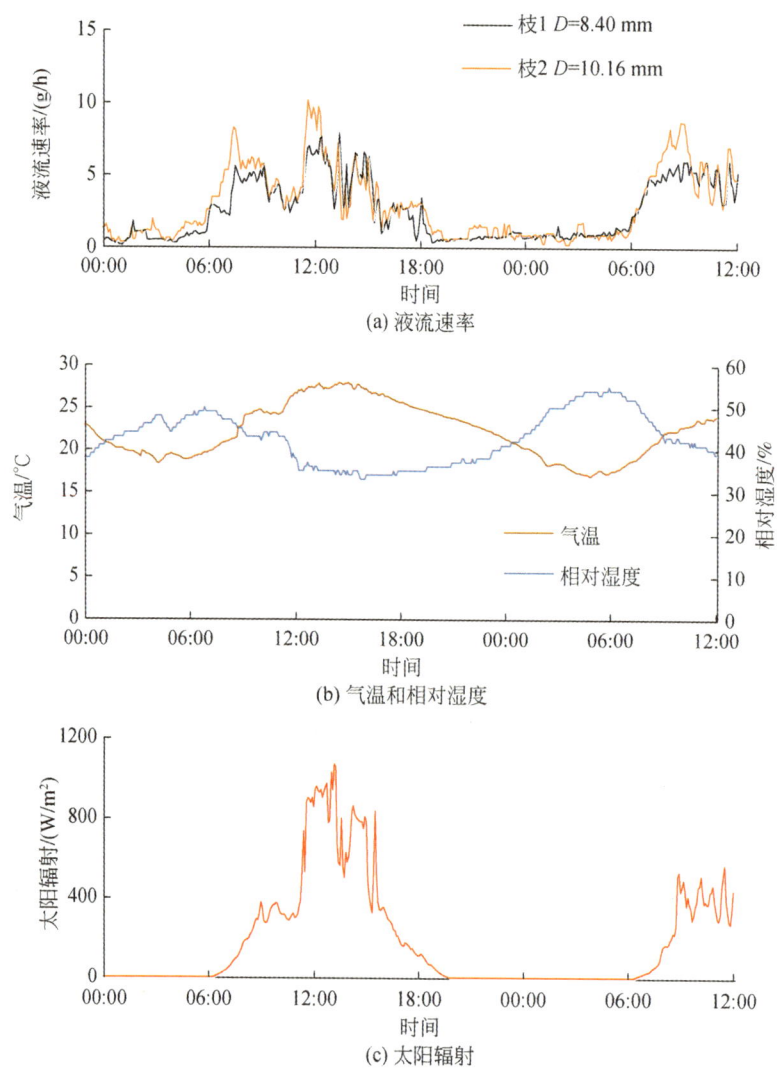

图 5-13 自然条件下霸王茎干液流与气象因子日变化进程

5.2.4 梭梭茎干液流日变化及其与环境因子的关系

1. 梭梭茎干液流日变化进程

图 5-14 显示了 2013 年 9 月 17 日 0：00 至 19 日 0：00 梭梭三个不同径级茎干液流速率和气象要素的日变化进程。从图 5-14（a）可以看出，梭梭茎干液流速率具有明显的昼夜节律性变化，随着太阳辐射增强，梭梭液流速率迅速增加，在 10：00~11：30 达到一个峰值，12：30~15：00 液流速率维持在较高水平。白天，梭梭茎干液流速率的波动形态与太阳辐射、气温和 VPD 的日变化过程紧密相关 [图 5-14（b）和（c）]。随着太阳辐射的减弱，液流速率开始波动下降，液流速率下降速度比早上波动上升阶段的速度慢，这点与柽柳茎干液流的日变化进程相似。9 月 18 日为阴雨天气，表现为间断性降水，太阳辐射弱，梭梭茎干液流速率较小，且三个不同径级茎干均出现了逆向液流 [图 5-14（a）]。18 日夜间虽未记录到降水事件，但仍发生了明显的逆向液流，这可能得益于较高的空气相对湿度（超过 75%）、较小的 VPD 值（小于 4.5 hPa）[图 5-14（b）和（c）] 以及梭梭同化枝内较高的盐分，使空气水势低于同化枝水势，水势差的动力作用促使逆向液流发生。

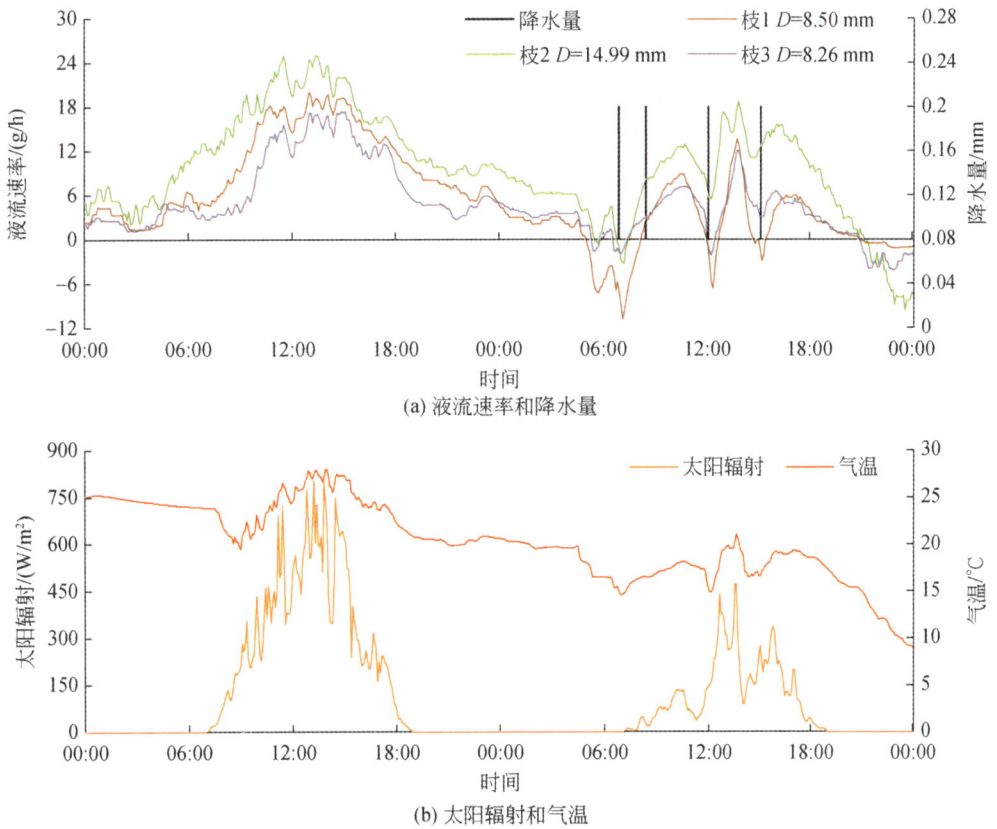

(a) 液流速率和降水量

(b) 太阳辐射和气温

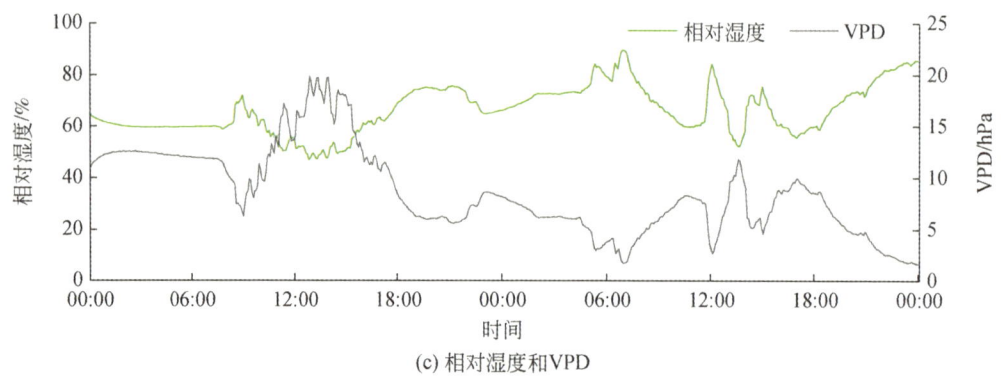

(c) 相对湿度和VPD

图 5-14 自然条件下梭梭茎干液流与气象因子的日变化

9月17日夜间梭梭始终维持相对稳定的低速液流，夜间平均液流速率为 3.643 ~ 7.765 g/h，占白天均值的 35.17% ~ 43.467%，占全天日均值的 50.49% ~ 59.19%；夜间液流量为 39.165 ~ 83.377 g，占白天液流量的 29.23% ~ 36.02%，占全天液流量的 22.62% ~ 26.48%，表明孛井滩样地梭梭夜间液流所占比例较高，在分析茎干储水过程和植物蒸腾过程时应充分考虑夜间液流的生理意义。司建华等（2014）和方伟伟等（2018）分别对植物夜间蒸腾、夜间液流的研究进展进行了总结，指出植物夜间蒸腾除与植物内在要素有关外，还受非生物因子的影响，其中水汽压差是夜间蒸腾最重要的环境驱动因子，夜间液流包含茎干补水和蒸腾耗水两个过程，但目前仍不能将两者区别开来。

2. 梭梭茎干液流与蒸腾变化

9月17日 7:00 ~ 20:00 选取四株包裹着热平衡探头的梭梭开展热平衡法与快速称重法蒸腾速率对比实验。每间隔 30 ~ 60 min 使用快速称重法测定一次梭梭蒸腾速率，每次持续 3 min。图 5-15（a）是用两种方法在 7:00 ~ 20:00 同期监测的所有数据绘制所得，线性拟合的相关系数 R^2 为 0.850，说明两者之间存在显著线性相关；斜率为 0.857，回归直线在 1:1 直线的上方，表明相对快速称重法而言，热平衡法测定的植物茎干液流速率一定程度上高估了植物蒸腾速率。这一方面是由两种测量方式自身误差造成的，另一方面是热平衡法测定的植物液流不仅仅包括植物蒸腾过程，还可能包括植物体内水分的再补充过程。

图 5-15（b）中的"▲"代表 7:00 ~ 11:00 以及 18:00 ~ 20:00 两种方法的同步测定值，两者线性倾向率为 1.198，相关系数 $R^2 = 0.513$，表明两者线性拟合度不高，早上和傍晚热平衡法测定的液流速率明显高估了植物蒸腾速率；"△"代表 11:30 ~ 17:00 两种方法的同步测定值，两者之间存在显著线性相关，相关系数 $R^2 = 0.818$，拟合度较高，这说明当植物蒸腾旺盛时两者测定结果相差较小，反之测定结果相差较大，这是因为正午前后至 17:00 气温较高、饱和水汽压差较大，植物蒸腾旺盛，茎干输送的水分主要用于叶片蒸腾耗水，故两种方法测定结果较为接近；而早上和傍晚植物蒸腾作用相对较弱，茎干输送的水分除用于蒸腾作用外，多余的水分将用于植物体的储水或补充蒸发散失的水分，这在树木水分输送中具有重要作用。早上蒸腾作用处于上升阶段，多余的水分以储水形式

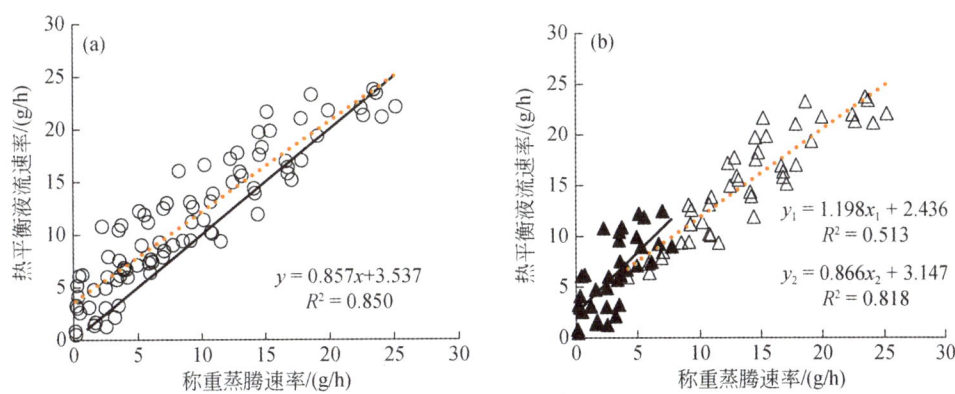

图 5-15 热平衡法与快速称重法获得的梭梭同株同期蒸腾速率的比较

实线表示 1∶1 关系;(a) 表示两种方法 7∶00~20∶00 同期监测的所有数据的线性拟合;(b) 表示两种方法在梭梭液流速率不同时段的线性拟合,其中 7∶00~11∶00 以及 18∶00~20∶00(▲)代表梭梭低液流速率时段;11∶30~17∶00(△)代表梭梭高液流速率时段

为主,为随后的强蒸腾阶段提供一定的水分来源;傍晚蒸腾作用处于下降阶段,多余的水分以补充形式为主,一定程度上补充植物体白天蒸腾亏缺的水分。

3. 梭梭茎干温度的日变化

2013 年 9 月 17 日和 18 日选取自然与控制室(顶棚未封闭)环境下的梭梭作为研究对象,以干燥木棒的温度为参考,了解微环境差异对树干温度的影响。被测植株梭梭和木棒的基本信息见表 5-4,在枝条基部以上 10 cm 处插入探针 0.5 cm 深,每 10 min 测定一次枝条温度的动态变化。

表 5-4 枝条属性及温度传感器位置

项目	位置	叶量(鲜重/g)	枝高/m	直径/cm	深度/cm	方位
木棒	自然环境	0	0.60	2.00	0.5	南
枝条 1	控制室内	93.48	1.38	2.42	0.5	东
枝条 2	控制室内	67.18	0.75	1.98	0.5	东
枝条 3	控制室内	74.94	1.27	2.34	0.5	北
枝条 4	自然环境	60.73	1.56	2.50	0.5	西

梭梭枝条和木棒温度的动态变化与太阳辐射、气温的关系如图 5-16(a)和(b)所示,9 月 17 日天气晴朗,随着太阳辐射的增强和气温的增高,木棒和梭梭枝条温度不断增加,但后者温度上升较慢;随着太阳辐射的减弱和气温的降低,两者的温度下降,后者下降较缓和。9 月 17 日白天木棒的温度明显高于梭梭枝条的温度,13∶00~16∶00 处于高位阶段,平均值为 30.86 ℃;梭梭枝条温度的高位阶段为 13∶00~15∶00,平均值为 24.66 ℃,即木棒与梭梭枝条的平均最高温度相差 6 ℃;夜间两者温度相近。9 月 18 日为阴雨天气,梭梭枝条温度与木棒温度的差异较小,且前者的平均温度略高于后者,平均相

差 0.93 ℃。另外，9 月 18 日控制室顶棚基本处于封闭状态，控制室气温高于自然环境气温，故梭梭枝条 1、枝条 2 和枝条 3 的温度高于自然状态下枝条 4 的温度，平均相差 2.15 ℃。由上述可知，结合表 5-4，因测温探头靠近枝条表面，且枝条较细，梭梭枝条浅层的温度受叶量、枝高、茎粗等自身特征的影响较小，而受外界气象因子的影响显著；相比干燥木棒的增温快、降温也快的特点，梭梭枝条通过内调节可以舒缓外界环境的影响程度。

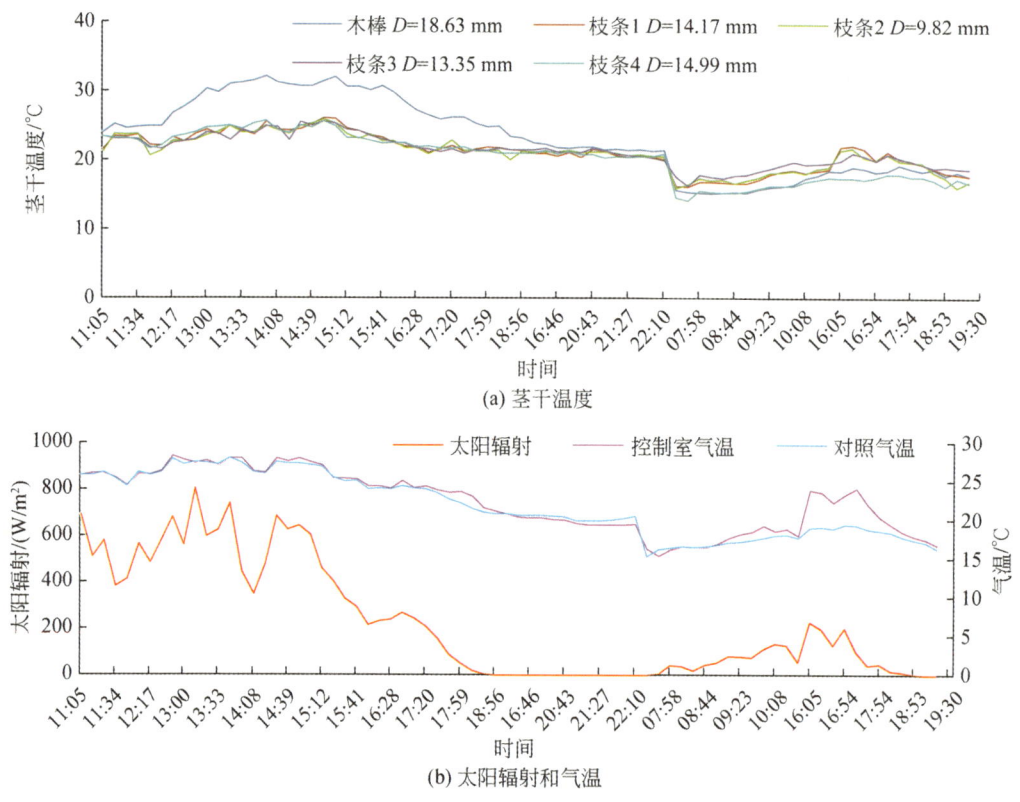

图 5-16　梭梭茎干温度与气象因子的动态变化

第 6 章 荒漠植物大气水汽吸收传输过程与利用量

基于水势理论的 SPAC 水循环研究，绝大多数是研究土壤水通过植物体到大气的单向传输过程。然而，近年来的研究发现，植物可以通过地上部分（叶片、茎）吸收水分，向下传输到茎、根甚至到根系附近的土壤中，这个过程与水分蒸腾相反，被称为"负传输"或"负蒸腾"（Stone et al., 1950; Clor et al., 1963）。本章主要探讨叶片吸收的大气水汽在植物体内从上而下由叶到各级茎干的传递过程，并尝试估算这一过程中植物对大气水汽的利用量。

6.1 柽柳大气水汽吸收传输过程与利用量

茎干液流仪可有效地监测到小液流速率甚至逆向液流（Sakuratani et al., 1999; Burgess and Dawson, 2004; Li et al., 2014），解决了实时监测叶片雾吸收传输过程的难题，其应用有助于比较分析各级枝逆向液流在时间轴上的速率大小、传输过程与数量关系。同位素示踪技术可实现对叶片吸收水汽到达部位的识别，结合多源线性混合模型可量化吸收量（Dawson, 1998; Phillips and Gregg, 2003; Berry and Smith, 2014），揭示水汽利用在植物–水分关系中的重要性（Corbin et al., 2005; Fu et al., 2015）。染色示踪法可鉴别吸收水汽的叶片微结构（如气孔、表皮毛等）以及运移路径（Sano et al., 2005; Wang et al., 2016）。因此，本节主要基于茎干液流法、同位素示踪法分析柽柳大气水汽吸收传输过程与利用量。6.2~6.4 节采用同样的方法开展了梭梭、白刺、霸王和红砂的水汽吸收传输过程与利用量的研究。

6.1.1 基于茎干液流的大气水汽传输过程

水在 SPAC 系统中总是从水势较高处向水势较低处移动。植物体内水势的高低反映了水分供求关系，即植物体受水分胁迫的轻重。控制室的空气相对湿度明显高于自然条件下的空气相对湿度（图 6-1，折线表示），相应地，控制室加湿柽柳与自然条件下对照柽柳的叶片水势之差为正值（图 6-1，黑色柱状表示），说明加湿柽柳叶水势高于对照柽柳。对照柽柳叶片和嫩枝的水势差为负值（图 6-1，白色柱状表示），而加湿条件下柽柳叶片与嫩枝的水势差偏离负值的程度减弱，甚至转为正值（图 6-1，灰色柱状表示）。由图 6-1 可知，暴露于高相对湿度环境中的柽柳叶片直接从外界吸收了水分，并且水势梯度可能是将叶片吸收的水分向下传递的驱动力。加湿柽柳叶片和嫩枝的含水量高于自然条件下对照柽柳叶片和嫩枝的含水量（图6-2），说明叶片吸收的水分提高了植物体水势，改善了植物水分状态，结合图6-2中的柽柳逆向液流情况可知，叶片吸收的水分不仅补充了叶片储水组织，还将部分水分传输到茎干。

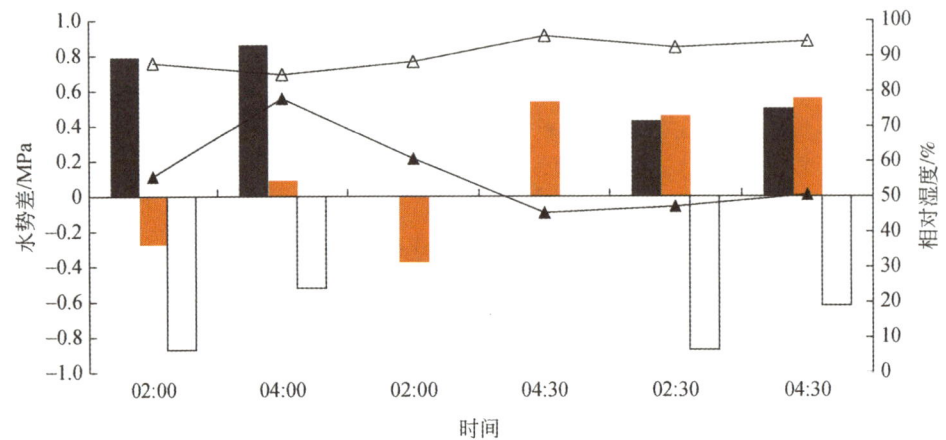

图6-1　7月18日、21日和22日凌晨不同时刻加湿与对照柽柳叶片、嫩枝水势的比较
黑色柱状表示加湿与对照柽柳叶水势之差；灰色和白色柱状分别表示加湿与对照柽柳叶片和嫩枝的水势差；
空心三角形标志的折线与实心三角形标志折线分别表示控制室与自然条件下空气相对湿度变化

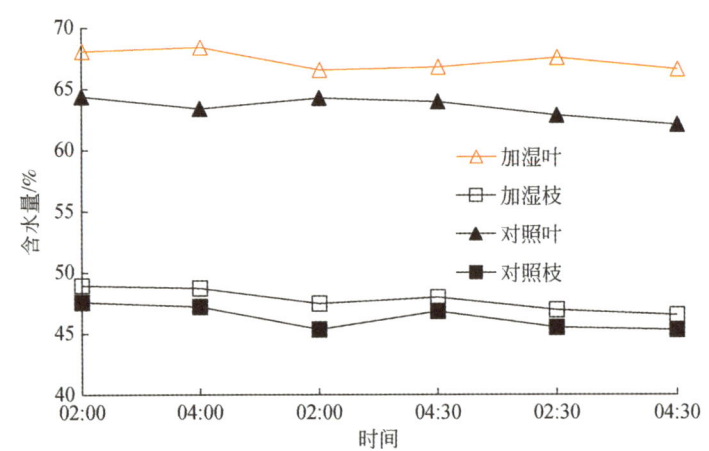

图6-2　加湿与对照柽柳叶片、嫩枝含水量
植物组织含水量的测定与图6-1中植物水势的测定同步；每一个数据点没有显示误差棒，
是因为每个数据的标准误差（SD）远远小于叶片含水量的单位刻度值

当SPAC间存在合适的水势梯度时，水分可以双向出入植物体（Jensen et al., 1961），叶片外表面与内表面间正的水势差成为叶片吸水的驱动力（Rundel, 1982）。本研究中当柽柳蒸腾处于旺盛阶段时，其叶水势可达-4.78 MPa，个别植株的叶水势甚至接近-6.00 MPa，即使在夜间，柽柳叶水势大多维持在-3.00 MPa。在夜间人工加湿空气的影响下，控制室内空气相对湿度大，气温几乎始终低于20 ℃；当T_a = 18.87 ℃，RH =

97.9%时，大气水势值为-2.78 MPa，此时，大气水势与叶片水势之间的水势差为正值，成为有利于叶片吸水的驱动力。由于受环境因子（气象与土壤水分）和植物体自身生态、生理上的差异，不同植物同一生境茎、叶最低水势不同，同种植物不同生境、生长期的水势也存在差异。

当植物受到干旱胁迫时，叶水势将显著下降。例如，干旱胁迫下，喀斯特地区6种主要造林苗木叶水势在不同生长时期均有不同程度下降，其中生长旺盛期叶水势下降幅度最大，6个树种中叶水势最低的是刺槐（*Robinia Pseudoacacia*）（-5.08 MPa）和香樟（*Cinnamonum campora*）（-5.67MPa），分别比对照下降了3.57 MPa和4.02 MPa（王丁等，2011）。干旱区荒漠植物的叶水势通常比较低，付爱红等（2008）于2005年和2006年的7~9月研究了干旱胁迫下多枝柽柳茎水势的变化，位于塔里木河下游亚合浦马汗断面的多枝柽柳茎水势最小值为-8.97 MPa，阿拉干断面的多枝柽柳茎水势最小值为-9.46 MPa；而2006~2008年对英苏和阿拉干断面的多枝柽柳茎水势的研究显示，其茎水势最小值低于-10.00 MPa（付爱红等，2012）。塔里木河下游胡杨茎、叶水势最小值分别达-59.00 MPa和-44.33 MPa（庄丽和陈亚宁，2006），他们认为叶水势高于茎水势的原因可能是当蒸腾达到一定程度时，随着蒸腾强度的增加，叶水势不再降低，而是通过调节植物体内水分的流动，来减少土壤水分胁迫对蒸腾需水的影响。由此可见，虽然通常干旱区空气湿度较低，但荒漠植被叶水势也较低，在干旱区SPAC中，也许空气湿度的略微增加就能使大气水势高于植物叶水势，从而为叶水势极低的荒漠植物叶片吸水提供机会。

植物，尤其是荒漠植物，其叶片除了依靠水势梯度被动地吸收水分外，还应该具有一些特殊的形态结构，便于主动捕获和吸收水分。目前，许多研究认为水分可以通过叶片表面的角质层、排水器和毛状体进入叶片内部。角质层并非一个完全不透水层，而是能将水分传输到叶片内（Franke，1967）。环境的破坏严重影响叶片表面的渗透性，风或雨对角质层的刮擦作用提高了叶片吸水的能力（Baker and Hunt，1986）。柽柳叶片退化成短小的鳞片状，且与营养枝愈合成抱茎或半抱茎叶，叶表皮具角质层，上下表皮分布下陷的盐腺，近轴面布有突起。同化枝也具有类似于叶片的微结构特征（公维昌等，2009）。本研究实验样地风沙天气频繁发生，对叶表的角质层完整性造成影响，从而提高了柽柳叶片吸水的能力。叶片和同化枝表面的盐腺分泌的盐既可以吸附液态水，也可以吸附空气中的气态水。另外，柽柳叶片具有较大的比表面积，柽柳的这些表面微观特征有利于叶片与同化枝吸收水分。此外，嫩枝的表皮可以吸收附着在外面的水分（Katz et al.，1989）。当逆向液流出现时，首先是嫩枝中被记录到，接着是二级枝和一级枝（图6-2），表明叶片或同化枝吸水的水分可以被依次向下传输至上级分枝。

6.1.2 基于同位素示踪的大气水汽传输过程

用具有低$\delta^{18}O$值的农夫山泉饮用水加湿24 h后的叶片、同化枝、茎水中$\delta^{18}O$值随时间的变化如图6-3所示，19：00开始加湿，经过2 h叶片水中$\delta^{18}O$值下降，同化枝水中$\delta^{18}O$值也同时下降，说明叶片吸收非饱和水汽后很快就运送到同化枝。因为柽柳叶是抱茎叶，几乎贴附在同化枝上，运输的距离非常短，所以水汽吸收后才能很快运送到同化枝。不过叶片吸水究竟比同化枝能早多长时间，这个问题还有待研究。一级茎、二级茎水中 $\delta^{18}O$ 值应该保持一致，因为植物根系吸收了土壤水后通过茎在向上运输的过程中不发生同位素的分馏。在加湿后 4 h，一级茎水中 $\delta^{18}O$ 值下降，二级茎水中 $\delta^{18}O$ 值也下降，说明此刻吸收的低 $\delta^{18}O$ 值的水汽已经传导到二级茎位置，那么传导到一级茎的时间应该更早。

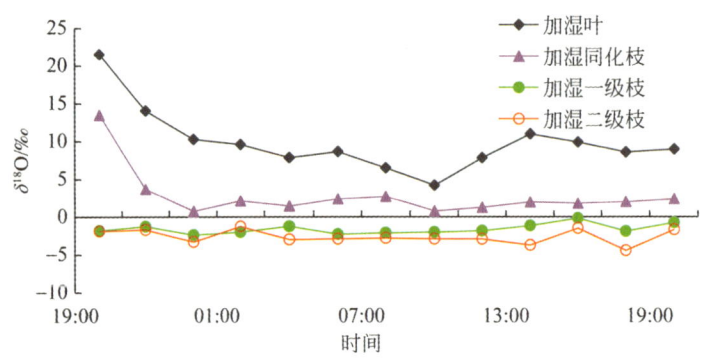

图 6-3 2012 年 9 月农夫山泉饮用水加湿后柽柳不同组织中水 $\delta^{18}O$ 值随时间的变化

用具有低 $\delta^{18}O$ 值的超纯水加湿 2 h 的叶片、同化枝、茎水中 $\delta^{18}O$ 值随时间的变化如图 6-4 所示，20:00 开始加湿，经过 1 h 叶片水中 $\delta^{18}O$ 值下降，同化枝水中 $\delta^{18}O$ 值也同时下降，说明叶片吸收非饱和水汽后很快就运送到同化枝。在加湿后 2 h，一级茎水中 $\delta^{18}O$ 值下降，说明此刻吸收的低 $\delta^{18}O$ 值的水汽已经传导到一级茎位置。由于取样时间间隔，我们只能分析出经过 1 h 叶片吸收非饱和水汽后运送到同化枝，但是从叶片水中 $\delta^{18}O$ 值变化趋势和超纯水水汽更利于吸收的角度考虑，有可能在 1 h 内就已经发生了叶片吸收水汽，同理，水汽也可能在 2 h 以内已经传导到一级茎，只是因为我们的叶片水中 $\delta^{18}O$ 值变化是间断的时间点上的变化，无法具体而准确地还原连续的时间点上真实的情况。

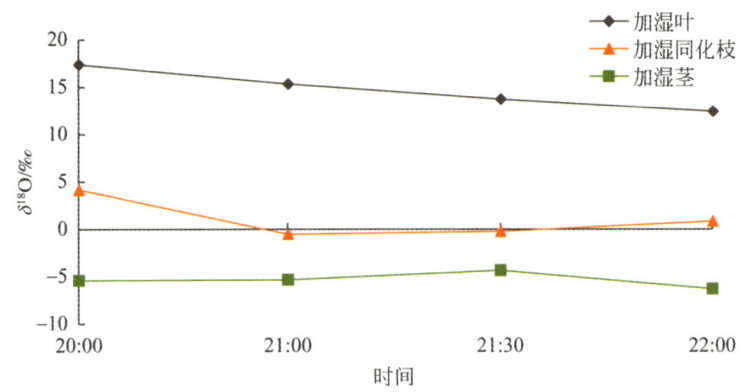

图 6-4 2014 年 6 月超纯水加湿后柽柳不同组织中水 $\delta^{18}O$ 值随时间的变化

以上两组实验结果显示，两种示踪水源水汽运移的速度快慢：超纯水>农夫山泉饮用水，此速度可能也与水质有关。通过实验对比，可以看出，只要满足大气相对湿度>80%

的条件，在中度干旱土壤上生长的柽柳可以通过叶片吸收各种水源产生的非饱和水汽。相对湿度维持在80%左右至少1 h以上，叶片即能向下逆向传导水分，但是不同水源水汽从叶片向下运输到同化枝和茎具有不同的速度。

6.1.3 柽柳大气水汽利用量的估算

1. 基于茎干液流的柽柳水汽利用定量估算

表6-1显示了7月18~28日不同天气条件下加湿柽柳与对照柽柳两个一级枝，即主枝茎干昼夜累积液流量。表6-1中加湿柽柳与对照柽柳主枝基部直径分别为20.22 mm和22.01 mm，用茎干横截面积对累积液流量进行标准化处理。7月18~23日以及28日的夜间利用加湿器人为增加控制室空气相对湿度，而24~27日夜间停止加湿空气。不同物种间逆向液流速率存在差异，本研究中柽柳逆向液流速率占同枝最大液流速率的最高比例约为10.71%，而这一比例在北美红杉中为5%~7%（Burgess and Dawson，2004），在巴西林仙（*Drimys brasiliensis*）中为25%左右（Eller et al.，2013）。这种差异可能与植物水分状态及吸水能力有关，但具体原因有待进一步分析。

表6-1 7月不同天气条件下加湿与对照柽柳在白天和夜间的累计液流量

天气	日期	加湿液流量					对照液流量				
		白天液流/(g/cm²)		夜间液流/(g/cm²)		百分比/%	白天液流/(g/cm²)		夜间液流/(g/cm²)		百分比/%
		正向	逆向	正向	逆向		正向	逆向	正向	逆向	
多云	18日	90.27	0.00	9.53	1.20	1.33	83.63	0.00	11.82	0.00	0.00
晴天	19日	203.96	0.00	18.85	1.97	0.97	162.07	0.00	16.19	0.00	0.00
晴天为主	20日	196.87	0.00	11.65	13.47	6.84	152.25	0.00	18.95	0.00	0.00
晴天为主	21日	185.21	0.00	10.84	0.37	0.20	149.73	0.00	15.38	0.00	0.00
晴天为主	22日	210.09	0.00	9.96	2.97	1.41	156.57	0.00	15.46	0.00	0.00
晴天	23日	210.64	0.00	10.70	13.14	6.24	170.12	0.00	7.09	0.80	0.47
多云	24日	141.85	0.00	11.11	0.12	0.08	83.99	0.00	9.53	0.12	0.14
雨天	25日	114.78	0.00	9.79	3.86	3.36	84.48	0.00	5.57	3.91	4.63
雨天	26日	0.00	10.8	0.00	17.04	∞	0.00	8.59	0.00	16.26	∞
雨天	27日	46.48	2.44	1.42	11.06	29.04	12.51	3.69	0.00	14.19	142.93
多云	28日	175.14	0.00	6.50	11.28	6.44	121.22	0.00	6.79	2.06	1.70

注：白天指7：00~19：30；其余时间为夜间。百分比指全天逆向液流占白天液流量的百分比；"∞"表示白天没有正向液流发生。

由表6-1可知，19~23日均为晴天天气条件，白天的液流量相差不大，但夜间由于人为加湿空气的程度不同，逆向液流明显不同，其中20日和23日加湿持久，夜间空气湿度长时间维持在90%以上，所以逆向液流的规模最大，其余几日加湿强度较弱的夜间，柽柳逆向液流量相对较少。20日和23日的逆向液流量分别13.47 g/cm²（即43.21 g）和

13.14 g/cm²（即42.17 g），占白天液流量的百分比分别为6.84%和6.24%。依据茎干冠幅面积，将逆向液流量用深度单位（mm）表示，43.21 g的逆向液流量相当于0.18 mm降水量完全被柽柳叶片吸收，虽然这部分水分相对于白天的蒸腾耗水量而言比较低，但对夜间正向液流却是一个很好的补给。自然条件下，除23日凌晨有微量的逆向液流产生外，其他几个晴天夜间均无逆向液流发生，夜间正向液流量明显高于加湿柽柳的夜间正向液流量。当降水持续发生时，无论是白天还是夜间，柽柳逆向液流均可出现（图6-5）。26日空气相对湿度几乎一直处于饱和状态，加湿柽柳和对照柽柳全天出现了持续的逆向液流，累积逆向液流量分别为27.84 g/cm²和24.85 g/cm²。自然条件下，27日夜间至28日清晨及28日夜间，虽然降水已经停止，但由于空气相对湿度较高，柽柳茎干仍出现了逆向液流，且27日的逆向液流量超过了白天的蒸腾量（图6-5和表6-1）。热平衡液流仪记录的逆向液流量表示叶片吸水量可能低估了实际叶片吸水量，因为叶片吸收的水分首先用于补充叶片储水组织（Burgess and Dawson，2004），向下传输的过程中同样也会有部分水分补充茎干储水组织。

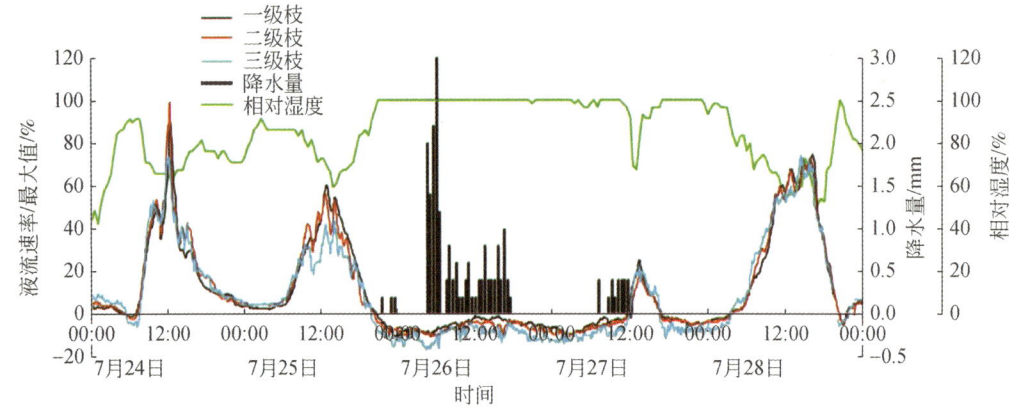

图6-5 持续降水期间对照柽柳不同位置茎干液流的变化

2. 基于植物与土壤水 $\delta^{18}O$ 的柽柳水汽利用定量估算

传统研究一般采用挖掘的方法来确定植物根系分布特征以及研究植物的水分利用机制，但是这些方法往往耗时费力且具有破坏性，而且不适合长期的监测研究。此外，根系分布并不一定就能表征植物利用土壤水分的深度。而氢氧稳定同位素技术越来越多地被应用到解决此类问题的生态应用之中，并成为替代传统研究方法的新途径。植物在吸收水分的过程中，水中的氢氧稳定同位素不会发生分馏，因此只需比较植物木质部水和可能的水分来源中的氢氧稳定同位素，就可以判断出植物水分来源。而多元混合模型方法可以定量地阐明植物从各水分来源中吸收水分的比例。

（1）2012年叶片吸收非饱和水汽的定量分析

如图6-6所示，土壤含水量随土壤深度变化较大，10 cm以上的表层蒸发强烈，土壤含水量极低。20 cm、60 cm、130 cm处为显著变化层，可能与土壤的质地变化异质性有关，导致土壤的保水能力不一致。另外也可能与植物的根系在土壤剖面的分布有关，剖面处柽柳的根系在70~140 cm密集分布，对这一深度的土壤水分利用较多。土壤含水量大多在4%~7%，只有极个别土层的含水量高于土壤凋萎系数（6.39%），土壤相对湿度为20%~40%，处于中度干旱状态。

土壤水因为同位素蒸发分馏而使土壤剖面水的$\delta^{18}O$值发生规律性变化，表层土壤水强烈蒸发而导致$\delta^{18}O$值异常偏正，随着深度增加持续偏负，约在160 cm处到达蒸发底层，此时$\delta^{18}O$值近乎稳定。因为研究区地下水埋深约50 m，地下水的补给很困难，而由于降水稀少，对土壤水的补给也很低，土壤水经历了长期的强烈蒸发作用才形成以上状态。

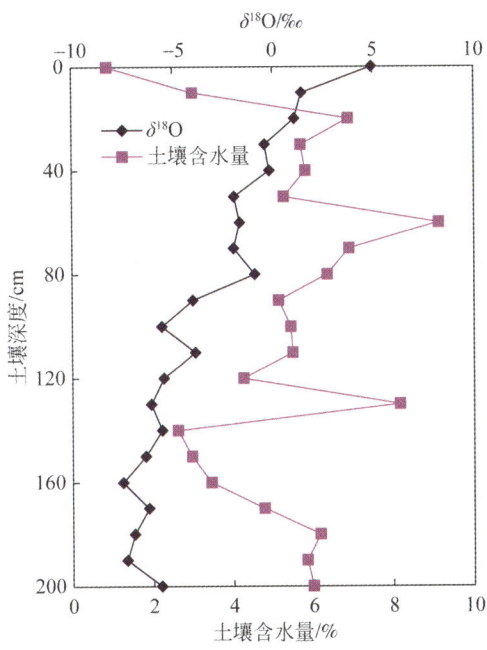

图6-6　2012年9月寺滩村样地土壤含水量以及$\delta^{18}O$值的变化

选取2012年9月5日5：00柽柳的一级茎水和二级茎水作为加湿10h后的吸收结果，从茎干液流数据上看，植物因为光合作用、蒸腾作用的影响，在5：00之后开始产生正向的茎干液流，有可能通过根部吸收土壤水对结果造成影响，所以选择5：00的数据作为吸收水汽的终点。加湿前一级茎水$\delta^{18}O$值与80 cm土壤水$\delta^{18}O$值较接近，二级茎水$\delta^{18}O$值与50~70 cm土壤水$\delta^{18}O$值较接近（图6-7），说明柽柳的潜在水源为50~80 cm的土壤水。加湿后一级茎水和二级茎水中的$\delta^{18}O$都偏负，说明叶片吸收了低$\delta^{18}O$值的水汽后向下传导，并混合到茎水中，使茎水的$\delta^{18}O$值下降，因此一级茎水和二级茎水中的$\delta^{18}O$值都偏负。茎水$\delta^{18}O$值与地下水差异很大，排除了地下水对柽柳的贡献。在加湿控制条件下，柽柳既可能通过叶片吸收非饱和水汽，又可能通过根部吸收不同深度的土壤水分，不同来源的水分同位素值在茎部混合。将土壤剖面中各层的$\delta^{18}O$值依照相近程度重新分成若干层，这里将10~20 cm、20~40 cm、40~80 cm、80~120 cm、120~200 cm的土壤水以及农夫山泉饮用水作为加湿柽柳的6个水分来源，应用IsoSource软件对其进行定量分析,得到各水源对植物的贡献率,结果见表6-2。

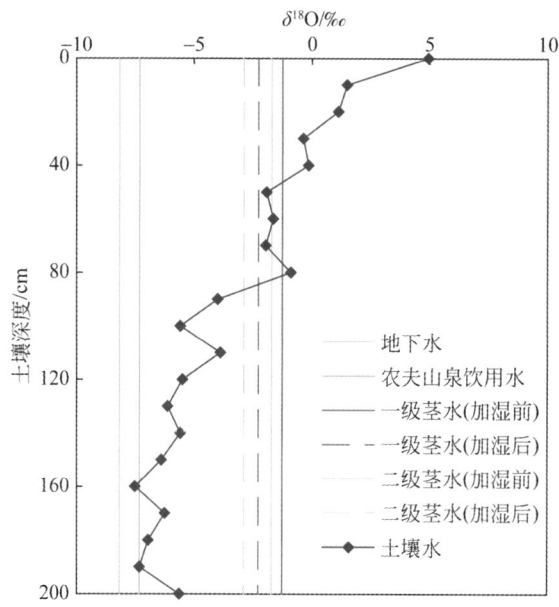

图6-7 2012年加湿实验柽柳茎水与土壤水 $\delta^{18}O$ 值的比较

表6-2 2012年9月加湿实验潜在水源对柽柳的贡献率一　　　（单位:%）

水源	贡献率		
	最大值	最小值	平均值
农夫山泉饮用水	48	0	12.9
10~20 cm 土壤水	52	0	17
20~40 cm 土壤水	64	0	18.9
40~80 cm 土壤水	79	0	20.2
80~120 cm 土壤水	68	0	16.9
120~200 cm 土壤水	53	0	14.1

因为表层20 cm的土壤水 $\delta^{18}O$ 值偏正,且表层土壤水含量极低,不将10~20 cm的土壤水视为水源,只将20~40 cm、40~80 cm、80~120 cm、120~200 cm的土壤水以及农夫山泉饮用水作为加湿柽柳的5个水分来源,重新计算,结果见表6-3。

表6-3 2012年9月加湿实验潜在水源对柽柳的贡献率二　　　（单位:%）

水源	贡献率		
	最大值	最小值	平均值
农夫山泉饮用水	36	0	10.1

续表

水源	贡献率		
	最大值	最小值	平均值
20~40 cm 土壤水	64	0	31.9
40~80 cm 土壤水	79	0	30.7
80~120 cm 土壤水	57	0	15.8
120~200 cm 土壤水	41	0	11.5

无论是五源模型还是六源模型，对加湿柽柳而言，20~40 cm 的土壤水占水源的比例较大，其次是 40~80 cm 的土壤水，可见 40~80 cm 的土壤水是柽柳的主要水分来源，而加湿的农夫山泉饮用水仅占 10% 左右。对于面临着严重的水分胁迫的柽柳来说，土壤水仍是其主要水分来源，虽然加湿时间长达 10 h，但是结果反映出加湿的农夫山泉饮用水仅缓解了干旱缺水的程度，并不能作为主要的水分来源。另外也说明柽柳在某些时间段并不一定是靠深根系吸收地下水，在地下水难以利用的情况下，虽然浅层土壤水含量较少，但却可以成为柽柳浅根系最易吸收利用的土壤水。

(2) 2014 年叶片吸收非饱和水汽的定量分析

2014 年 6 月未测土壤含水量，但是从气象数据上看，连年逐月的温度和降水水平差不多，气象因子对土壤含水量的影响较为一致，所以可以参考同期其他年份的数据。从图 6-8 可以看出，由于时间上的差异，2013 年 6 月 21 日的土壤剖面较 2012 年 6 月 14 日的浅层

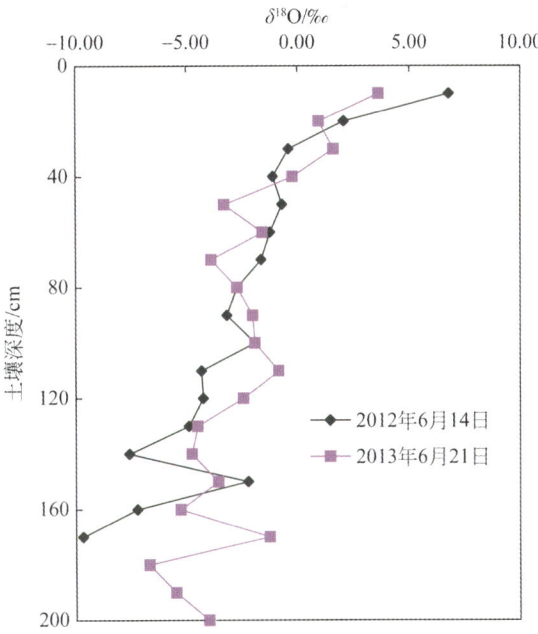

图 6-8　2012 年 6 月 14 日与 2013 年 6 月 21 日土壤水 $\delta^{18}O$ 值的变化比较

土壤水 $\delta^{18}O$ 值偏负，而深层土壤水 $\delta^{18}O$ 值偏正，浅层土壤水可能受降水的影响，偏负 $\delta^{18}O$ 值的降水造成浅层土壤水 $\delta^{18}O$ 值偏负，而深层土壤水可能继续蒸发，造成同位素富集。因此随着时间的推移，土壤含水量和土壤水的 $\delta^{18}O$ 值会发生较大的变化，所以在没有相应数据的情况下，应该选择隔年同期相差时间最小、日期间互相最接近的数据作为参考，2014 年 6 月 7 日的土壤含水量和土壤水的 $\delta^{18}O$ 值应以 2012 年 6 月 14 日的土壤含水量和土壤水的 $\delta^{18}O$ 值作为参考。

如图 6-9 所示，土壤含水量随土壤深度变化较大，20 cm 以上的表层水蒸发强烈，土壤含水量极低。20 cm、110 cm、140 cm、160 cm 处为显著变化层，除了与土壤的质地变化异质性有关外，还可能与植物根系的水分利用有关。土壤含水量大多在 4%~7%，较多土层含水量高于土壤凋萎系数（6.39%），土壤相对湿度为 20%~40%，处于中度干旱状态。

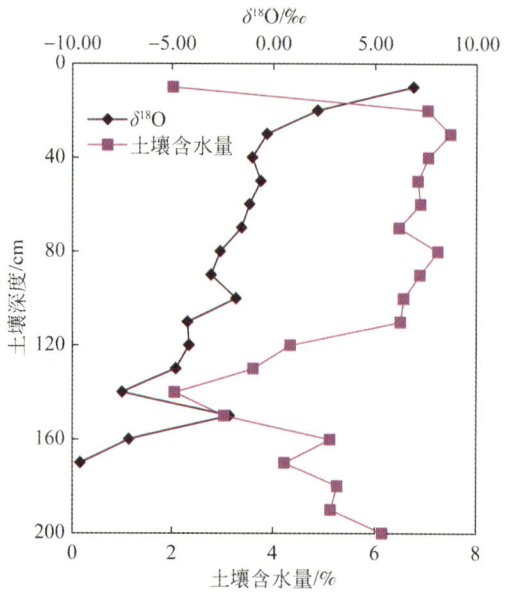

图 6-9　土壤含水量以及 $\delta^{18}O$ 值的变化

土壤水因为同位素蒸发分馏而使土壤剖面水的 $\delta^{18}O$ 值发生规律性变化，表层土壤水蒸发较强导致 $\delta^{18}O$ 值偏正，随着深度增加 $\delta^{18}O$ 持续偏负，直至剖面底层仍未达到稳定状态，土壤水蒸发深度大于 170 cm。因为研究区没有地下水补给，而且连续一冬没有降水，5~6 月的降水稀少，难以对土壤水进行补给，土壤水经历了长期的强烈蒸发作用。

选取 2014 年 6 月 7 日 20：00 加湿前的茎水和 22：00 超纯水加湿结束时的茎水作为加湿 2 h 的茎水混合结果。加湿前茎水 $\delta^{18}O$ 值与 130 cm 土壤水 $\delta^{18}O$ 值较接近（图 6-10），说明柽柳的潜在水源为 130 cm 附近的土壤水。加湿后茎水 $\delta^{18}O$ 值偏负，说明叶片吸收了低 $\delta^{18}O$ 值的水汽后向下传导，使茎水 $\delta^{18}O$ 值下降。茎水 $\delta^{18}O$ 值与地下水差异较大，排除了地下水对柽柳的贡献。将土壤剖面中各层的 $\delta^{18}O$ 值依照相近程度重新分成若干层，这里将 10~20 cm、20~70 cm、70~100 cm、100~130 cm、130~170 cm 的土壤水以及超纯水作为加湿柽柳的 6 个水分来源,应用 IsoSource 软件对其进行定量分析,得到各水源对植物的贡献率,结果见表 6-4。

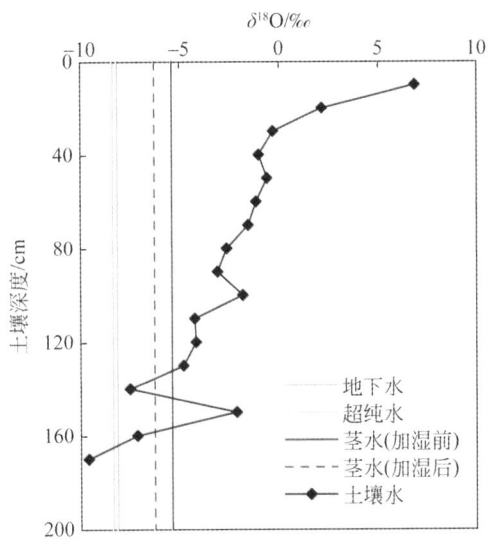

图 6-10　2014 年加湿实验的柽柳茎水与土壤水 $\delta^{18}O$ 值的比较

表 6-4　2014 年 6 月加湿实验潜在水源对柽柳的贡献率　　　　（单位:%）

水源	贡献率		
	最大值	最小值	平均值
超纯水	84	0	48.9
10~20 cm 土壤水	16	0	3
20~70 cm 土壤水	28	0	5.5
70~100 cm 土壤水	35	0	7.2
100~130 cm 土壤水	52	0	10.8
130~170 cm 土壤水	97	0	24.6

因为表层 10 cm 的土壤水 $\delta^{18}O$ 值偏正,且表层土壤水含量极低,将表层 10 cm 的土壤水剔除,只将 20~70 cm、70~100 cm、100~130 cm、130~170 cm 的土壤水以及超纯水作为加湿柽柳的 5 个水分来源,重新计算。但是无论是五源模型还是六源模型,对加湿柽柳而言,超纯水都是最主要的水源,其占比接近 50%,其次是 130~170 cm 和 100~130 cm 的土壤水。本次实验发生在 2014 年 6 月,除了吸收加湿的水汽外,柽柳主要利用 100~170 cm 的深层土壤水,又表现出深根系植物对水分的利用特点。将多年不同时间的加湿实验总结,发现柽柳生长季节的气候条件、柽柳在不同季节的器官生理构造和成熟度以及土壤含水量的变化都会对柽柳的水分利用方式造成很大的影响。2014 年 6 月的加湿实验证

明，虽然加湿时间仅有 2 h，但结果反映出加湿的超纯水水汽是柽柳的主要水分来源，这也说明在这个生长旺盛的季节里，柽柳叶片可能更易于吸收非饱和的大气水汽，并且吸收的量较大，不仅可以用来缓解干旱胁迫，还可能储存在机体内并用于白天的光合作用等重要生理过程。

6.2 孪井滩样地植物水汽吸收传输过程与利用量

6.2.1 红砂水汽吸收传输与利用研究

与对照红砂同期的加湿红砂茎干液流速率动态变化如图 6-11（a）所示，8 月 13 日白天加湿前，加湿红砂与对照红砂茎干液流速率变化进程相似，即日出后液流速率迅速上升，在 12：00 之前出现当天最高峰值，下午随着太阳辐射强度减弱，液流速率呈缓慢式波动下降。8 月 13 日 19：20 左右封闭控制室顶棚，20：30 开始加湿，并于次日 5：00 停止加湿，7：00 打开控制室顶棚，控制室内的空气温湿度变化图 6-11（b）所示，因红砂灌丛沙包浅层含水量极低，加湿的水汽除增加空气水汽浓度外，还有相当一部分被沙包表层的沙粒吸附，故加湿开始后空气相对湿度增加缓慢。22：30 空气相对湿度达到 66%，

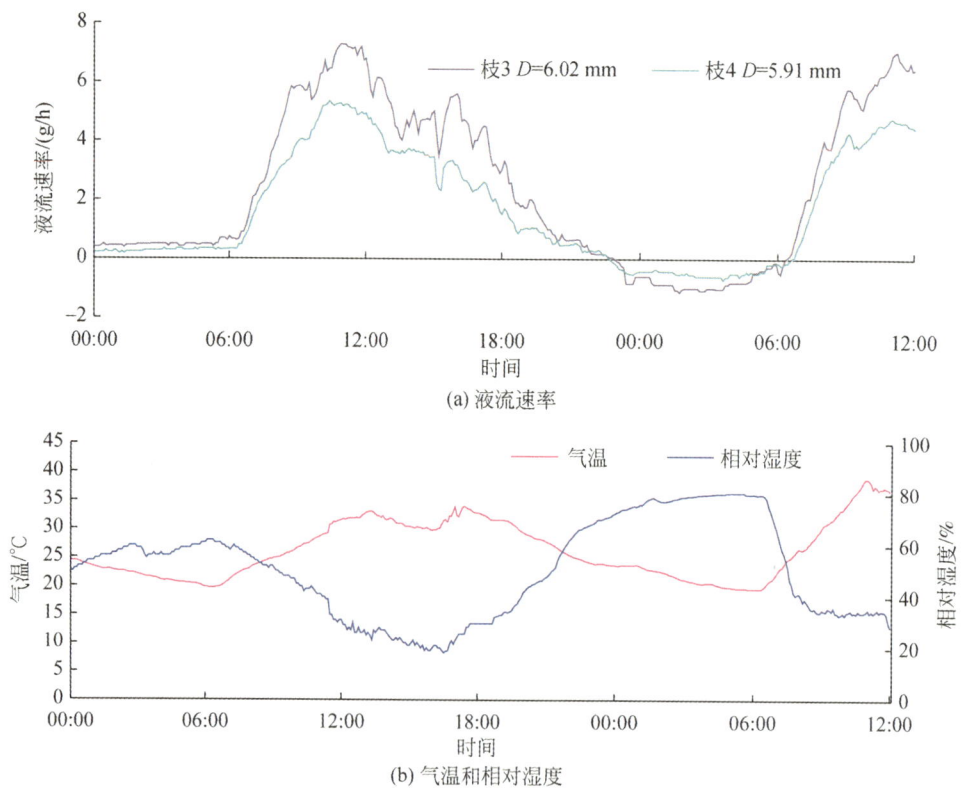

图 6-11 加湿条件下红砂茎干液流速率与气温、相对湿度日变化进程

之后逐渐上升到次日 6：30 的 79%，这期间加湿红砂枝条 3 和枝条 4 出现了持续的低速逆向液流，枝条 3 和枝条 4 首次被记录到逆向液流的时刻分别为 22：54 和 22：42（设置数据采集器 CR1000 每间隔 6 min 记录一次茎干液流数据）。整个夜间枝条 3 和枝条 4 累积逆向液流量分别为 5.492 g 和 3.496 g，占对应两枝 8 月 13 日白天液流量的 9.26% 和 8.47%。

6.2.2 白刺水汽吸收传输与利用研究

与对照白刺同期的加湿白刺茎干液流速率动态变化如图 6-12（a）所示，8 月 16 日 18：00 加湿前，加湿与对照白刺茎干液流速率变化进程相似。8 月 16 日 17：00 封闭控制室顶棚，18：00 开始加湿，22：00 停止加湿，23：30 再次加湿，并于次日 2：30 停止加湿，5：40 打开控制室顶棚，加湿期间仅取样时揭开顶棚，控制室内的温湿度变化如图 6-12（b）所示。整个夜间加湿阶段，空气相对湿度大，平均值为 88.27%，白刺各枝条出现了不同程度的逆向液流。枝条 3 和枝条 4 仅在加湿阶段中的前期逆向液流较明显，两者平均的最大逆向液流速率为 2.49 g/h，占白天最大液流速率 8.03 g/h 的 31.01%；21：00 至次日 5：30，气温持续降低，空气相对湿度稳定在较高水平，但两者间歇性出现逆向液流，且逆向液流速率较低，这主要是因为间断性加湿使空气实际获取的水汽补给有

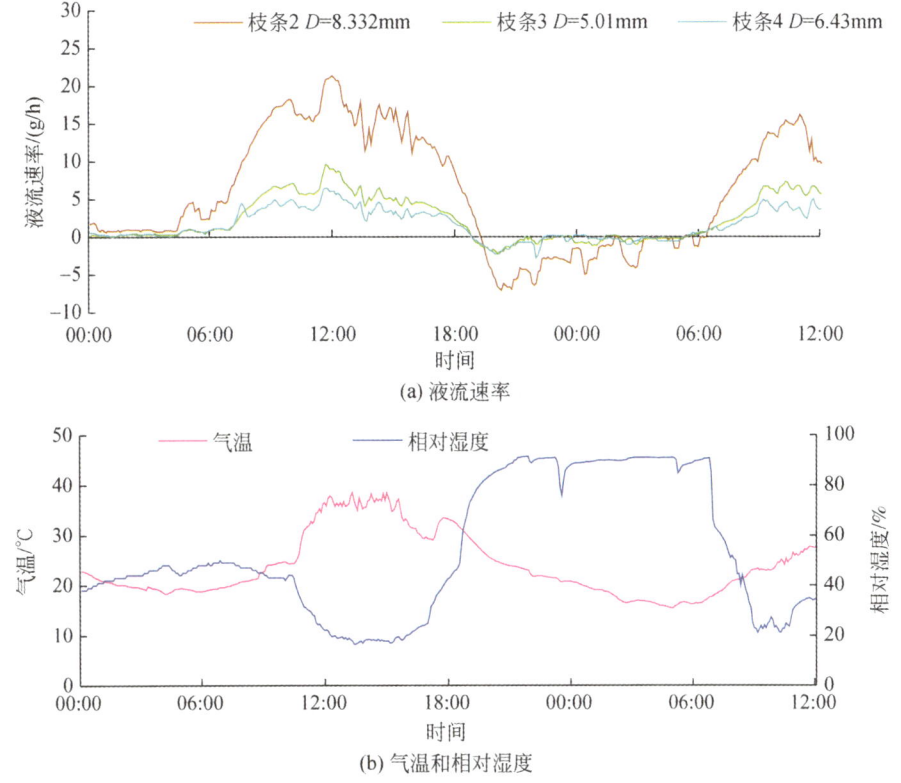

图 6-12 加湿条件下白刺茎干液流速率与气温、相对湿度日变化进程

限,降低了叶片从大气中直接捕获水汽/水分的能力。枝条2的逆向液流速率呈波动式下降,其原因与枝条3和枝条4类似,但枝条2直径较粗且叶片多,逆向液流输送量大,波动幅度较枝条3和枝条4明显。

6.2.3 霸王水汽吸收传输与利用研究

与对照霸王同期的加湿霸王茎干液流速率动态变化如图6-13(a)所示,8月16日18:00加湿前,加湿霸王与对照霸王茎干液流速率变化进程相似,但因16:30搭建控制室,并于17:00封闭控制室顶棚,控制室起了一定的温室作用,故相比对照霸王,17:00~18:00待加湿霸王茎干液流速率出现了次高峰。因加湿霸王与加湿白刺处于同一控制室内,所以两者的温湿度条件一致,此处不再赘述加湿方式,控制室内的温湿度变化如图6-13(b)所示,与图6-12(b)一致。整个夜间加湿阶段,空气相对湿度大,平均值为88.27%,霸王枝条3和枝条4出现了不同程度的逆向液流,平均逆向液流速率分别为1.284 g/h和2.797 g/h,逆向液流量分别为11.368 g和26.572 g,占白天液流量的16.76%和22.31%。同一环境下枝条越粗、叶片越多(枝条3叶片总干重为4.098 g,枝条4为6.176 g),逆向液流越明显。与加湿条件下白刺的逆向液流速率变化类似,在加湿初期逆向液流较明显,后期因间断性加湿,空气实际获取的水汽补给有限,降低了叶片从大气中直接捕获水汽/水分的能力,故逆向液流速率波动式下降。

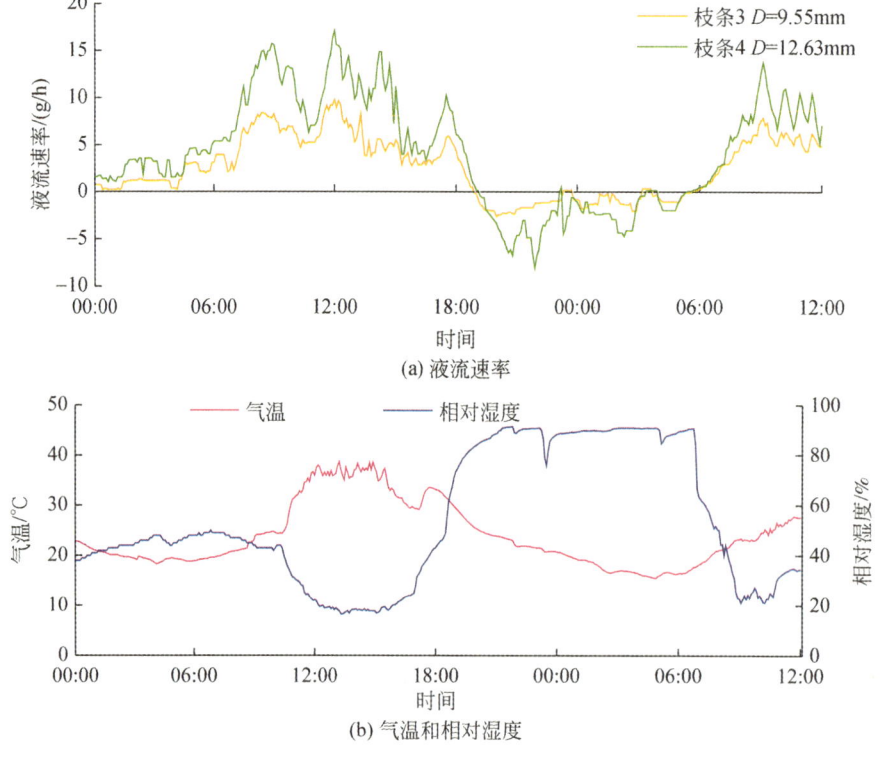

图6-13 加湿条件下霸王茎干液流速率与气温、相对湿度日变化进程

6.2.4 梭梭水汽吸收传输与利用研究

2013年9月17日17:00左右搭建起加湿控制室,用于了解加湿状态梭梭的生理生态水文过程,此处侧重揭示加湿状态下梭梭茎干液流速率的动态变化。9月17日18:00加湿前,待加湿梭梭的液流日变化进程与对照梭梭[图6-14(a)]的相似。18:00开始加湿控制室空气,约18:35空气相对湿度>80%,停止加湿,此后整个夜间控制室内空气相对湿度基本稳定在80%以上,故没有再次启动加湿器。加湿后因大气环境改变,两者的液流动态差异显著,17日18:00至18日4:30加湿梭梭液流速率明显小于同时段对照梭梭的液流速率,稳定在0值附近,仅在加湿初期出现了小幅度逆向液流,这主要是因为加湿梭梭处于封闭的控制室内,空气相对湿度较高,且内部大气环境较稳定,夜间加湿梭梭液流速率较低且较平稳[图6-14(b)和(c)]。另外,虽然17日18:00至18日4:30空气湿度较高,但仅在初期加湿空气35 min,对实际空气水汽浓度的补给有限,VDP维持在4.5 hPa上下,故这期间加湿梭梭的逆向液流较弱。

控制室顶棚自9月17日17:00至18日24:00仅在取样间隙以及18日11:30~16:20处于开放状态,其余时间均处于封闭状态。对照梭梭因暴露在自然状态下,18日上午的降水导致对照梭梭出现了明显的逆向液流[图5-14(a)],而同时期的加湿梭梭因处于封

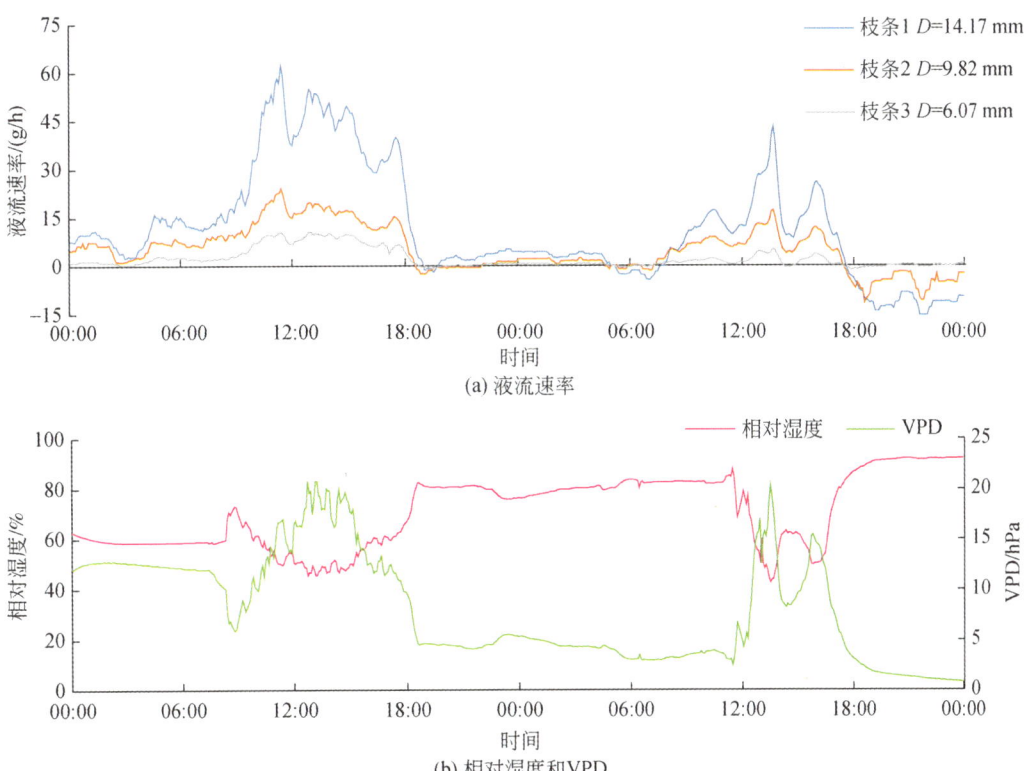

(a) 液流速率

(b) 相对湿度和VPD

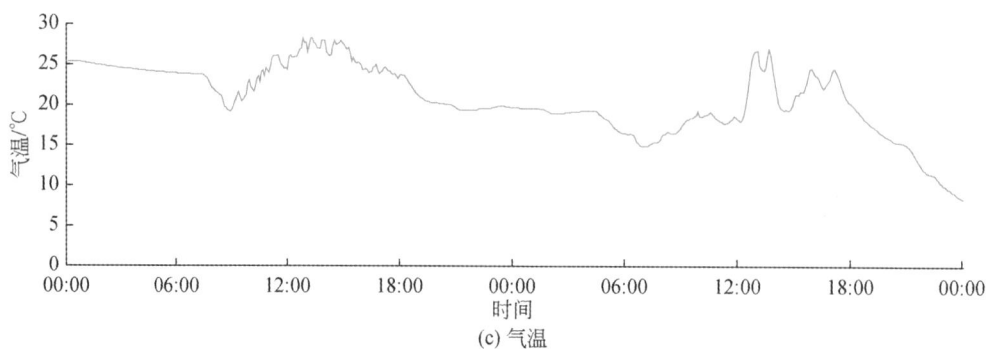

(c) 气温

图 6-14 加湿条件下梭梭茎干液流速率与气温、相对湿度和 VPD 日变化进程

闭空间并未出现逆向液流 [图 6-14（a）]。18 日 16：20 封闭顶棚，并开始加湿，整个夜间空气湿度稳定在 90% 以上，VPD<4 hPa 并渐趋于 0，气温也呈下降态势 [图 6-14（b）和（c）]，故 18：00~24：00 加湿梭梭出现了明显的逆向液流。另外，枝条 3 是枝条 1 上的一个分枝，枝条 2 是比枝条 1 小一级别的枝条，逆向液流自上而下输送水分，存在一定的时滞，故植株上部的小枝条早于下端的大枝条出现逆向液流。

第 7 章　生长季柽柳耗水与水汽利用总量估算

植物蒸腾是植物体重要的生理活动之一，全生长季甚至各月耗水量以及植物水源的分析，对合理选择荒漠造林树种、发挥植物的生态水文效益具有重要作用。本章分 3 节，7.1 节在微观尺度上，利用各月植物茎干液流以及气象要素监测数据，分析生长季柽柳水分耗水特性；在宏观尺度上，实现研究柽柳单枝条的生物耗水量向单株、种群等尺度方向转变的方法。7.2 节在分析寺滩村样地近十几年降水特征的基础上，基于茎干液流数据分析柽柳对降水事件的响应，并估算生长季柽柳吸收利用大气水汽的量。7.3 节基于大气水汽同位素与水汽损失量、叶重量的关系，估算多种荒漠植物的水汽利用量。

7.1　生长季柽柳耗水特性

近年来，我国在西北荒漠植物耗水与生态需水量计算方面已取得一些成果，但基于茎干液流量与植物形态参数估算小尺度范围柽柳耗水的研究很少。以甘肃景泰寺滩村典型荒漠灌木多枝柽柳为研究对象，在单枝茎干液流测定基础上，以叶干重作为扩展变量来推算单株蒸腾耗水量，并对样地柽柳总耗水量进行估算，旨在寻求一种适合小尺度范围或种植布局和长势较统一的灌丛单株/群落蒸腾耗水量的测量方法与理论，为科学评价荒漠区水分平衡及人工植被管理提供依据。

7.1.1　生长季柽柳液流动态

1. 2013 年生长季柽柳液流动态

2013 年 6~9 月在甘肃景泰开展了野外柽柳茎干液流监测实验，其中 6~8 月的实验在一个地势略低的样地进行（1 号样地），而 9 月的实验在一个地势略高的样地进行（2 号样地）。两块样地东西相隔 30 m 左右，所以认为它们的微气候环境一致，但两块样地柽柳的长势明显不同，2 号样地柽柳生长状况优于 1 号样地。为了比较生长季不同月份晴天柽柳茎干液流速率的变化情况，我们将液流表示为单位茎干横截面积的液流速率。图 7-1 为 2013 年 6~9 月晴天或晴天为主天气条件下柽柳茎干液流速率的日变化，每天的液流速率均是 3 个茎干液流速率的平均值。6 月 21 日、7 月 19 日、8 月 29 日所选枝条直径介于 19.00~22.01 mm，而 9 月 13 日所选枝条直径介于 12.61~14.12 mm。

在柽柳生长季，茎干液流速率日变化具有明显的昼夜节律性。液流速率日变化曲线呈明显的"双峰型"或锯齿状的"多峰型"（图 7-1）。不同生境中的柽柳日变化可以呈现不同的形式，如许浩等（2007）对塔里木沙漠公路防护林植物种柽柳茎干液流速率日变化的研究显

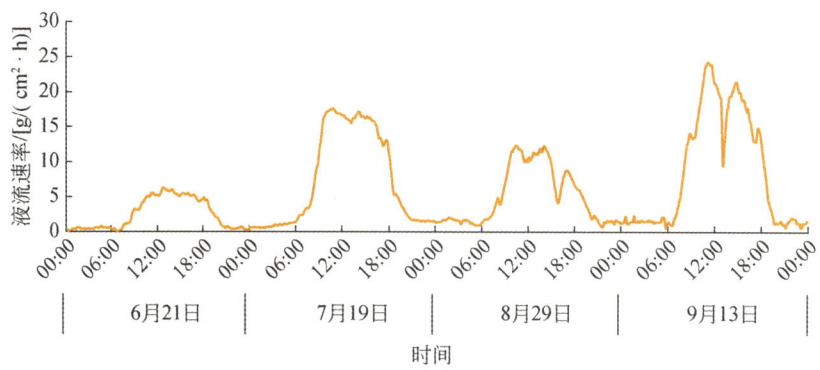

图 7-1　2013 年不同月份柽柳茎干液流的日变化

示,柽柳液流速率日变化呈"单峰型"或"多峰型"曲线,"单峰型"的液流速率日变化曲线与人工灌溉有关,当该区域每株柽柳单次的灌溉量超过(含)28 kg 时,液流速率日变化曲线呈"单峰型";而当单次单株灌溉量为 17.5 kg 时,液流速率日变化曲线呈"双峰型"(单立山等,2012)。民勤荒漠生态系统自然生长的柽柳液流速率日变化曲线也呈"多峰型"(徐先英等,2008)。不同月份晴朗天气条件下,液流启动时间略有差异:6 月和 7 月启动时间为 6:00~6:30;8 月为 6:00~7:00;9 月为 6:30~7:30。液流速率最大峰值在 9:30~15:00 均有可能出现,跨度较大。17:00~18:00 液流速率明显下降。

从图 7-1 可以看出,6~8 月中,7 月柽柳平均液流速率和峰值均最大,分别为 7.435 g/($cm^2 \cdot h$) 和 17.705 g/($cm^2 \cdot h$);8 月的次之,分别为 5.130 g/($cm^2 \cdot h$) 和 12.387 g/($cm^2 \cdot h$);6 月的最低,分别为 2.558 g/($cm^2 \cdot h$) 和 6.347 g/($cm^2 \cdot h$)。9 月柽柳平均液流速率和峰值分别为 8.656 g/($cm^2 \cdot h$) 和 24.465 g/($cm^2 \cdot h$)。9 月的液流监测值之所以比 7 月高,是因为这两个时期液流数据来自不同的样地,7 月来自 1 号样地,9 月来自 2 号样地,2 号样地的柽柳长势明显好于同时期 1 号样地。9 月在两块样地分别采集了数个直径介于 12~13 mm 的枝条,并且这些枝条的长度也接近,采摘这些枝条上的所有叶片,独立装入样品袋,带回实验室,放入 80 ℃鼓风恒温烘箱中烘至恒重。计算得到 1 号样地枝条叶片总干重为 (18.949±3.956) g,2 号样地直径相近的枝条叶片总干重为 (24.014±4.277) g。植物通过叶片蒸腾消耗水分,与 1 号样地相似枝条相比,2 号样地枝条因叶片多、蒸腾耗水量大,茎干单位横截面通过的液流量较大。两块样地植物长势差异应该是 2 号样地 9 月柽柳液流速率大于 1 号样地 7 月液流速率的主要原因之一。土壤水分差异也可能是原因之一,但由于没有同一时间测定两块样地的土壤含水量,无法定论。由此可见,在生长季,不同月份不同生长状况下的柽柳液流速率存在明显差异。

在生长季,相同月份不同直径的枝或不同月份同一直径的枝液流量存在明显差异。为了展现直径相近枝条的蒸腾耗水能力,尽量消除个体差异,用相近枝条液流量的平均值反映这一类别枝条的整体蒸腾耗水能力。从表 7-1 可以看出,6~9 月直径 19~21 mm 的枝条日均液流速率、日均液流量和月液流量均大于直径 11~13 mm 的枝条;不同月份同一直径范围各液流值的变化均是 6 月最低,9 月最高。由于没有测定 5 月和 1 月柽柳茎干液流变化,在已测的4个月中6月的日均液流速率、日均液流量和月液流值最低;9月的之所以最高,与分析图7-1的原因一样:9月2号样地同级别枝叶片干物质量明显大于1号样地。

表7-1 晴天状况下不同月份柽柳速率和液流量变化

指标	6月		7月		8月		9月	
直径/mm	19~21	11~13	19~21	11~13	19~21	11~13	19~21	11~13
日均液流速率/(g/h)	16.884	4.293	27.373	13.956	19.278	6.658	46.653	24.034
日均液流量/kg	0.405	0.103	0.657	0.335	0.463	0.160	1.119	0.576
月液流量合计/kg	12.156	3.091	20.366	10.383	14.343	4.953	33.590	17.305

在同一样地内,6~8月日均液流值最大值出现在7月,而徐先英等(2008)的研究显示,柽柳日均液流量和月液流量在8月达到最高。产生这种差异的原因可能与植物的物候特征以及生长环境有关,根据试验地2013年自动气象站记录的降水信息,7月降水量和降水次数大于6月、8月,该样地的柽柳在6月开花,7月下旬果实开始成熟,生长的最旺盛期处于7月,各液流值的变化在这一时期达到高峰。塔里木沙漠公路防护林植物柽柳也是7月耗水量最大,基径2.0 cm的柽柳6~9月的日均液流速率分别为86.83 g/h、110.03 g/h、101.86 g/h和79.84 g/h,日均耗水量分别为2.084 kg、2.640 kg、2.445 kg、1.915 kg(许浩等,2007),显著高于本研究19~21 mm基径柽柳的日均液流速率和日均液流量,6~8月液流量是本研究同级别枝液流量的4~5倍,但液流变化规律与本研究相同,即日均液流速率和日均液流量均是7月>8月>6月。徐先英等(2008)测定的民勤荒漠生态系统中基径1.57 cm柽柳6~9月的日均耗水量分别为0.960 kg、1.596 kg、1.706 kg和1.026 kg,其中6~8月的日均值大于本研究同期19~21 mm基径柽柳的日均值,但9月的略小于本研究,这说明生长季2号样地柽柳耗水能力与徐先英等(2008)所研究的柽柳差异不大。张小由等(2003)监测了额济纳旗二道桥育林区的柽柳液流变化,基径4 cm和5 cm柽柳在6~9月日均液流量分别为0.3 kg、0.7 kg、0.5 kg和0.3 kg,月液流量合计分别为7.8 kg、22.0 kg、15.5 kg和9.6 kg,与表7-1中1号样地基径19~21 mm的柽柳在6~8月液流变化相近。由此可见,同种植物不同生境下耗水量差异较大,这也表明柽柳适应干旱的能力很强,在有灌溉补给土壤水分的条件下,其蒸腾耗水量较大,在极端干旱环境下也可以通过减少蒸腾耗水维持生存。

第5章已经分析茎干液流与气象要素的偏相关关系、6~9月茎干液流与太阳辐射的关系以及昼夜茎干液流与水汽压差的关系,此处为了解气象要素对柽柳液流的综合影响,利用多元线性回归确定茎干液流与主要气象要素的关系,通过逐步回归的筛选,确定柽柳生长季不同月份柽柳液流速率与气象要素间的关系模型(表7-2)。方差分析检验表明,在6月,用太阳辐射可以预测柽柳液流速率;在7月,用太阳辐射和气温可以预测柽柳液流速率;在8月,用太阳辐射和VPD预测柽流液流速率效果最佳;在9月,用太阳辐射、温度和VPD预测柽流液流速率达到最佳效果。从各月的多元线性回归方程可以看出,太阳辐射是预测液流速率最主要的参数。与实测柽柳液流速率相比,在12 h尺度水平上6~9月预测液流速率平均误差分别为 6.51%、0.72%、14.00% 和 -0.78%。无论是从相关系数、F 值来看，还是从预测误差来看，7 月液流速率预测值精度最高。回归模型能够较好地解释不同月份柽柳茎干液流速率变化，为柽柳液流速率预测与液流量估算提供了很好的途径。

表 7-2　柽柳液流速率与气象要素的多元线性回归分析

月份	回归方程	相关系数 R^2	F 值	显著性	样本数 n
6	$SF = 28.197 + 45.842 R_{ns}$	0.774	92.615	0.000	29
7	$SF = -65.314 + 26.515 R_{ns} + 3.561 T_a$	0.975	516.910	0.000	30
8	$SF = 16.705 + 24.145 R_{ns} - 0.586 VPD$	0.743	36.221	0.000	28
9	$SF = -38.729 + 70.712 R_{ns} + 3.978 T_a - 1.737 VPD$	0.933	97.535	0.000	25

注：R_{ns} 表示净太阳辐射，T_a 表示气温，VPD 表示饱和水汽压差。

2. 2014 年生长季柽柳液流动态

2014 年 4~10 月在甘肃景泰开展了野外柽柳茎干液流连续监测实验，由于液流仪不能长期包裹同一株植物，每个月在同一样地中，选择长势相当的植物，换一株植物包裹，所以它们的微气候环境一致。为了比较生长季不同月份晴天柽柳茎干液流速率的变化情况，我们在每个月选择三个晴天，且日变化稳定的液流速率进行比较，并将液流表示为单位茎干横截面积的液流速率。图 7-2 为 2014 年春季（4~5 月）、夏季（6~8 月）和秋季（9~10 月）晴天或晴天为主的天气条件下柽柳茎干液流速率的日变化。由于 4 月之前柽柳尚未发芽，茎干液流监测从 4 月看到新芽开始，10 月之后柽柳基本停止生长，茎干液流监测结束。在柽柳生长季，茎干液流速率日变化具有明显的昼夜节律性。液流速率日变化曲线呈明显的"双峰型"或锯齿状的"多峰型"。

从图 7-2 可以看出，春季由于气温较低，植物刚刚复苏，液流速率非常低，最大不超过 10 g/(cm²·h)，4 月和 5 月变化基本相同。夏季随着气温逐渐升高，柽柳开始旺盛生长，叶片增多，植物蒸腾增加，6~8 月的液流速率逐月增加，8 月最大，茎干液流速率最大时超过 30 g/(cm²·h)。秋初（9 月）茎干液流速率仍然较高，但比夏末（8 月）稍有降低，最高值接近 25 g/(cm²·h)。10 月茎干液流速率较 9 月明显降低，主要是由于气温降低，柽柳叶片开始枯萎变干，蒸腾减少，液流速率也随之迅速降低。

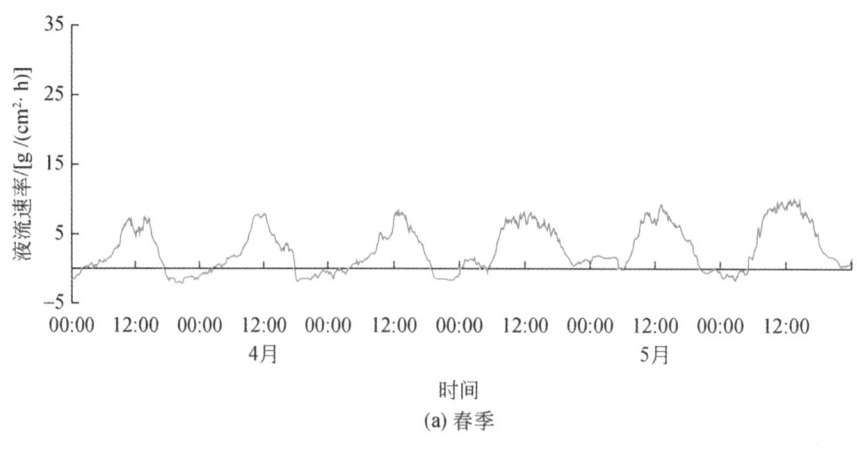

(a) 春季

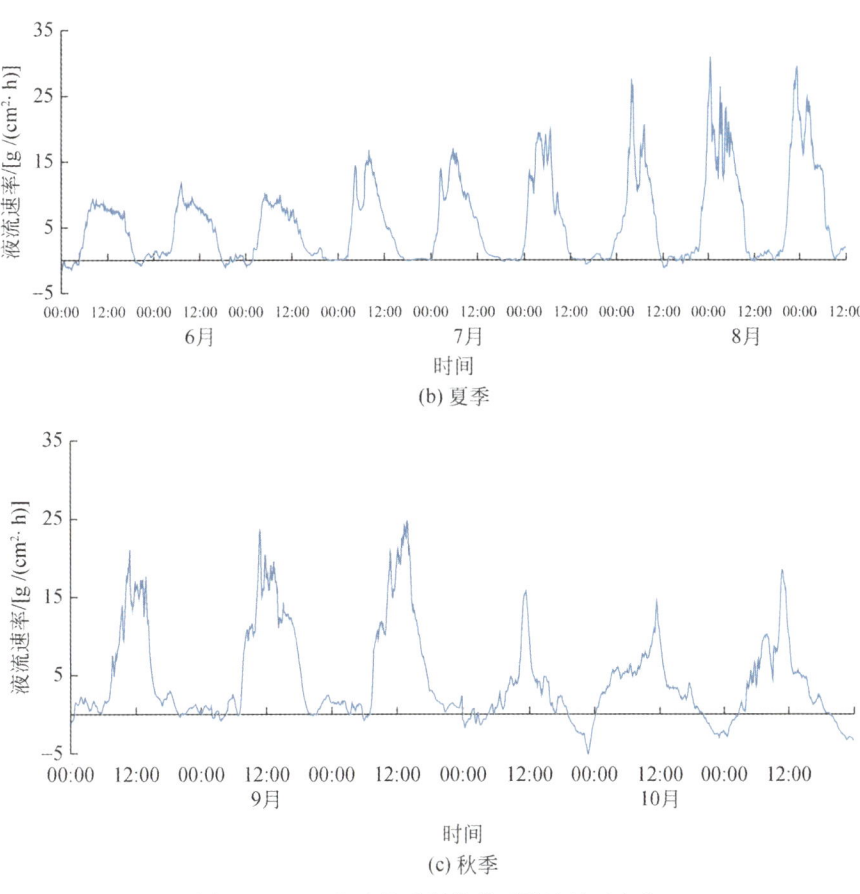

图 7-2 2014 年生长季柽柳茎干液流的日变化

7.1.2 柽柳耗水与生物参数的关系

1. 茎干基径、叶干重对茎干液流速率的影响

图 7-3 为晴天与多云天气条件下不同柽柳枝条液流速率变化，其中枝条 2 和枝条 4 分别是主枝枝条 1 和枝条 3 的一个二级枝和三级枝。从图 7-3 中可以看出，一级枝（即主枝）与二级枝之间单位时间液流速率存在明显差异，枝条 1>枝条 2，枝条 3>枝条 4，即单位时间内上级枝条液流量大于在其上着生的次级枝条液流量。4 个枝条的直径大小排序为枝条 1>枝条 3>枝条 2>枝条 4，单位液流速率大小表现为枝条 3>枝条 1>枝条 2>枝条 4，总体上呈现枝条直径越粗，单位时间液流量越大。虽然液流速率与枝条粗细有关，但其大小主要由茎干叶片量决定，如枝条 1 的直径（21.40 mm）大于枝条 3 的直径（20.37 mm），但后者叶片量大于前者（表 7-3），所以枝条 3 的平均液流速率和日液流量均大于枝条 1。这 4 个枝条中，叶干重大小排序为枝条 3>枝条 1>枝条 2>枝条 4，相应地，平均液流速率和日液流量也表现为枝条 3>枝条 1>枝条 2>枝条 4，这主要是因为试验的柽柳叶片之间几

乎无遮挡，拥有较多叶片的枝意味着拥有较大的蒸腾叶面积，相应地，蒸腾消耗的水分也多。不同枝条间液流速率的差异在白天表现明显，蒸腾旺盛的时段表现得最为突出。下午随着液流速率的减小，差异逐渐减小。日落后至日出前的这段时间液流速率最低，不同枝条间液流速率的差异也降到最小。

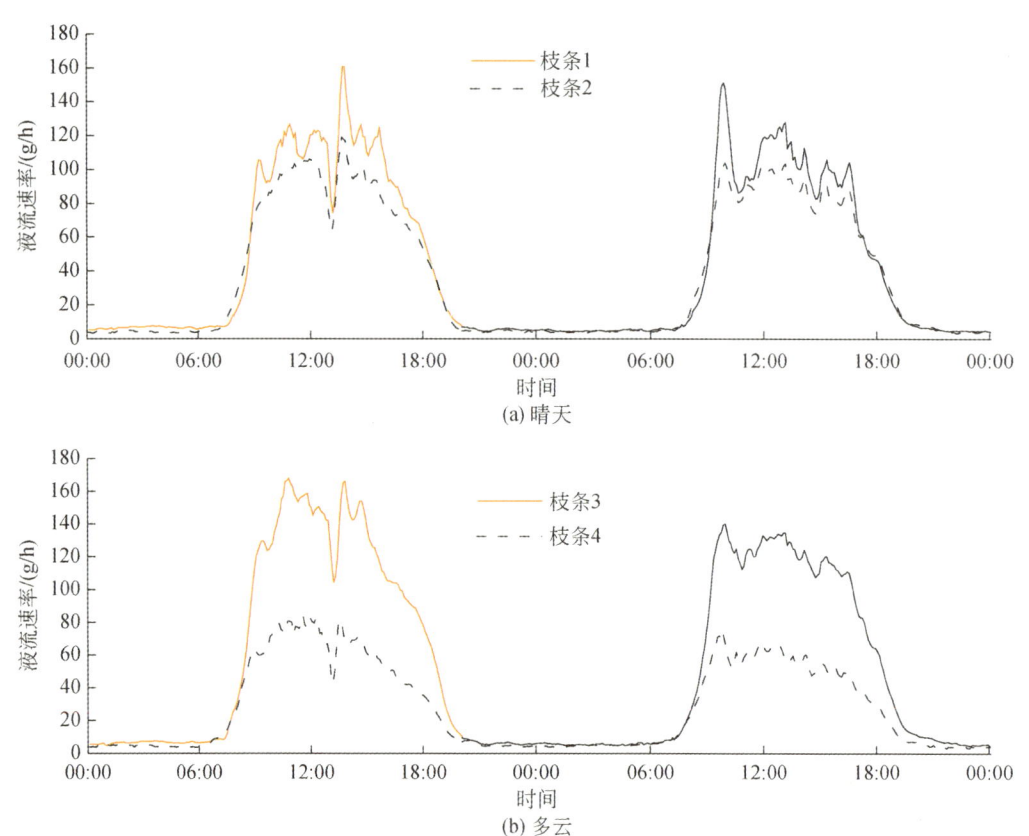

图 7-3　2013 年 9 月 13～14 日柽柳枝条间液流速率变化

表 7-3　被测柽柳不同径级枝条基本特征

指标	枝条1	枝条2	枝条3	枝条4
枝级别	主枝	二级枝	主枝	三级枝
直径/mm	21.40	17.39	20.37	12.09
截面积/mm²	359.497	237.393	325.725	114.742
叶干重/g	63.886	53.165	82.490	39.198

2. 柽柳茎干液流与生物学参数的关系

图 7-4 显示了不同径级柽柳茎干液流速率经不同计量单位表示后的日变化过程及数量关系。为在同一个尺度水平上比较不同单位表示的液流速率变化的差异性，单位横截面积

和单位叶干重表示的液流速率分别乘以系数 2 和 100，这样三种单位表达的液流速率数值均介于 0~300。无论用何种单位表示液流速率，三个茎干的液流变化趋势相同，表现为彼此间波峰与波谷同步。13：00 左右的波谷主要是由太阳辐射下降引起的（图 7-5），而非植物的"午休"现象造成的。但是，同一单位表示的柽柳不同径级枝条液流速率间的差异明显不同，如用单位时间通过横截面的液流量（g/h）表示的柽柳不同径级间的液流速率相差显著 [图 7-4（a）]；用单位时间通过 2 个单位横截面积的液流量 [g/(2cm²·h)] 表示的柽柳各茎干间的液流速率略微缩小，尤其是枝条 1 与 2 的液流速率相近 [图 7-4（b）]；单位时间每 100 g 叶干重的液流量 [g/(100g·h)] 表示的柽柳三个不同枝的液流速率变化曲线彼此间几乎相互重叠 [图 7-4（c）]，说明柽柳茎干液流速率与枝条的叶干重密切相关，即同一环境同一时段不同枝条间高液流速率对应着较大的叶干重，液流量主要是由枝条的叶片量决定的，经叶干重标准化处理后可以很好地消除不同枝茎干液流的差异。图 7-6 显示了日液流量与断面参数、叶干重的线性关系，进一步揭示了柽柳日液流量与叶干重存在极显著正相关（$R^2=0.965$，$P<0.001$）[图 7-6（c）]，与茎干周长和横截面积的相关系数仅分别为 0.669 和 0.679（$P<0.001$）[图 7-6（a）和（b）]。也就是说，虽然柽柳日液流量与枝条断面参数整体上呈正相关，但也可能出现例外，如直径 12.09 mm 茎干液流速率始终大于直径 12.16 mm 茎干液流速率，表明液流与茎干直径没有一致性，类似的结果也存在于液流与茎干横截面积之间。图 7-4 和图 7-6 揭示了与茎干直径和横截面积

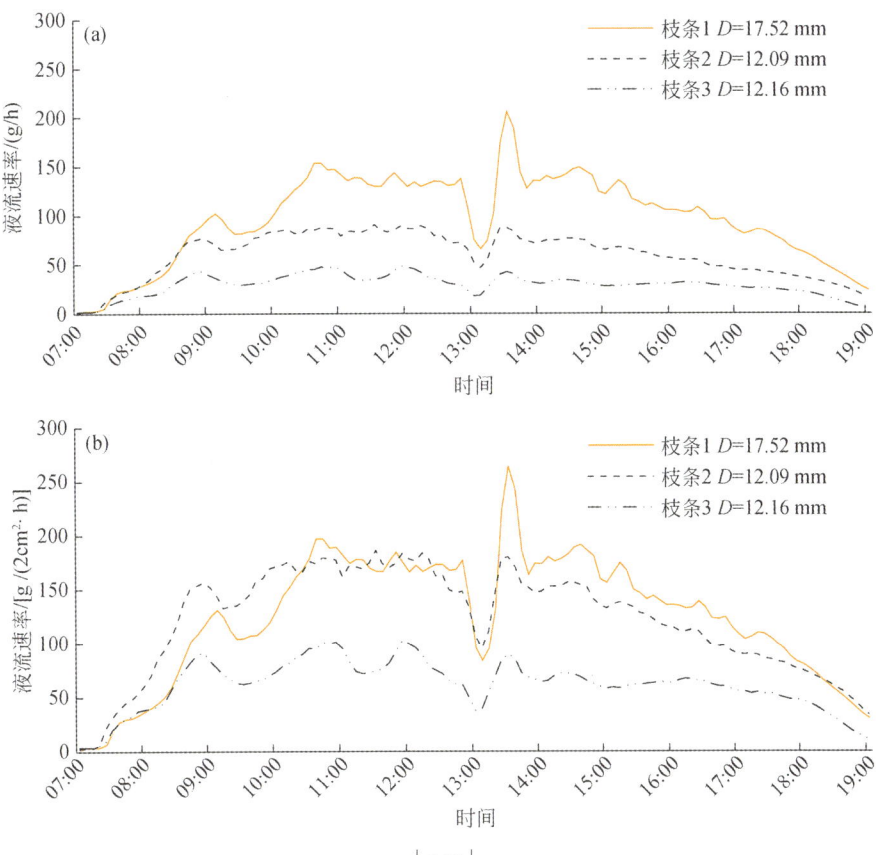

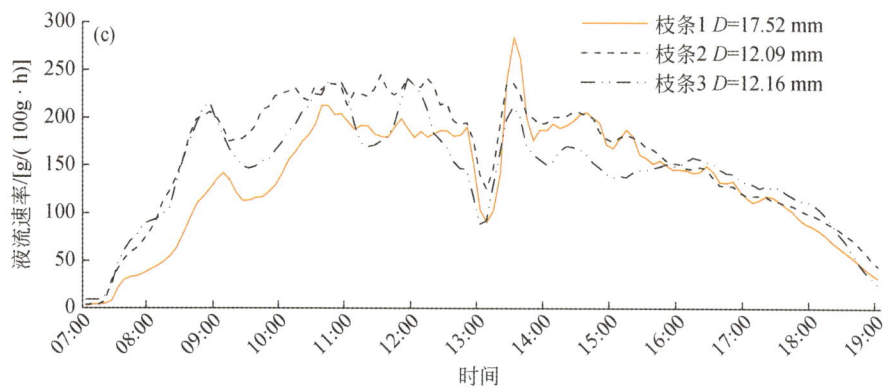

图 7-4　不同单位表示的柽柳不同枝条液流速率变化的日过程

(a) 表示单位时间通过柽柳茎干横截面的液流量 (g/h)；(b) 表示单位时间每 2 个单位横截面积的液流量 [g/(2cm·h)]；(c) 表示单位时间每 100g 叶干重的柽柳液流量 [g/(100g·h)]

相比，叶干重作为一个基础参数用于植物生理生态方面的研究将更加准确和有效。因柽柳茎干液流与叶干重极显著相关，故以叶干重作为扩展参数获取整株或灌丛尺度的蒸腾量的方法非常可靠。

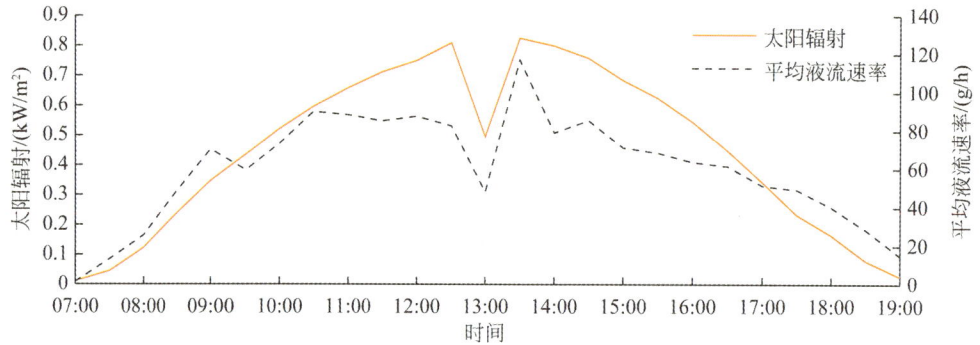

图 7-5　2013 年 9 月 13 日平均液流速率与太阳辐射的日变化

平均液流速率指枝条 1、枝条 2 和枝条 3 的平均值

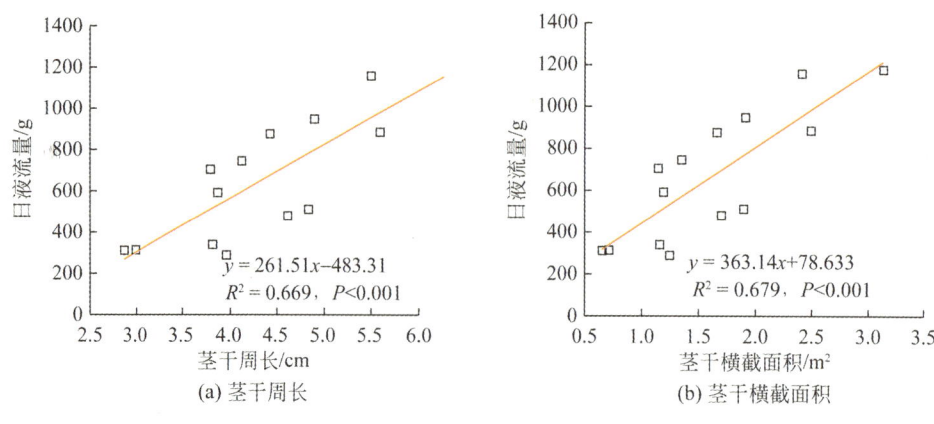

(a) 茎干周长　　(b) 茎干横截面积

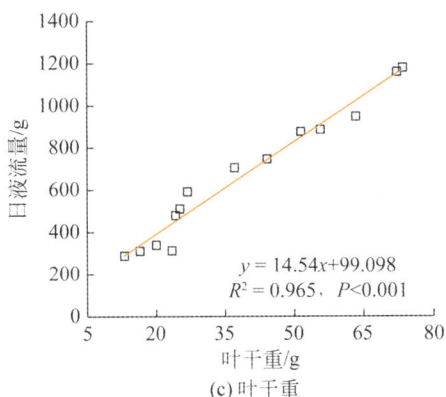

(c) 叶干重

图 7-6 日液流量与茎干周长、横截面积及叶干重的关系

7.1.3 柽柳耗水的尺度转换

我国荒漠区植被以耐旱草本和灌木为主。了解干旱荒漠区灌木个体和群落对有限水分的吸收与利用特征，对于研究荒漠植被的生长状况、个体和林分的水量平衡等至关重要。目前，随着热平衡技术的不断改进与完善，单枝/株水平上荒漠植物耗水的时空变异研究已开展了许多卓有成效的工作。测定林分水平耗水的方法大致可以分为两类，一类方法是直接测定，主要包括空气动力学法、涡动相关法、Penman-Monteith 方程法、水分平衡法、能量平衡-波文比法和红外遥感法；另一类方法是借助一定的尺度转换参数，由单株/木耗水推求林分水平的耗水信息。因林分不同、立地或区域环境的差异，每一种林分耗水的测定方法都有它的局限性，其测量准确性也存在差异，因此，需要对研究区样地内植被及其生长环境进行充分调查，选择最适合的林分耗水测定方法。

本研究中包裹式热平衡液流仪监测的是柽柳单枝蒸腾耗水，需要借助一定的尺度转换参数来推导和获取单株甚至灌丛群落的耗水状况。林分蒸腾耗水量通常可以依据液流与胸径、茎干横截面积、边材面积、叶面积的关系以及植被种植密度和单株木占地面积等进行尺度扩展后求得。选择何种尺度扩展方法推求林分蒸腾主要取决于植被群落特征。本研究实验样地的柽柳行株距大、冠层叶片之间相互遮挡的程度不高，在阳光的照射下几乎每一个叶片都参与植物的蒸腾耗水。与叶面积相比，叶干重更容易获取，测定精度更高，并且柽柳蒸腾耗水量与叶干重极显著相关 [图 7-6 (c)]，因此在柽柳单枝茎干液流测定的基础上，以叶干重作为扩展参数来推算柽柳整株甚至林分的蒸腾耗水量。

虽然液流量与叶干重呈极显著正相关，相关系数高达 0.965 [图 7-6 (c)]，但直接获取每株柽柳的叶片重量不仅工作量较大且对植被具有严重破坏性，因此如果要用柽柳叶干重作为扩展参数递推整株或林分的液流量，首先需要建立既可靠又实用的叶干重估算模型。荒漠植被地上生物量往往与植被形态因子有很大关联性。在国内，有些学者利用地上生物量与易测因子植株高度和基径的关系估算了荒漠植被小叶锦鸡儿（*Caragana microphylla* Lam.）灌丛（姜凤岐和卢凤勇，1982）、沙冬青（*Ammopiptanthus mongolicus*）

(侯平和尹林克，1994）和梭梭（*Haloxylon ammodendron*）（赵成义等，2004），也有利用生物量与冠幅的关系估测了灌木河朔荛花（*Wikstroemia chamaedaphne*）（王蕾等，2004）、琵琶柴（*Reaumuria soongorica*）（刘速和刘晓云，1996）。另外，关于多枝柽柳（*Tamarix ramosissima*）单枝/株、灌丛地上生物量与易测形态因子的关系研究也有相关报道（彭守璋等，2010；董道瑞等，2012）。在国外，荒漠植被地上生物量与易测形态因子的关系也得到关注。例如，Rittenhouse 和 Sneva（1977）利用冠幅宽度和面积准确地估算了怀俄明三齿蒿（*Artemisia tridentata* ssp. Wyomingensis）的地上生物量。O-atibia 等（2010）对巴塔哥尼亚（Patagonia）地区的 3 种主要灌木生物量进行了研究，认为用植株高度和平均冠径可以很好地估测生物量。Conti 等（2013）用回归分析方法分析了阿根廷北部半干旱查科（Chaco）森林中 8 种灌木的干物质量与植被形态参数的关系，认为用树冠形状因子及冠幅面积建立的生物量估算模型效果最好。在以上研究成果的基础上，本研究通过野外测量与样品采集，建立试验地人工柽柳雨养林单株地上生物量与植株易测因子的关系。

1. 试验方法

本研究区为退耕还林后人工种植的柽柳林用地。在地势略高和略低的两块样地各选取代表性地包裹着热平衡液流仪传感器的柽柳个体 6 株（共 12 株）作为标准木。每一块样地内地形平坦，同一立地条件下绝大多数柽柳个体差异不显著。测量所选样株的冠幅大小（东西宽、南北长）、株高、每株的枝条数、所有枝条的基径和长度。每株柽柳样本中选取两个枝条（共 24 枝），并采集其上的所有叶片，每枝的叶片单独装入样品袋，带回实验室，于 80 ℃鼓风恒温烘箱中烘至恒重，获得叶片干物质量。这 24 枝样品的叶干重及枝条基径、长度用于建立单枝叶干重与枝条基径、长度的关系模型。再在每株上各选取 1 个枝条（共 12 枝），分别测定每枝的叶干重，用于模型的检验。

（1）柽柳单枝叶干重估算模型

根据单枝柽柳的基径和长度，用线性、幂、对数和指数 4 种函数形式来建立柽柳单枝叶干物质量的估算模型，并用决定系数 R^2 和 F 检验对拟合的回归方程进行评判，从中选出最优估算模型。

$$w=a(d^2h)+b \tag{7-1}$$

$$w=a(d^2h)^b \tag{7-2}$$

$$w=a\ln(d^2h)+b \tag{7-3}$$

$$w=ae^{bd^2h} \tag{7-4}$$

式中，w 为单枝叶干重（g）；d 和 h 分别为单枝柽柳的基径（cm）和长度（cm）；a、b 均为系数。

（2）柽柳单株叶干重估算模型

根据 12 株样本所有枝条的基径和长度数据，利用式（7-1）~式（7-4）中选出的最优单枝叶干重估算模型获得每株柽柳叶干总干重，其表达式为

$$W_i=n_iw_i \quad (i=1,2,\cdots,12) \tag{7-5}$$

式中，W_i 为第 i 株叶片总干重（g）；n_i 为第 i 株枝条总数；w_i 为由第 i 株枝条基径的平方与长度乘积的平均值 $\overline{d^2h}$ 计算得到的单枝平均叶干重（g）。

利用式（7-5）计算的单株叶片总干重，结合每株样本的冠幅及株高，建立单株叶片总干重与冠幅周长和株高之间的函数关系式，其表达式为

$$W = a + b(P^2H)^c \tag{7-6}$$

其中，

$$P = 2\pi s + 4(l-s) \tag{7-7}$$

式中，W 为单株柽柳叶片总干重（g）；P 为冠幅周长（m）；H 为株高（m）；s 为冠幅的短半径（m）；l 为冠幅的长半径（m）；a、b 和 c 均为系数。

2. 柽柳单枝/株叶片总干重的估算

（1）柽柳单枝叶片总干重回归模型

选取 12 株柽柳中的 24 枝样本，利用枝条叶干重与基径、长度之间的关系，在 SPSS 17.0 统计分析软件中构建 4 种拟合函数形式的生物量估测回归模型，结果见表 7-4。经查 F 值表，$F_{0.05}(1, 22) = 4.30$，结合表 7-4 可知，4 种拟合函数均通过显著性检验，且线性函数的 R^2 值最高，故认为估算柽柳单枝叶片总干重的最优模型为

$$w = 0.074(d^2h) + 14.538 \tag{7-8}$$

表 7-4　4 种函数拟合的柽柳单枝叶片总干重回归方程统计分析表

函数类型	方程表达式	R^2	F
线性函数	$w = 0.074(d^2h) + 14.538$	0.902**	216.154
幂函数	$w = 0.819(d^2h)^{0.674}$	0.896**	127.079
对数函数	$w = 23.488\ln(d^2h) - 98.091$	0.706**	64.536
指数函数	$w = 19.031e^{0.002d^2h}$	0.648**	48.294

** 表示显著水平 $P<0.01$。

用其余的 12 枝样本对线性模型进行检验，均方根误差（RMSE）为 2.014 g，实测值与模拟值的斜率为 0.937，接近 1（图 7-7）。

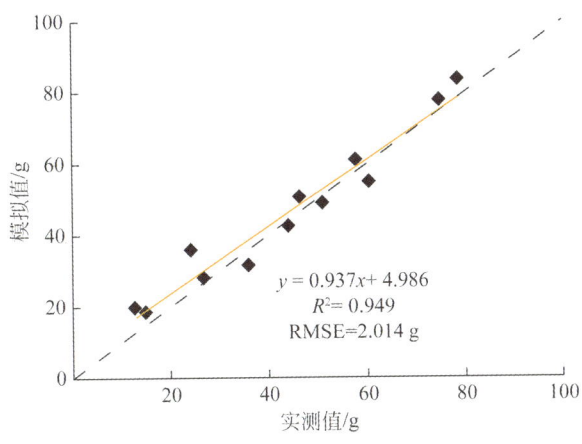

图 7-7　柽柳单枝叶片总干重实测值与模拟值的比较

虚线表示 1∶1 关系

(2) 柽柳单株叶片总干重回归模型

根据式（7-5）和式（7-7）计算 12 株柽柳的单株叶片总干重，利用单株叶片总干重与冠幅周长和株高建立单株叶片总干重估算回归模型，其表达式为

$$W = 3.540 P^2 H + 89.877 \quad (R^2 = 0.938, F = 182.472) \quad (7-9)$$

为检验模型的精度，另外选取了 6 株柽柳用于实测值与模拟值的误差分析，见表 7-5。由式（7-9）获得的模拟值与实测值的绝对误差介于 29.036～67.741g，其中植株 1 的模拟值与实测值的相对误差高达 52.449%，植株 5 的模拟值与实测值的相对误差最小，为 11.709%，总体表现为植株叶片总干重越小，由式（7-9）模拟的误差越大。由此可见，待计算的植株叶片总干重跨度较大时，不适合用同一个公式表达单株叶片总干重与冠幅周长和株高的关系。为此，我们将植株叶片总干重划分为两个量级分别构建模型：

当 $W \leq 200$ g，即 $P^2 H \leq 30.3$ 时，

$$W = 46.238\, e^{0.049 P^2 H} \quad (R^2 = 0.992, F = 500.921) \quad (7-10)$$

当 $W > 200$ g，即 $P^2 H > 30.3$ 时，

$$W = 379.1 \ln(P^2 H) - 1206.2 \quad (R^2 = 0.986, F = 341.226) \quad (7-11)$$

与由式（7-9）模拟结果的绝对误差相比，由式（7-10）和式（7-11）获得的模拟值与实测值之间的绝对误差显著减小（表 7-5），表明对柽柳单株叶片总干重分级建立估算模型提高了模型的估算精度。式（7-10）和式（7-11）构建的估测模型更符合植株叶片总干物质的量与灌木体积之间的相关关系：同一环境中，灌木体积越大，叶片总干重越大，但当灌木体积增加到一定程度时，叶干重随灌木体积增大而增加的程度变慢。

表 7-5　柽柳单株叶片总干重实测值与模拟值比较　　　　（单位：g）

植株编号	实测值	式（7-9）模拟结果		式（7-10）模拟结果		式（7-11）模拟结果	
		模拟值	绝对误差	模拟值	绝对误差	模拟值	绝对误差
1	69.040	105.251	36.211	57.195	11.845		
2	91.525	149.303	57.778	105.238	13.713		
3	123.354	155.313	31.959	114.368	8.986		
4	238.560	267.596	29.036			278.363	39.803
5	349.520	308.594	40.926			357.058	7.538
6	551.525	483.784	67.741			580.105	28.580

3. 柽柳蒸腾耗水量的尺度转换

为探讨柽柳耗水量与叶干重的关系，事先对选取的 12 株样本中的部分枝条包裹热平衡液流仪传感器。因此，热平衡液流仪测定的是柽柳单枝的液流速率变化，并非整株的。从图 7-6（c）知，晴天天气条件下，柽柳枝条白天的蒸腾耗水量与叶干重呈极显著线性关系。由于图 7-6（c）中的线性方程仅是由一天的枝条液流量与叶干重拟合得到的，为了提高拟合的合理性，对 12 株样本中的 15 个单枝枝条晴天天气条件下连续 3 天的液流量（7：00～19：00）的平均值与叶干重之间的关系进行拟合，得到如下线性回归方程：

$$f_1 = 14.486w + 47.571 \quad (R^2 = 0.948, F = 298.476) \tag{7-12}$$

式中，f_1 为柽柳单枝日液流量，即单枝日蒸腾耗水量（g）；w 为单枝叶片总干重（g）。

用包裹着热平衡液流仪的其他 3 个枝条对式（7-12）进行验证（图 7-8）。由图 7-8 可知实测值与模拟值相差不大，相对误差分别为 5.358%、5.929% 和 4.544%，平均误差为 5.277%，说明用式（7-12）估算晴天天气条件下柽柳单枝耗水量是可信的。

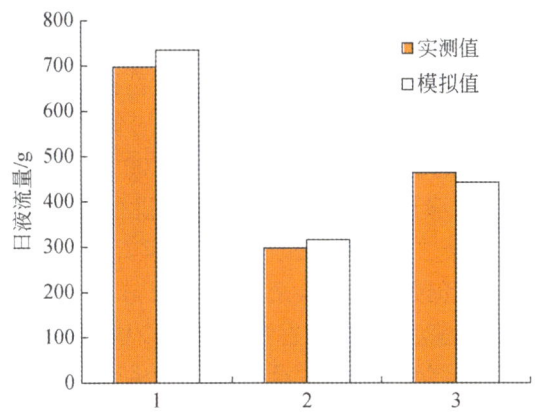

图 7-8　柽柳 3 个单枝茎干日液流量实测值与模拟值的比较

先根据式（7-8）和式（7-12）计算 12 株样本柽柳单株日液流量，再结合式（7-10）和式（7-11）计算每株的叶片总干重，建立柽柳单株液流量与叶片总干重之间的函数关系，其表达式为

$$F_1 = 15.605W + 93.049 \quad (R^2 = 0.943, F = 275.834) \tag{7-13}$$

式中，F_1 为柽柳单株日液流量，即单株日蒸腾耗水量（g）；W 为单株叶片总干重（g）。

随机选择 3 株柽柳样本用于单株蒸腾耗水量模型的检验，测定它们的冠幅东西宽、南北长及株高。用快速称重法对 7：00~19：00 这 3 株柽柳样本每隔 1h 测定一次蒸腾状况，3 株柽柳样本各自的日蒸腾量可由每小时蒸腾速率与叶片总干重的乘积累加得到。将同一时期柽柳单株日蒸腾耗水量模型计算的结果与快速称重法扩展获取的同株耗水量进行比较，见表 7-6。由表 7-6 可知，两者的相对误差介于 8.864%~18.300%，相对误差的跨度较大，且模型估算值大于快速称重法扩展得到的蒸腾值，这种差异的原因主要是测定方法不同。同时，对两组数据进行单因素方差分析，结果显示，两组数据的 Levene 方差齐性检验显示显著水平为 0.943，远远大于 0.05，说明两组数据在同一水平下方差一致，差异性水平为 $F = 0.054$，$P = 0.828 > 0.05$，表明两种方法测定的柽柳单株蒸腾耗水量之间没有显著差异，所以仍认为用叶片总干重作为变量估算柽柳蒸腾耗水量是可行的。另外，柽柳单株蒸腾耗水量线性回归方程在 $P < 0.01$ 水平上的相关系数 $R^2 = 0.943$，$F = 275.834$，达到极显著线性相关，并且单枝耗水量估算模型［式（7-12）］的估算精度在 94% 以上，也说明利用叶干重构建的柽柳单株蒸腾耗水模型［式（7-13）］是可信的。

表 7-6　两种方法测定结果的相对误差和方差分析

植株编号	快速称重法测定值/g	模型模拟值/g	相对误差/%
1	178.896	211.634	18.300
2	418.524	464.668	11.025
3	647.002	704.351	8.864

考虑到本研究的单枝/株叶片总干重是由柽柳生物学易测因子枝条基径与长度，或冠幅与株高估测的，把式（7-12）与式（7-8）合并，式（7-13）与式（7-10）或式（7-11）合并，将天晴天气条件下单枝/株的蒸腾耗水量与叶干重的回归方程转换为单枝/株蒸腾耗水量与易测因子（枝条基径与长度、冠幅和株高）之间的关系，各表达式如下：

$$f_1 = 1.072(d^2 h) + 258.168 \tag{7-14}$$

当 $P^2 H \leq 30.3$ 时，$F_1 = 721.544 e^{0.049 P^2 H} + 93.049$ (7-15)

当 $P^2 H > 30.3$ 时，$F_1 = 5915.856 \ln(P^2 H) - 18729.702$ (7-16)

热平衡液流仪可以实时监测植物茎干液流的变化，建立植物不同生长阶段、不同天气条件下的柽柳单枝/株液流量与叶干重或者生物学易测因子的关系，有助于掌握柽柳整个生长季的蒸腾耗水量的动态变化。另外，本研究区为退耕还林地，柽柳的行株距均为 4 m×2 m，同一立地环境下的柽柳个体差异较小，所以通过估算柽柳标准木的蒸腾耗水量，再乘以样地内柽柳的株数，即可获得样地内林分水平的蒸腾耗水量。

7.2　降水事件对柽柳茎干液流的影响

7.2.1　研究区降水特征及对土壤水分的影响

本研究分析了试验地所在地区 2000~2013 年的降水数据，结果表明，年际降水存在较大变率，最大年降水量为 298 mm，最小年降水量仅为 97.3 mm，多年平均降水量为 181.1 mm；年内降水分配不均，大约 72.3% 的降水出现在 6~9 月，27.7% 的降水出现在其他月份 [图 7-9（a）]。降水频次和降水量的多年分布情况如下：小于等于 5 mm 的降水事件占总降水事件的 81.30%，而降水量仅占总降水量的 31.47%；其他月份降水事件占总降水事件的 18.70%，而降水量却占总降水的 68.53% [图 7-9（b）]。该地区降水频次以小降水事件为主，但总降水的贡献不显著。为更加清楚地认识小降水事件，小于等于 5mm 降水范围进行了再划分 [图 7-9（c）和（d）]。在 2012 年和 2013 年的 4~9 月，0.2~1 mm 的降水占总降水的频次分别为 42.00% 和 43.59%，对降水量的贡献均不足 6%。5~10 mm 的降水对降水量的贡献最大。两年中（包含 10 月至次年 5 月的降水事件）的单次降水量均在 20 mm 以下，说明 >20 mm 的单次降水具有不确定性，而从多年统计来看这部分降水（>20 mm）占降水事件的 2.39%，占多年平均降水量的 21.30% [图 7-9（b）]。

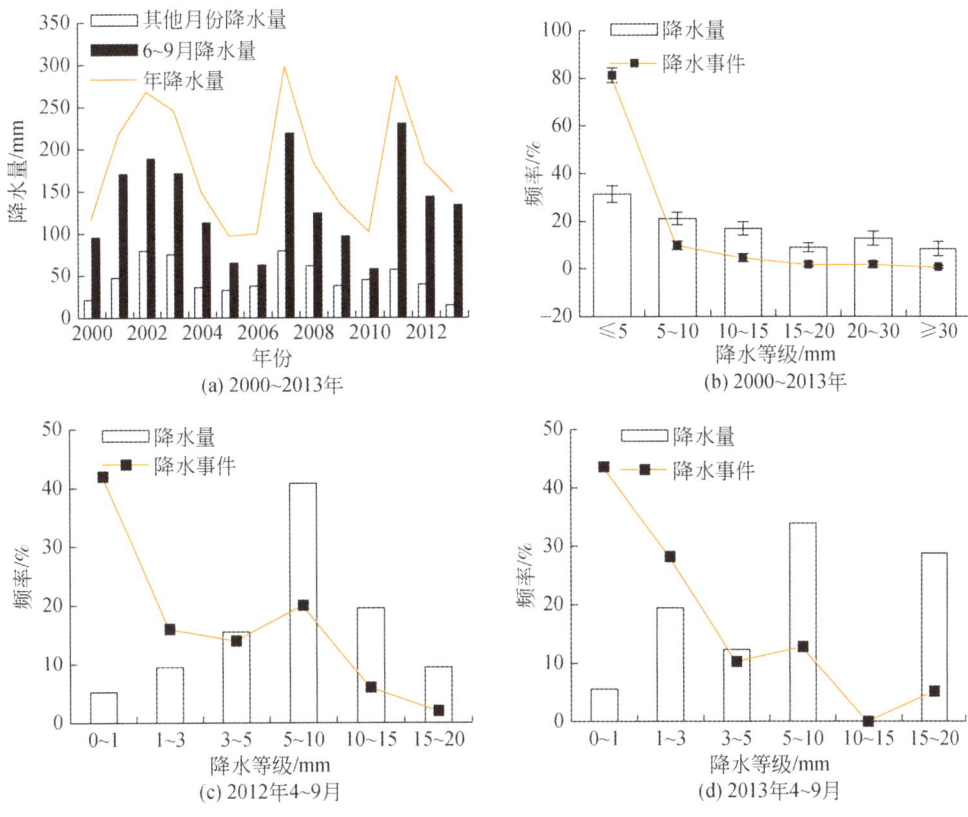

图 7-9 研究区的降水量及降水事件

(a) 2000~2013 年降水量的年内及年际变化;(b) 2000~2013 年降水量和降水事件的概率分布;
(c) 和 (d) 分别为 2012 年和 2013 年 4~9 月降水量及降水事件概率分布

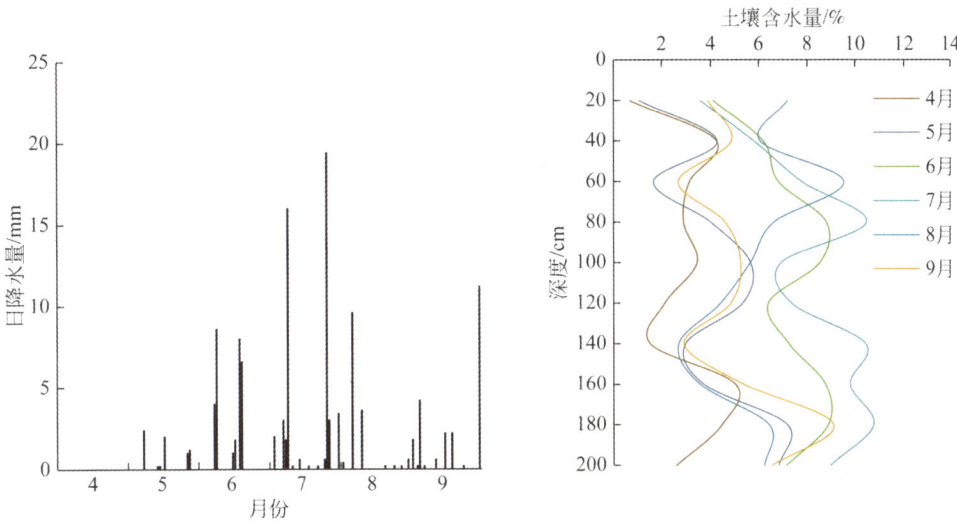

图 7-10 2013 年 4~9 月日降水量与月土壤含水量变化

2013年4~9月月降水量呈现先增加后减少的趋势，其中4月气象记录显示无降水事件发生，7月降水量最大（图7-10），单日最大降水量也出现在7月，为19.4 mm，相应地，40~120 cm土壤含水量与月降水量显著相关，4月土壤含水量最低；5月次之；6月、7月土壤含水量最高，6月初至中旬的降水量与7月同时段的累积降水量接近，所以6月、7月中旬所测土壤含水量大致一致。80~85 cm深处为黏土层，所以降水量相对较多的6月、7月该层的土壤含水量偏高。由于土壤样品缺失，无法实测8月土壤剖面的含水量数据，依据月降水量判断，8月土壤含水量应低于6月、7月。9月降水后第二天采集了土壤样品，故浅层土壤含水量偏高。总体而言，由于降水量较少，对土壤水分的补给能力有限。0~120 cm土层只有6月、7月土壤含水量高于土壤凋萎系数（6.39%），其他月份低于土壤凋萎系数。实验地柽柳根系主要分布在0~160 cm，根系区土壤水分的多寡直接影响植物的生长及其生理过程。当土壤水分低于土壤凋萎系数时，植物生长受到严重的水分胁迫，这种水分条件下柽柳仍能生存，表明柽柳具有较强的耐旱能力。事实上，已有研究表明，许多植物在土壤含水量低于土壤凋萎系数的情况下仍能维持生存（张娜和梁一民，2000；郭占荣和韩双平，2002）。

7.2.2 柽柳对微降水的响应

1. 降水事件

本研究区降水较少，且雨热同期。根据该地区2000~2013年的降水数据，超过72%的降水发生在6~9月。2012年和2013年全年的降水数据显示，在植物整个生长季降水间隔天数≤13天，并且大多数<7天。表7-7显示了试验地2013年7月自动气象站记录的降水事件特征。7月共发生了12次降水事件，也就是说平均每2.5天出现一次降水事件。在这12次降水事件中8次降水发生在17:00之后或者9:00之前，这些时段因太阳辐射较弱，VPD接近于零（图7-11），植物蒸腾和水分挥发慢，且大多数降水持续时间≥3 h，有利于雨滴在叶片表面停留较长的时间。在7月，除了一个12天的无雨期外，两次降水的时间间隔没有超过4天，说明植物生长旺盛期降水较频繁。试验地降水以小降水事件（≤5mm）为主，除了表7-7中自动气象站记录的降水事件外，有些微降水事件（降水量<0.2mm）未被自动气象站记录到。例如，野外期间，7月20日和24日均出现了短暂的微降水，但这两次降水并未被自动气象站记录。

表7-7 2013年7月试验地降水事件特征

日期	开始时间	降水量/mm	持续时间/h	NRDBRE/天	NRDARE/天
2013年7月3日	15:00	2.0	3.5	12	3
2013年7月7日	12:00	3.0	6	3	0
2013年7月8日	13:30	1.8	4	0	0
2013年7月9日	03:00	16.0	12.5	0	1
2013年7月11日	17:00	0.2	0.5	1	2

续表

日期	开始时间	降水量/mm	持续时间/h	NRDBRE/天	NRDARE/天
2013年7月14日	17：30	0.6	1.5	2	3
2013年7月18日	12：30	0.2	0.5	3	3
2013年7月22日	17：00	0.2	0.5	3	2
2013年7月25日	20：30	0.6	1.5	2	0
2013年7月26日	03：30	19.4	12	0	0
2013年7月27日	06：00	3.0	5.5	0	3
2013年7月31日	14：30	3.4	3	3	1

注：NRDBRE表示本次降水距上次降水的无雨天数；NRDARE表示降水结束后距下次降水的天数。

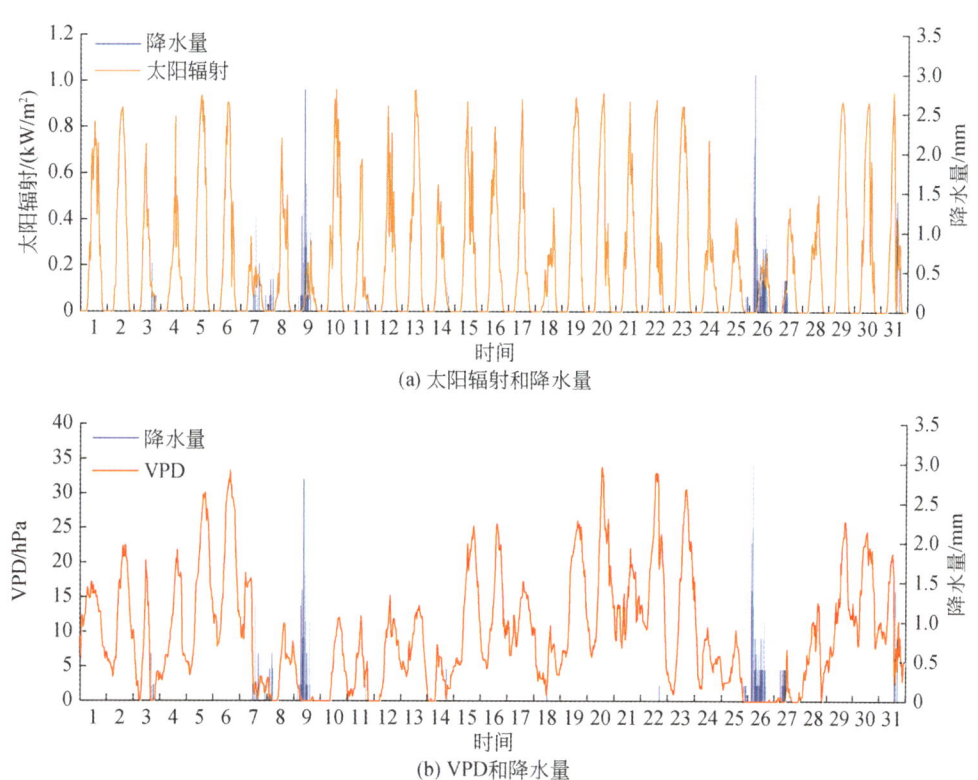

图7-11　2013年7月太阳辐射、降水量和VPD的日变化

2012年8月、2013年7月和9月的野外期间，自动气象站共记录到12次降水事件（表7-8），其中2012年8月30日~9月1日以及2013年7月25~27日为两次连续多天降水事件，降水量合计分别为22mm和23mm。三次野外期间的12次降水事件中包含7次小降水事件（≤5mm），5次较大降水事件（>5mm），其中2013年7月26日降水量19.4mm。与表7-7相似，大多数降水发生在17：00之后或者9：00之前，除了一个8天的无雨期外，两次降水的时间间隔≤4天。表7-8的降水信息进一步说明了植物生长季降

水频繁，降水发生的时段因太阳辐射较弱，植物蒸腾和水分挥发慢，有利于雨滴在叶片表面停留较长的时间，为柽柳叶片水分吸收提供了有利条件。

表7-8 野外期间的降水信息

日期	降水日期	开始时间	降水量/mm	持续时间/h	NRDBRE/天	NRDARE/天
2012年8月19日~9月6日	8月22日	17：00	5.2	1.5	3	2
	8月25日	9：00	0.4	1	2	4
	8月30日	17：30	6.4	6.5	4	0
	8月31日	19：00	6.6	5	0	0
	9月1日	0：00	9.0	14	0	8
2013年7月16~29日	7月18日	12：30	0.2	0.5	3	3
	7月22日	17：00	0.2	0.5	3	2
	7月25日	20：30	0.6	1.5	2	0
	7月26日	3：30	19.4	12	0	0
	7月27日	6：00	3.0	5.5	0	3
2013年9月10~16日	9月11日	14：30	0.6	1	4	3
	9月15日	11：00	2.2	4.5	3	2

注：NRDBRE 和 NRDARE 的含义与表7-7中的相同。

2. 柽柳茎干液流对降水脉冲的响应

本研究中柽柳对降水脉冲的响应主要是探讨降水引起的柽柳叶片吸水现象。干旱区小降水频率占总降水次数的比例最高，虽然累积降水量不高，但它们的重要性，尤其是对荒漠植物的重要性不容忽视。频繁的小降水事件可以有效地抑制蒸腾，甚至可以导致植物产生逆向液流，一定程度上补充了植物蒸腾消耗的水分。中国干旱区西部降水有增加的趋势，这势必有利于柽柳叶片吸水。

图7-12展示了2013年7月22~28日柽柳液流与气象要素的日变化。7月野外实验期间发生了不同强度的降水，且这一时期柽柳液流对降水的响应模式与其他两个月（2012年8月与2013年9月）液流对降水的响应类似，故选取此时期的数据作为代表性的数据进行分析。图7-12显示的柽柳液流日变化模式与同期其他植株上监测的结果有较好的一致性。为了便于比较，对不同级别枝干的液流速率进行标准化处理，即各级别茎干液流变化表示为液流速率与对应枝干最大液流速率的比值。这样有利于同一植株不同测量位置正向与逆向液流规模及时间上的比较。

从柽柳茎干液流与气象要素的日变化中我们可以得出一些柽柳水分利用的重要信息。7月22日16：50~17：40出现雷阵雨天气，自动气象站在17：30记录该阶段的降水量为0.2 mm。降水开始后在17：12左右柽柳二三级枝（S2和S3）出现了逆向液流[图7-12（a）]，但未监测到一级枝（S1）出现逆向液流，主要有两方面的原因：一是，降水过程持续时间短，且降水强度小，降水过后不久在太阳辐射作用下叶片由湿变干，终止了叶片吸水的来源；二是，叶片吸收的水分由上向下传递，在传递的过程中叶片吸收的

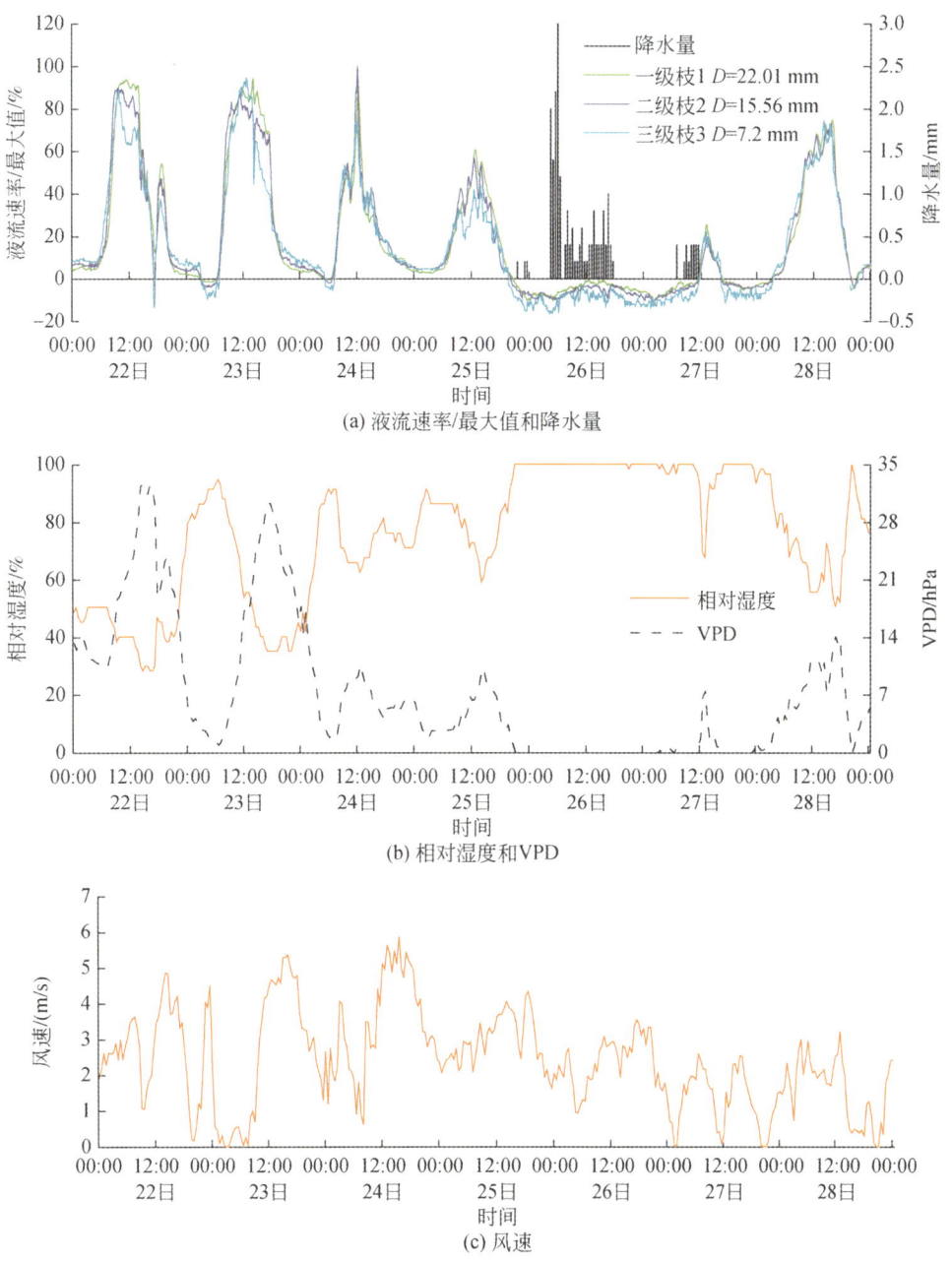

图 7-12 2013 年 7 月 22~28 日柽柳茎干液流与气象要素的日变化

水分先用于补充储水组织，再将剩余的水分向下继续传输，未监测到 S1 产生逆向液流可能是由于缺少充足的水分被继续向下传递至一级枝。在 7 月 23 日的 3∶00~5∶00 由于较高的相对湿度（RH>85%）与较低的饱和水汽压差（VPD<3 hPa）[图 7-12（b）]，三个不同级别的柽柳枝干均依次出现了逆向液流。虽然在 24 日和 25 日凌晨均出现了较高的空

气相对湿度阶段，但柽柳液流并没有出现类似于 23 日凌晨的逆向液流，这可能与夜间风速的大小有关，24 日和 25 日凌晨的风速明显高于 23 日凌晨的风速［图 7-12（c）］，相似空气湿度条件下，较高的风速不利于空气中的水汽在叶片表面凝结而形成水膜。25～27 日出现了连续 3 天的降水天气，25 日夜间至 27 日夜间空气相对湿度几乎一直处于饱和状态［图 7-12（b）］。

在此期间，柽柳的各级枝干出现了持续的逆向液流，S1、S2 和 S3 逆向液流速率占最大液流速率的比例最高分别达 10.85%、11.14% 和 16.75%。各级枝逆向液流的规模，尤其是一级枝逆向液流的大小与降水量存在一定的正相关，但这种正相关不是无止境的，当降水量达到一定规模时，降水量将不是制约逆向液流大小的关键因子。逆向液流出现的顺序依然是三级枝最先出现，接着二级枝与一级枝陆续出现逆向液流。当空气湿度超过 95% 并持续 24h 以上时，逆向液流似乎也呈一定日变化规律，即夜间逆向液流较大，而白天减小，在其他的相关研究中没有看到类似规律。持续的降水对柽柳逆向液流的影响不会随着降水的结束而立刻终止，而是会产生后续影响，如 27 日中午降水停止，但 27 日夜间至 28 日黎明前对照柽柳各个枝条仍被记录到逆向液流，甚至 28 日夜间柽柳也出现了少量而短暂的逆向液流。本研究测定了降水前后对照柽柳叶片含水量，降水前（7 月 24 日 14：00），柽柳叶片平均含水量为 61.73%±0.38%（$n=6$），降水后（7 月 27 日 14：00）同时刻的叶片含水量为 66.49%±0.45%（$n=6$），增加的叶片含水量与叶片浸水实验的结果相似。

另外，同位素示踪为柽柳叶片吸水提供了有力的证据。28 日 18：30 开始对控制室的柽柳加湿重氧水，20：00 采集的控制室叶片重氧同位素为 5.148‰（$n=3$），而对照柽柳叶片此时的氧同位素值-5.51‰（$n=3$）。控制室叶片氧同位素值显著高于自然条件下叶片氧同位素值，表明柽柳通过叶片吸收了重氧水。

小于 5mm 的降水仅能湿润土壤表层，通常被认为属于无效降水，这部分降水对荒漠植物的生理生态非常重要。我们的研究结果显示，柽柳叶片可以直接吸收拦截的降水，甚至降水<1mm［图 7-12（a）］。其他生态系统，如加利福尼亚（California）海岸红杉林（Burgess and Dawson，2004；Limm et al.，2009；Limm and Dawson，2010）、热带和亚热带云雾林（Eller et al.，2013；Goldsmith et al.，2013）的许多植物已被证明具有叶片吸水能力，叶片吸水被认为是植物普遍具有的水分利用策略（Limm et al.，2009）。此外，一些荒漠植被，如景天科青锁龙属植物（Martin and von Willert，2000）、雾冰藜（庄艳丽和赵文智，2010）通过叶片表面的排水器或表皮毛直接吸收水分。

本研究显示，小枝逆向液流出现与降水的开始无明显的滞后，表明降水开始后柽柳叶片迅速吸收水分，用于补充叶片储水组织，并将多余的水分向下运输到嫩枝、次级枝及一级枝。Gotsch 等（2014）对 *Quercus lanceifolia* 的研究发现当只有雾出现而不伴随降水事件时，叶片湿润滞后，进而逆向液流的出现滞后；当降水事件发生时，叶片湿润几乎同步，伴随逆向液流的同步发生。Goldsmith 等（2013）也发现，叶片湿润事件发生后不久即可出现逆向液流。当连续降水时间发生时，无论是白天还是夜间均可出现显著的逆向液流［图 7-12（a）］，在大雾持续超过 24 h 的情况下也出现了这种现象。

较大的降水不仅可以产生显著的逆向液流,并且液流产生明显的后续影响。2013 年 7 月 27 日和 28 日夜间的逆向液流就是得益于 7 月 25 日夜间至 27 日白天的连续降水事件。另外,在 7 月 23 日无降水事件的凌晨出现了微弱的逆向液流。由此可见,即使无降水发生,高的空气相对湿度和低的 VPD 同样可以导致逆向液流的产生。本研究显示,当 VPD<3 hPa 时,有利于逆向液流的出现。当 VPD<4 hPa 时,海榄雌(*Avicennia marina*)出现逆向液流(郭忠升和邵明安,2010)。已有研究表明,一些植物叶片不仅可以直接吸收液态水也可以捕获气态水(Haines,1952;Yates and Hutley,1995)。即使在空气温度较低或 VPD 较高的白天,当短暂降水事件造成叶片湿润时,嫩枝也可能出现短暂的逆向液流。

7.2.3 柽柳叶片对降水的吸收率

1. 柽柳叶片对降水的利用量

7.1.2 节分析表明柽柳不同枝干白天蒸腾耗水量与其上叶片总干重呈显著线性相关,在 $P<0.001$ 的水平上其相关系数高达 0.965。同样,叶片量直接影响植株对降水的捕获量。为了比较不同时期枝干昼夜液流量,本研究对累积液流数据进行标准化处理,即用单位叶片干重的液流量作为衡量指标。2012 年 8 月和 2013 年 7 月不同天气条件下柽柳枝干尺度的液流量变化见表 7-9。无论是 2012 年 8 月还是 2013 年 7 月,白天和夜间正向液流量表现为晴天>多云>雨天。在晴天,2012 年 8 月白天正向液流量小于 2013 年 7 月白天,但夜间正向液流大于 2013 年 7 月夜间。在一定降水条件下,逆向液流不仅可以出现在夜间,也可以发生在白天,如 2012 年 9 月 1 日和 2013 年 7 月 26 日白天出现了显著的逆向液流,逆向液流分别为 1.079 g/(g·d) 和 1.043 g/(g·d)。

表 7-9 2012 年 8 月和 2013 年 7 月不同天气条件下柽柳枝干尺度液流量

日期	天气	降水量/mm	白天液流量/[g·(g·d)]		夜间液流量/[g·(g·d)]	
			正向	逆向	正向	逆向
2012 年 8 月 25 日	雨天	0.4	14.661	0.000	1.815	0.000
2012 年 8 月 26 日	晴天	0.0	17.293	0.000	1.925	0.000
2012 年 8 月 27 日	晴天为主	0.0	16.066	0.000	1.754	0.000
2012 年 8 月 28 日	晴天为主	0.0	16.744	0.000	2.151	0.000
2012 年 8 月 29 日	晴天	0.0	16.133	0.000	1.892	0.000
2012 年 8 月 30 日	雨天	6.4	10.642	0.279	1.112	0.942
2012 年 8 月 31 日	雨天	6.6	11.422	0.000	0.305	1.090
2012 年 9 月 1 日	雨天	9.0	0.117	1.079	0.018	1.934
2012 年 9 月 2 日	晴天	0.0	16.624	0.017	1.060	0.274
2013 年 7 月 20 日	晴天为主	0.0	18.487	0.000	2.301	0.000
2013 年 7 月 21 日	晴天为主	0.0	18.182	0.000	1.868	0.000
2013 年 7 月 22 日	晴天为主	0.2	19.013	0.000	1.877	0.000

续表

日期	天气	降水量/mm	白天液流量/[g/(g·d)] 正向	白天液流量/[g/(g·d)] 逆向	夜间液流量/[g/(g·d)] 正向	夜间液流量/[g/(g·d)] 逆向
2013年7月23日	晴天	0.0	20.659	0.000	0.861	0.097
2013年7月24日	多云	微量	10.200	0.000	1.157	0.015
2013年7月25日	雨天	0.6	10.259	0.000	0.677	0.474
2013年7月26日	雨天	19.4	0.000	1.043	0.000	1.974
2013年7月27日	雨天	3.0	1.519	0.488	0.000	1.723
2013年7月28日	多云	0.0	14.719	0.000	0.825	0.251

注：白天指7:00~19:30；其余时间为夜间。"降水量"列中的微量指每半小时的降水量小于0.2mm的降水，这部分降水未能被自动气象站记录。

另外，连续降水事件结束后，降水对植物叶片水分吸收的影响没有立即结束，而会有后续影响，如2012年9月2日的夜间仍有较小的逆向液流量（表7-9），正是由于2012年8月30日~9月1日连续3天的降水事件，9月2日夜间空气相对湿度接近或达到饱和状态，这有利于叶片直接从空气获得水分，并进而产生逆向液流。2013年7月28日夜间的逆向液流的产生也得益于2012年7月25~27日连续3天的降水事件。本研究认为，降水结束后的一两天内在高空气相对湿度的夜间发生的逆向液流属于降水事件产生的后续影响，所以当计算降水事件引起的逆向液流量时，应把这部分液流包括在内。

从表7-9不难发现，逆向液流量与降水的规模虽然呈显著正相关，但并不是绝对线性相关，降水事件并不一定导致柽柳各个枝条，尤其是一级枝出现逆向液流。逆向液流的发生及其液流量，除了受降水量影响外，也与降水事件发生的时段及持续时间有关。表7-10显示了2012年8月和2013年7月不同降水事件条件下的柽柳一级枝（主枝）和二级枝（分枝）的逆向液流大小。根据冠幅面积将逆向液流量（g/d）标准化为毫米单位。本研究的柽柳茎干液流监测显示，逆向液流的发生与叶片湿润事件密切相关。降水持续时间直接影响叶片湿润时间，同时叶片湿润持续湿润时间又受其他气象要素，如太阳辐射、VPD的影响。从表7-10可以看出，甚至小于0.5mm的降水也能被柽柳叶片吸收利用。虽然在2012年8月22日出现了5.2mm的降水，但由于降水持续时间短，柽柳一级枝和二级枝的逆向液流量并不显著，仅分别占降水量的0.539%和1.058%；2012年8月24日凌晨至清晨出现了毛毛细雨，由于降水强度小于雨量计可测量的最小分度值0.2mm，这次降水事件并没有被雨量计记录，但由于降水持续时间长且发生在夜间，柽柳一级枝和二级枝条在此期间出现了明显的逆向液流，然而因缺少具体的降水量，无法计算逆向液流占降水量的比例，可以确定的是两者占降水量的比例超过了4.219%和6.938%（这8个小时的降水量<3.2mm）；2013年7月24日出现了类似的情况。2012年8月25日、2013年7月18日和7月22日虽然气象站记录有微降水事件发生，但由于降水发生在太阳辐射较强的时段，加之降水量小、持续时间短，柽柳枝干没有或仅出现短暂的微弱逆向液流。2012年8月和2013年7月野外实验期间各出现了一次连续降水事件，相应地，柽柳一级枝和二级枝均出现了显著的逆向液流，但并不是较大的降水量对应着较大的逆向液流量，也就是说叶片对

降水利用率并不一定随着降水量的增加而增大。

表 7-10 2012 年 8 月和 2013 年 7 月柽柳枝干水平叶片对降水的吸收率

日期	降雨起始时间	持续时间/h	降水量/mm	逆向液流量/mm		占降水量的比例/%	
				主枝	分枝	主枝	分枝
2012 年 8 月 22 日	17：00	1.5	5.2	0.028	0.055	0.539	1.058
2012 年 8 月 24 日	0：00	8	微量	0.135	0.222	>4.219	>6.938
2012 年 8 月 25 日	9：00	1	0.4	0.000	0.006	0.000	1.500
2012 年 8 月 30 日～9 月 1 日	17：30	>12	22（6.4；6.6；9.0）	1.313	1.609	5.968	7.314
2013 年 7 月 18 日	12：30	0.5	0.2	0.000	0.000	0.000	0.000
2013 年 7 月 22 日	17：00	0.5	0.2	0.000	0.004	0.000	2.000
2013 年 7 月 24 日	3：30	3	微量	0.002	0.010	>0.167	>0.833
2013 年 7 月 25 日～7 月 27 日	20：30	>12	23（0.6；19.4；3.0）	0.953	1.298	4.144	5.644

注："降水量"中的微量含义与表 7-9 中的相同；"22（6.4；6.6；9.0）"中的 22 代表 8 月 30 日～9 月 1 日连续三天的降水量累积 22 mm，括号中的值分别代表每一天的降水量，"23（0.6；19.4；3.0）"的含义亦是如此。

Quercus lanceifolia 的叶片吸水量也与降水/雾事件持续时间显著相关（Gotsch et al.，2014）。虽然叶片吸水量与降水规模显著相关，但逆向液流速率并不随着降水持续而一直增加，降水的初期，逆向液流速率快速增加，随后缓慢减小。当降水事件超过 24 h 时，逆向液流也呈现一定的日变化[图 7-12（a）]，这与 Burgess 和 Dawson（2004）观测的结果不同：当白天持续存在雾时，逆向液流在中午前后达到最大值。Munné-Bosch（2010）认为，植物没有必要在所有情况下都利用叶片吸水这种机制，当降水较大时，植物不再通过叶片获取水分。本研究连续三天的降水过程中伴随着逆向液流的发生，这是由于研究区表层土壤非常干旱，降落到地表的雨水先用于补充表层土壤水，下渗滞后。

2. 柽柳叶片吸水对枝干水量平衡的贡献

本研究中柽柳不同枝条最大逆向液流占对应枝条最大液流速率的比例不同。小枝、次级枝、一级枝中最大逆向液流速率分别占各自最大液流速率的 16.75%、11.14% 和 10.85%，平均值为 12.91%，而这一比例在北美红杉中为 5%～7%（Burgess and Dawson，2004），在巴西林仙中为 25% 左右（Eller et al.，2013）。依据表 7-10，可以估算叶片吸水对白天及夜间正向液流的贡献率。2012 年 8 月 25 日～9 月 2 日，累积逆向液流量占白天总正向液流的 4.69% 和夜间正向液流的 46.66%；2013 年 7 月 20～28 日，累积逆向液流占白天总正向液流的 5.33% 和夜间正向液流的 62.98%。由此可见，逆向液流速率和液流量占白天液流量的比例较低，但占夜间液流量的比例较高，可以有效地平衡夜间液流。叶片吸水量虽然对植物耗水的贡献量不大，但叶片吸水过程对蒸腾作用的抑制也是对植物水分平衡的贡献。Burgess 和 Dawson（2004）认为，逆向液流可能低估了叶片吸水量，因为大量叶片直接吸收的水分首先被用于补充植物储水组织。Gotsch 等（2014）的研究也表明，*Quercus lanceifolia* 叶片吸水量可以抵消一半的夜间蒸腾量。研究区属于雨热同期，虽然降水事件以小降水事件为主，但生长季降水频繁，大多数情况下不足 7 天发生一次降水事件。所以，尽管叶片吸水量占植物蒸腾耗水的比例不大，但总体而言，叶片吸水现象的时有发生对植物的水分平衡有重要作用。植物受到水分胁迫越大，叶片吸水量越显著，对降水吸收率越高。相似降水条件下，2012 年 8 月叶片对降水的吸收率大于 2013 年 7 月。Munné-Bosch（2010）也得类似的结论，适当增加干旱有利于提高叶片的吸水能力。

3. 生长季柽柳叶片吸收利用水分总量的估算

许多研究已指出植物叶片吸水是植物普遍具有的功能。柽柳叶片不仅能吸收非饱和大气水汽，也能直接吸收叶片表面的液态水，但目前仍不能将两者很好地区分开来。故本研究将非饱和大气环境下柽柳叶片的吸水现象认定为叶片水汽吸收，将叶片对降水的吸水认定为叶片液态水吸收。这里计算的柽柳叶片水分吸收利用量是叶片对大气水汽和降水吸收利用总量的估算。

当空气相对湿度超过 75% 的边界条件后，逆向液流传输量与 >75% 的空气相对湿度持续时间显著正相关，相关系数达 0.972。为此我们建立了单位叶干重逆向液流传输量与 >75% 的空气相对湿度持续时间的关系模型，如图 7-13 所示，逆向液流传输量可用历时的二元方程表示，相关系数达 0.943，$F=578$。逆向液流量（即传输量）是高湿度（>75%）持续时间的函数。

利用逆向茎干液流、逆向液流与叶干重的关系，再结合加湿前后叶片含水量的变化，构建了基于单位叶干重的吸水量估算模型。

$$W_1 = w_1 + 0.232 \tag{7-17}$$

式中，W_1 为单位叶干重吸水总量（g/g）；w_1 为单位叶干重输水量（g/g）；0.232 为单位叶干重储水量（g/g）。

从表 7-11 中可看出，柽柳对不同降水量的利用率存在差异，吸水量占降水量的比例为 1.08%~22.67%。这与降水强度、降水持续时间以及土壤前期含水量和植物水分亏缺程度有关。

表 7-11 柽柳吸水量——以直径 21.02 mm 的枝为例

日期	天气	降水量/mm	叶储水量/g	传输量/g	茎储水量/g	合计	
						总吸水量/g	总吸水量/mm
7 月 17 日~18 日	多云	0.0	16.844	7.708	1.257	25.809	0.060
7 月 19 日~20 日	晴天	0.0	19.651	49.352	5.237	74.240	0.174
7 月 21 日~22 日	晴天	0.0	15.680	3.103	2.934	21.717	0.051
7 月 25 日	多云转雨	0.6	24.841	28.086	5.042	57.969	0.136
7 月 26 日	雨天	19.4	0	89.339	0	89.339	0.209

经计算 6~9 月空气相对湿度 >75% 的时段占了总时段的 38.53%（图 7-14）。根据单

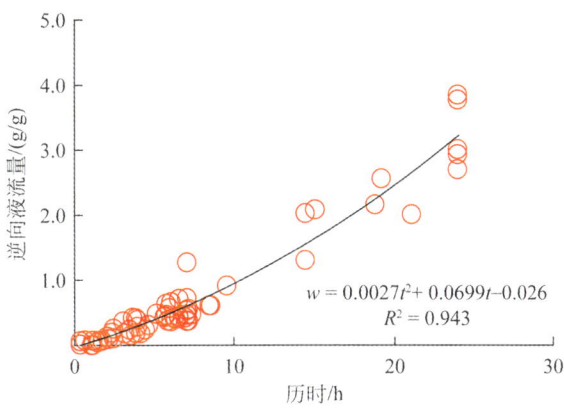

图 7-13 柽柳逆向液流量与历时关系

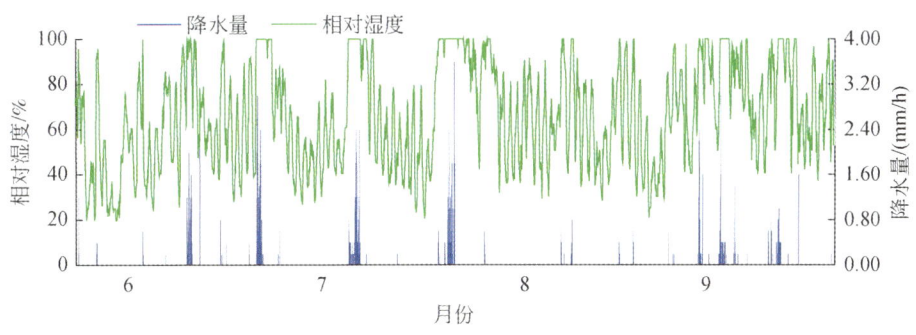

图 7-14 研究区 6~9 月降水量和相对湿度变化
红色点线对应 75% 的相对湿度

位叶干重逆向液流传输量与>75%的空气相对湿度持续时间的关系模型,估算 6~9 月逆向液流量,再根据式(7-17)得出柽柳 6~9 月吸水总量为 104.968~149.375 g/g,这里柽柳吸水量既包括水汽吸收量也包括液态水吸收量。经叶面积转换后为 16.149~22.981 mm,占降水量的 11.12%~14.79%。

7.3 大气水汽同位素法估算植物水汽利用量

为了证实超纯水与重氧水的不同,分别进行了红砂、白刺、梭梭和柽柳 4 种典型荒漠植物每克叶片对不同加湿水源水汽吸水量的计算。

7.3.1 每克叶片吸水量与逆向液流持续时间的相关性

由 4.1.1 节知大气水汽浓度与 $\delta^{18}O$ 值的变化可以指示柽流逆向液流的发生,为进一步明确柽柳叶片水汽吸收量与逆向液流持续时间的关系,分别就超纯水和重氧水两种加湿水源的每克叶片的水汽吸收量与逆向液流持续时间进行了线性拟合和回归分析（图 7-15）。结果得到超纯水的单位叶片干重的水汽吸收量与逆向液流的持续时间成正比（$R^2 = 0.5945$）。而对于重氧水来说，单位叶片干重的水汽吸收量与逆向液流的持续时间的关系很弱（与数据量偏少有一定关系，仅 4 个数据），这更加有力地说明了荒漠植物对大气水汽的吸收是有选择性的。正如蒸发水体中稳定同位素的分馏理论一样，在水体蒸发过程中，轻的水分子 $H_2^{16}O$ 比包含有一个重同位素水分子（如 $H_2^{18}O$、D_2O、T_2O 等）更为活跃，率先从液相中逃逸。这样水蒸气富集 H 和 ^{16}O，剩余水则富集 δD 和 $\delta^{18}O$。这一理论也同样适合于植物叶片中吸收水汽的同位素分馏理论，对于不同性质的水体，同位素组成相对较轻的水体其反应较快，可较快地被荒漠植物叶片捕捉。而对于重同位素，它的结合力强，分离所需的能量比轻同位素大。因此，荒漠植物叶片对其吸收速率较慢。

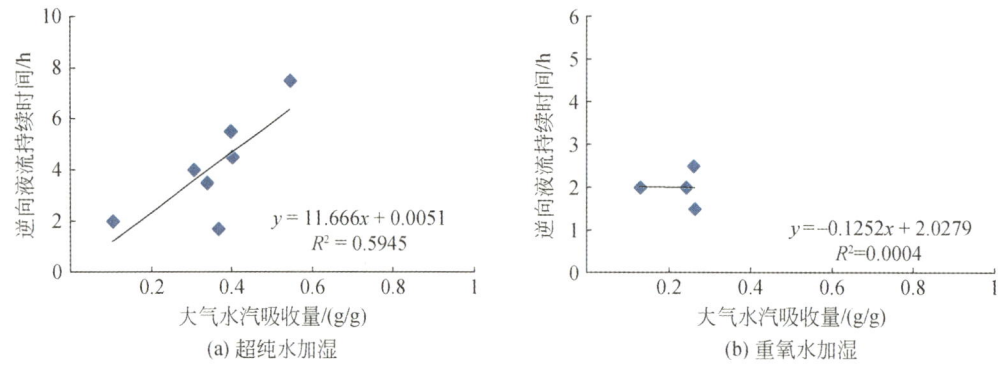

图 7-15 柽柳叶片大气水汽吸收量与逆向液流持续时间的关系

7.3.2 植物叶片含水量增加的差异

水汽利用量的多少揭示了荒漠植物对非饱和大气水的吸收利用情况，是进行定量化研究荒漠植物对非饱和大气水汽的基础。为对比两种水源加湿实验植物叶片含水量，2014 年 7 月 29 日~8 月 1 日对荒漠植物叶片进行了叶片含水量的测定（图 7-16），结果发现，水源为超纯水的荒漠植物（红砂、白刺、梭梭和柽柳）的叶片含水量分别增加了 1%~2%，而水源为重氧水的荒漠植物（梭梭和柽柳）的叶片含水量仅增加了 0.2%~0.3%。

7.3.3 水汽损失量与叶片大气水汽吸收量

水汽损失量的计算，先得出晚上加湿的过程中大气水汽浓度从最高点降至最低点的浓度差，把大气水汽浓度损失量转换为绝对湿度，再除以控制室体积，最后得出大气水汽的损失量。从表 7-12 可以看出，水汽损失量约为整个加湿过程用水量的 4.72%。

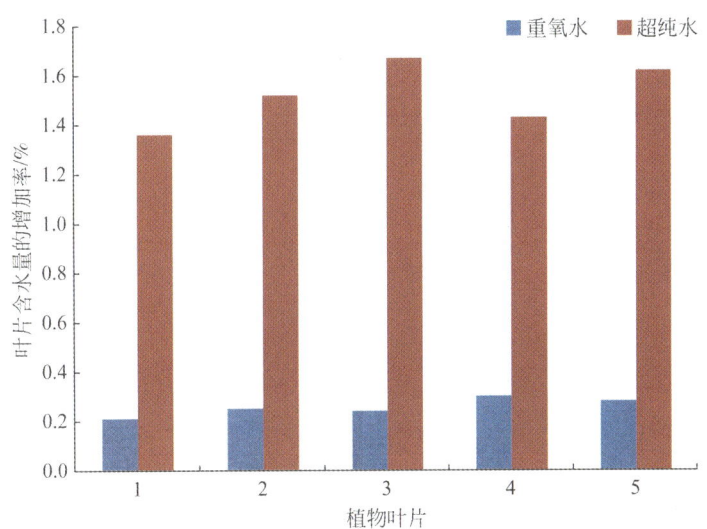

图 7-16　不同加湿水源对荒漠植物叶片含水量的影响

表 7-12　加湿过程中大气水汽损失量

日期	水汽损失量/(g/m³)	体积/m³	大气水汽浓度背景值/ppm	用水量/mL
2013 年 7 月 21 日	5.313	3.888	13 944	250
2013 年 7 月 21 日	4.483	9.720	13 944	1140
2013 年 7 月 22 日	4.932	9.720	158 204	1100
2013 年 7 月 28 日	3.813	9.720	19 520	1000
2013 年 7 月 28 日	4.825	3.888	19 520	450
2013 年 7 月 28 日	4.169	9.720	19 520	1000
2013 年 7 月 28 日	7.214	9.720	19 520	550
2013 年 9 月 14 日	5.436	2.592	8 159	750
2013 年 9 月 17 日	7.680	0.864	20 825	200
2013 年 9 月 17 日	4.100	2.592	20 825	390
2013 年 9 月 18 日	5.361	2.592	144 935	480

植物叶片对不同 $\delta^{18}O$ 值的水分具有选择性吸收的特性，超纯水为最佳的水源。因此，以加湿水源超纯水作为计算荒漠植物叶片单位重量的吸水量，利用大气水汽浓度损失估算法来计算，首先根据逆向液流出现时段，对应的大气水汽的浓度损失量（当相对湿度达到 80% 时，停止加湿，然后通过计算加湿试验期间最高点和最低点的大气水汽的损失量），然后结合控制室的体积、耗水量以及植株的叶片干重，最后计算得出这几种荒漠植物的吸收水汽的平均值为 0.308 g/g，其中，柽柳叶片为 0.308 g/g，梭梭叶片为 0.295 g/g，红砂叶片为 0.367 g/g，白刺叶片为 0.267 g/g。而且，就这几种沙漠植物的叶片吸水能力的大小来说，叶片吸水量能力由高至低依次为：红砂叶片>柽柳叶片>白刺叶片>梭梭叶片（表 7-13）。

表 7-13 不同植物种类吸水量比较

日期	物种	叶干量/g	体积/m^3	耗水量/mL	叶片吸水量/(g/g)
2013年7月16日	柽柳	200	3.888	300	0.402
2013年7月20日	柽柳	200	3.888	200	0.298
2013年7月22日	柽柳	600	9.72	1500	0.230
2013年7月28日	柽柳	200	3.888	450	0.302
2014年6月7日	柽柳	50	0.756	200	0.302
2014年7月29日	梭梭	200	1.944	1560	0.295
2014年7月29日	红砂	70	0.972	1070	0.367
2014年7月29日	白刺	100	0.864	570	0.267
2014年8月12日	柽柳	50	0.756	150	0.313

第 8 章　荒漠植物水汽吸收部位与利用机制

干旱植物能通过地上部分叶或茎吸收利用大气水汽，使其在干旱生境下生存。植物叶片直接吸收的大气水汽、雾、露和凝结水已经成为干旱植物生长或逃避干旱的重要水源（Sveshnikova，1972；Bruijnzeel et al.，1993；Oliveira et al.，2005；Eller et al.，2013）。叶面是植物-大气相互作用的关键生态界面，在生态系统物质、能量交换过程中发挥着重要的作用，荒漠植物对大气水汽的吸收现象与吸收过程首先发生在叶片部位。在生态适应方面，一些研究证明，荒漠植物为了更好地捕获水汽，叶片普遍退化，且多绒毛、粗糙度大，正是这样的形态更有利于叶片利用更多的大气水汽（Went，1975；Zimmermann et al.，2007）。本章分两节，8.1 节主要基于荧光染色示踪技术，通过荧光显微镜检测和扫描电镜检测，揭示柽柳、梭梭、白刺、霸王和红砂等典型荒漠植物叶片水汽吸收部位；8.2 节从分子生物学响应机制方面探究荒漠植物水汽吸收利用的机制。

8.1　不同荒漠植物水汽吸收部位及特征

植物叶片结构存在种间差异，如叶片厚度、叶片气孔的大小、密度、气孔指数及形态特征。本节利用扫描电镜及荧光显微镜检测技术，对柽柳、梭梭、白刺、霸王和红砂 5 种典型荒漠植物叶片的气孔、表皮细胞、角质层、表皮毛等微形态特征进行观察，基于大气水汽荧光示踪实验，对荒漠植物叶片吸水部位进行鉴定。

8.1.1　柽柳属叶表微结构与水汽吸收

我们在 2014 年 7~10 月对不同干旱区域的荒漠植物柽柳属叶表微结构进行了扫描电镜及荧光显微镜检测，并进行了大气吸水荧光示踪实验，对其吸水部位进行了鉴定，发现柽柳与红砂都属于柽柳科，两者的叶表结构比较一致，在扫描电镜下能看到柽柳叶表上有大量的吸水器，与红砂的相类似。但由于柽柳叶片退化为同化枝，细小，表皮不易操作，未进行表皮荧光检测，只进行了叶表纵切面的荧光检测，同样也看到了呈倒立形的吸水孔纵切面图，与红砂的相似。所以我们认为柽柳的吸水方式与红砂类似。

8.1.2　梭梭水汽吸收部位及特征

梭梭叶退化为同化枝，呈圆柱形，圆柱形的表皮上分布着大量的气孔（图 8-1），无论是在扫描电镜下，还是在显微镜明场和荧光下，这些气孔都清晰可见。同化枝的表皮细胞排列整齐，角质层厚。梭梭同化枝横切面结构如图 8-2 所示。表皮细胞下为一层下皮细胞，中间分布有含晶细胞。下皮细胞以内是一层栅栏状叶肉细胞，也叫栅栏细胞，排列紧密，位于同化枝周围，其内含有叶绿体。栅栏细胞之间有含晶细胞散生，这种含晶细胞形状巨大，深入下皮层。栅栏细胞以内是维管束鞘细胞，也叫花环细胞，其内同样含有叶绿体。维管束鞘以内是储水组织，占有较大比例，靠近维管束鞘细胞的储水组织中，也有一些含晶细胞，而且有的形状特别巨大。较大的维管束位于同化枝中央，储水组织内及近维管束鞘处还分布有小维管束。

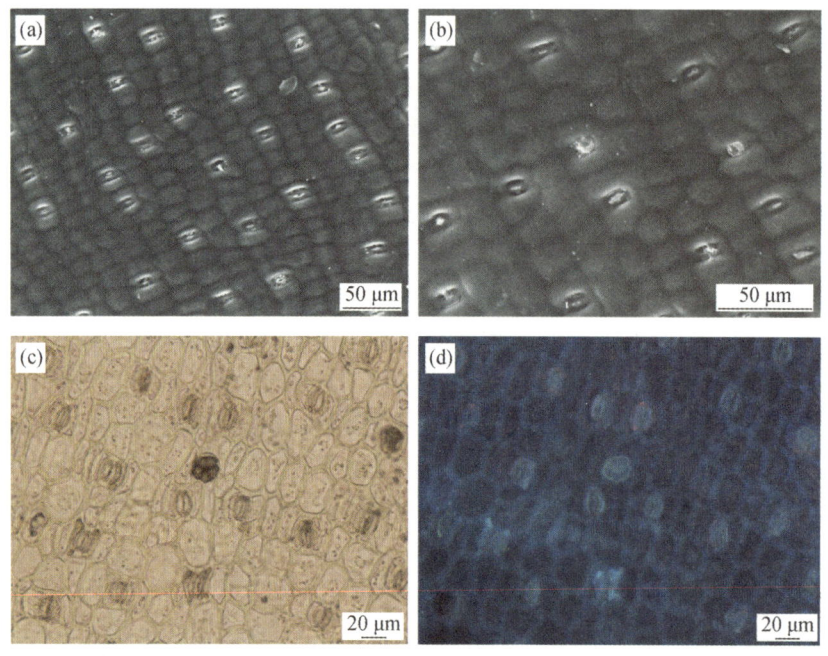

图 8-1 梭梭同化枝表面的气孔图
（a）、（b）是不同放大比例的扫描电镜图；（c）是显微镜明场下的气孔图；（d）是（c）对应的气孔荧光图

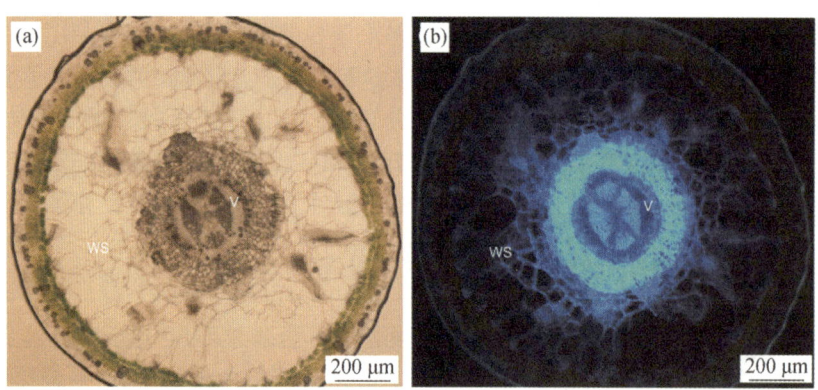

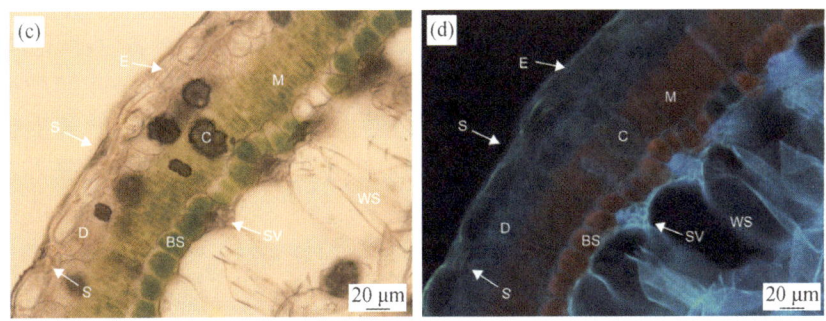

图 8-2 梭梭同化枝横切图

(a) 是明场下梭梭同化枝横切图；(b) 是对应 (a) 的荧光图；(c) 是放大的明场梭梭部分同化枝横切图；(d) 是对应 (c) 的荧光图。E 指表皮层；D 指下皮层；M 指叶肉细胞；BS 指维管束鞘细胞；WS 指储水组织；V 指维管束；C 指含晶细胞；SV 指小维管束；S 指气孔

我们对梭梭同化枝进行荧光加湿实验，发现梭梭主要靠部分活化的气孔来吸收大气水汽。从图 8-3 可以看出，不仅梭梭气孔骨架呈现蓝色荧光，气孔中间的孔、保卫细胞以及保卫细胞周围的部分也不同程度地呈现蓝色荧光，而且保卫细胞常常呈现更强的蓝色荧光，说明这些部位都是梭梭同化枝吸收大气水汽的部位，且保卫细胞吸水更强。另外，从图 8-3 和图 4-49 梭梭同化枝纵切面也可以显著地看到有些气孔吸水，有些气孔未吸水。这表明梭梭同化枝最先是通过部分活化的气孔捕捉到大气中的水分子，并由这些活化的气孔将水分吸进叶

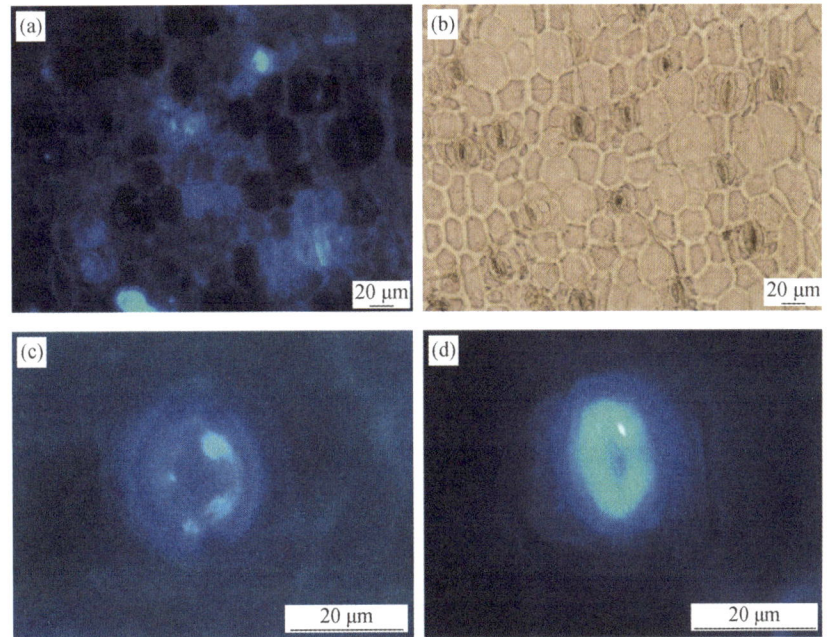

图 8-3 梭梭部分活化气孔吸水荧光图

(a) 为梭梭气孔保卫细胞及气孔周围呈现蓝色荧光图；(b) 为对应 (a) 的明场图，从明场图更容易看清气孔结构；(c)、(d) 为高倍下气孔保卫细胞吸水荧光图

肉细胞的。这部分活化的气孔也许是气孔表面有特定的分泌物或是有大气沉降物而导致气孔活化的,使气孔由疏水性的表面变成亲水性,从而使其具有吸收大气水汽的能力。

依据蓝色荧光强度深浅,比较在同样加湿条件下,嫩枝几乎整个表皮细胞都呈现蓝色荧光(图8-4),且垂周细胞壁的蓝色荧光更强烈,所以梭梭嫩枝最开始主要通过垂周细胞壁吸收大气水汽。在同一视野中出现少数气孔蓝色荧光比垂周细胞壁更强,表明有少量气孔吸水,但大部分气孔未吸水,蓝色荧光弱。

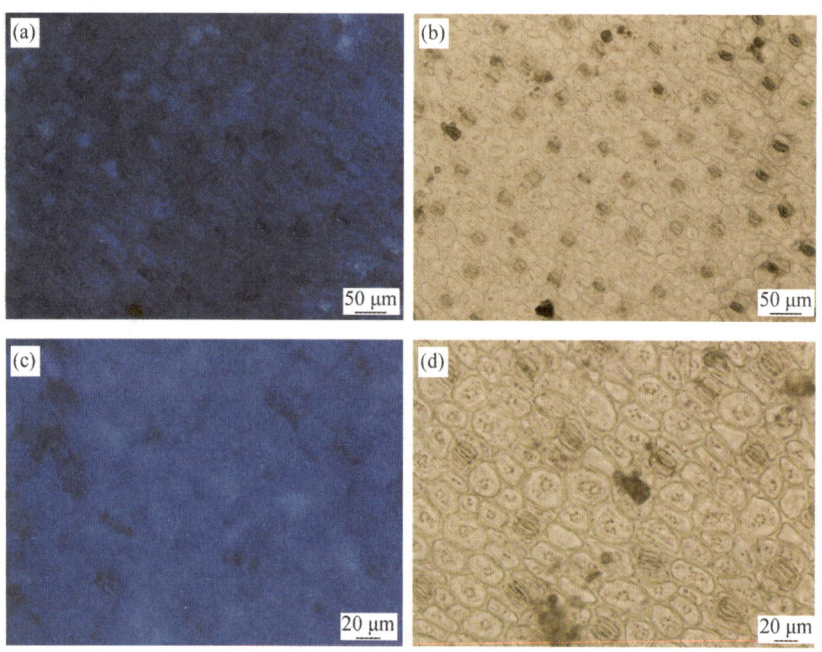

图8-4　70%~80%空气湿度下加湿4 h的梭梭嫩枝表皮细胞吸水荧光图
(a)为低倍下荧光表皮图;(b)为对应(a)的明场图;(c)为放大的荧光表皮图;
(d)为对应(c)的明场图。对应的明场图更容易看清气孔结构

在同样加湿条件下,梭梭老枝表皮部分气孔处变蓝,而垂周细胞壁并不发蓝色荧光,这说明梭梭老的同化枝主要是通过气孔来吸收大气水汽的,而垂周细胞壁并不吸收大气水汽(图8-5),由于嫩枝吸水的表皮细胞的数量远多于老枝吸水的气孔数量,所以梭梭嫩枝更容易吸收大气水汽。

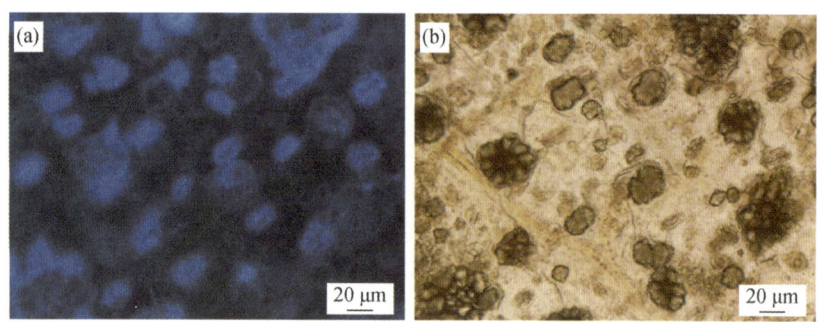

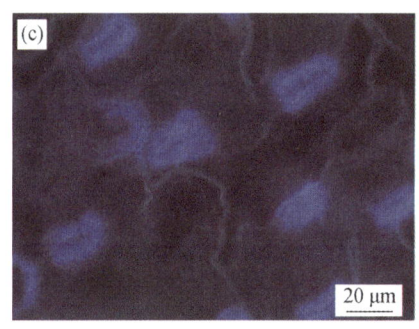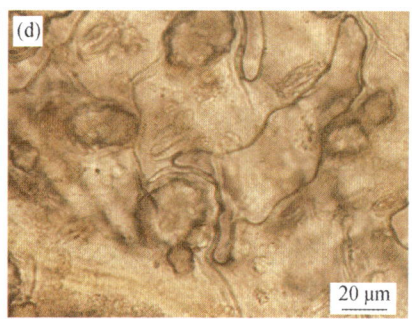

图 8-5 梭梭老枝荧光加湿气孔吸水图

(a) 为低倍下叶表吸水荧光图；(b) 为对应 (a) 的明场图；(c) 为放大的叶表吸水荧光图；(d) 为对应 (c) 的明场图

对梭梭进行了荧光示踪实验，不仅发现梭梭成熟同化枝通过活化气孔来吸收大气水汽，而且发现梭梭吸收的水分主要存储于同化枝中间的储水组织中。在荧光加湿示踪实验中，随着加湿时间的延长，梭梭同化枝中间的储水组织呈现蓝色荧光的强度越来越强烈，说明梭梭同化枝吸收的大气水汽主要储存在同化枝中间的储水组织中。另外，加湿 36 h 后，梭梭叶肉细胞还没有完全变蓝，储水组织发出的蓝色荧光也不是十分强烈，这表明梭梭的储水组织还能继续吸水储存。与同样加湿条件下的霸王比较，霸王肉质状的叶在加湿 38 h 后，叶肉细胞全部呈现蓝色荧光，且蓝色荧光非常强，说明霸王叶肉细胞吸收的水分已经达到饱和，而梭梭的储水组织还能继续吸水储存。这说明梭梭储水细胞的储水能力非常强，比霸王叶肉细胞的储水能力更强。这也更好地证明了为什么梭梭的抗旱能力比霸王更强。

8.1.3 霸王水汽吸收部位及特征

霸王常年生长在降水量少的干旱区（年均降水量小于 400 mm）和极端干旱区（年均降水量少于 50 mm），而地下水又很深（20 m 以上），其根系吸收土壤水和地下水困难，根所吸收的水分并不一定能满足植株整个生命周期对水分的需求，而这种进化成肉质状的叶片或许能吸收利用空气中大气水汽甚至是非饱和的大气水汽。

霸王为多汁旱生植物，叶肉肥厚，叶肉细胞中含有大量的有机代谢物，叶表粗糙。我们通过对霸王植株进行多种不同湿度下的荧光加湿实验发现，霸王肉质状叶片同样也能吸收利用非饱和大气水汽，并且随着时间的延长，霸王叶片吸收大气水汽越来越多，当加湿 38 h 后，其叶片吸收的大气水汽已达到饱和状态。另外，由图 4-44 和图 4-45 可以看到，持续加湿 38 h 时后，霸王整个叶肉细胞由红色变成蓝色；而梭梭同化枝叶肉细胞部分变成蓝色，同时梭梭叶内大量的储水细胞也变成蓝色，表明霸王叶片吸收的大气水汽大量进入到叶肉细胞储存，而梭梭同化枝吸收的水大量穿过叶肉细胞组织，集中储存于同化枝中间的储水细胞内。

不同荧光加湿时长下霸王叶柄吸水荧光纵切图如图 8-6 所示。从图 8-6 中可以看出，随着加湿时间的延长，叶柄纵切图蓝色荧光越来越强烈，尤其是叶柄边缘和中间维管束组织蓝色荧光越来越强烈，而中间的肉细胞蓝色荧光并没有边缘和中间维管束组织强烈，这说明霸王不仅叶柄表面细胞能吸收大气水汽，而且由叶吸收的水分从叶的维管束传输了部分水分至叶柄中间的维管束组织，导致叶柄维管束组织蓝色荧光显著强于叶柄肉细胞发的蓝色荧光。

通过对比霸王叶片和叶柄在荧光加湿 38 h 后散发蓝色荧光的强度，可以看出，荧光加湿 38 h 后，整个霸王叶片叶肉细胞都散发蓝色荧光［图 4-44（h）］，而叶柄肉细胞并没有完全散发蓝色荧光［图 8-6（c）］，这说明叶柄吸收大气水汽的能力要比肉汁状的叶片要弱。

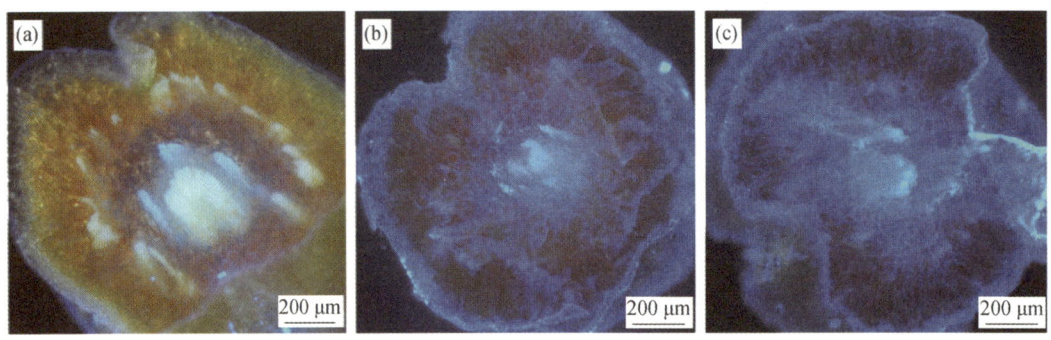

图 8-6　不同荧光加湿时长下霸王叶柄吸水荧光纵切图
（a）荧光加湿 2 h；（b）荧光加湿 18 h；（c）荧光加湿 38 h

另外，我们对霸王植株进行了 70%~80% 的短时间的荧光加湿，经荧光显微检测发现霸王叶片部分表皮细胞成斑块状呈现蓝色荧光，如图 8-7 所示。从图 8-7 中可以看到，最先是这些表皮细胞的垂周细胞壁散发蓝色荧光［图 8-7（a）和（b）］，随后是整个细胞变成蓝色［图 8-7（c）和（d）］，且是呈斑块状零星分布。同一视野下的邻近气孔，不散发蓝色荧光［图 8-7（b）~（d）］。随着加湿时间延长到近 5 h 时，霸王整个表皮细胞都散发蓝色荧光，但气孔处还是看不到蓝色荧光，这说明霸王叶片是靠表皮细胞吸收大气水汽的，而气孔不吸收大气水汽。

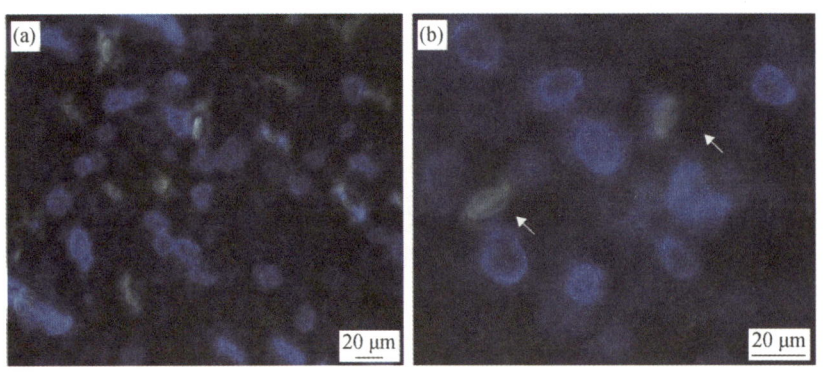

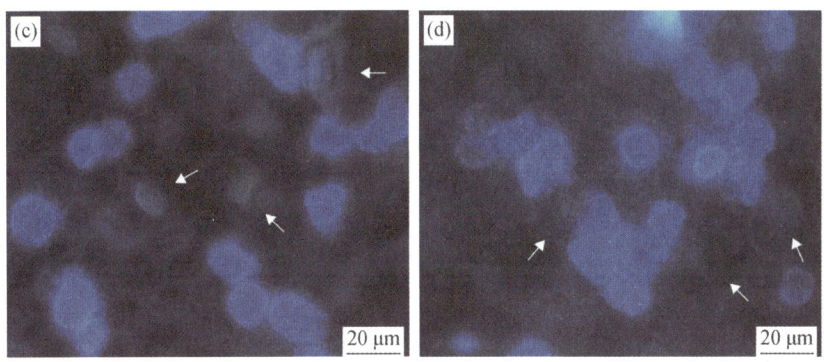

图 8-7 霸王表皮细胞成斑块状呈现蓝色荧光图
(a)、(b) 荧光加湿 2 h；(c)、(d) 荧光加湿近 3 h；图中箭头所指位置为气孔

如图 8-8 所示，在明场下观察斑块散发蓝色荧光的表皮细胞，可以看到这些表皮细胞表面粗糙，颜色较周围细胞稍深，且多数位于气孔附近。由于霸王叶片是肉质状叶片，叶内还有大量的有机代谢物，据此估测散发蓝色荧光的这些表皮细胞上的粗糙深色成分是叶内肉细胞分泌出的分泌物，而分泌物通常是亲水性物质，能加速与大气水汽的结合。所以我们认为霸王叶片首先通过叶表细胞表面的分泌物吸附大气水汽，然后沿垂周细胞壁渗透角质层，在整个表层细胞进行传输后，再进入叶肉细胞。

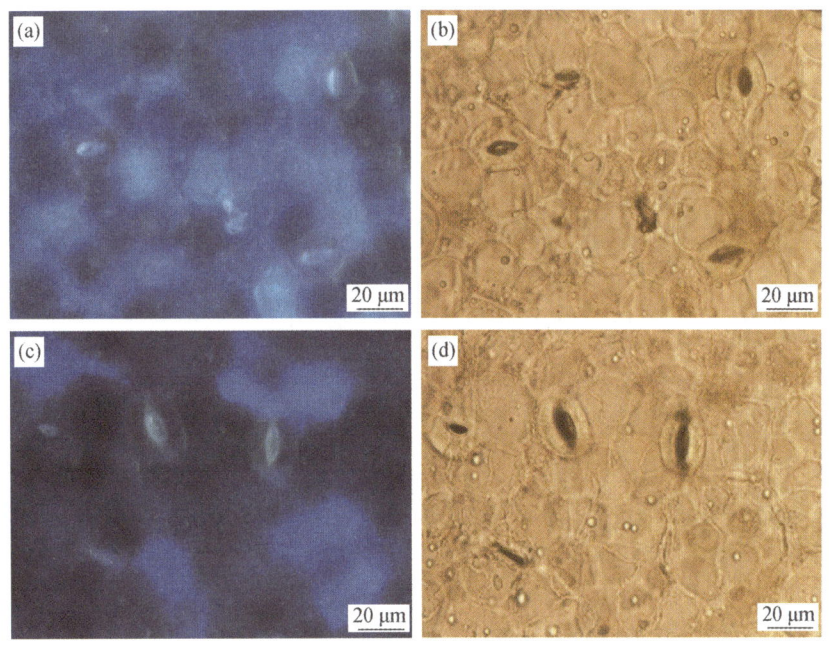

图 8-8 霸王叶表最先吸水荧光鉴定图
(a) 为低倍下叶表吸水荧光图；(b) 为对应 (a) 的明场图；(c) 为放大的叶表吸水荧光图；(d) 为对应 (c) 的明场图

通过以上实验获知，霸王叶片和梭梭同化枝都能吸收利用非饱和大气水汽，且在持续的加湿过程中，随着时间的延长，荧光强度变大，植物叶片吸收大气水汽越多；持续加湿

38 h 时后,霸王整个叶肉细胞由红色变成蓝色,梭梭同化枝叶肉细胞部分呈蓝色,大部分储水细胞变成深蓝,证实了霸王叶片吸收的大气水汽主要储存于叶肉细胞,梭梭吸收的大气水汽主要储存于同化枝中间的储水细胞中,且梭梭同化枝吸收大气水汽能力比霸王叶片更强。

8.1.4 白刺水汽吸收部位

白刺为蒺藜科白刺属,具强抗旱性的沙生荒漠植物。显微检测观察到白刺叶表有单细胞毛状体,顶端圆钝形。图 8-9 为自然条件下 6 月孪井滩白刺嫩叶与 8 月额旗白刺成熟叶毛状体荧光显微对比图。从图中可以看出,孪井滩嫩叶毛状体多而长 [图 8-9 (a) ~

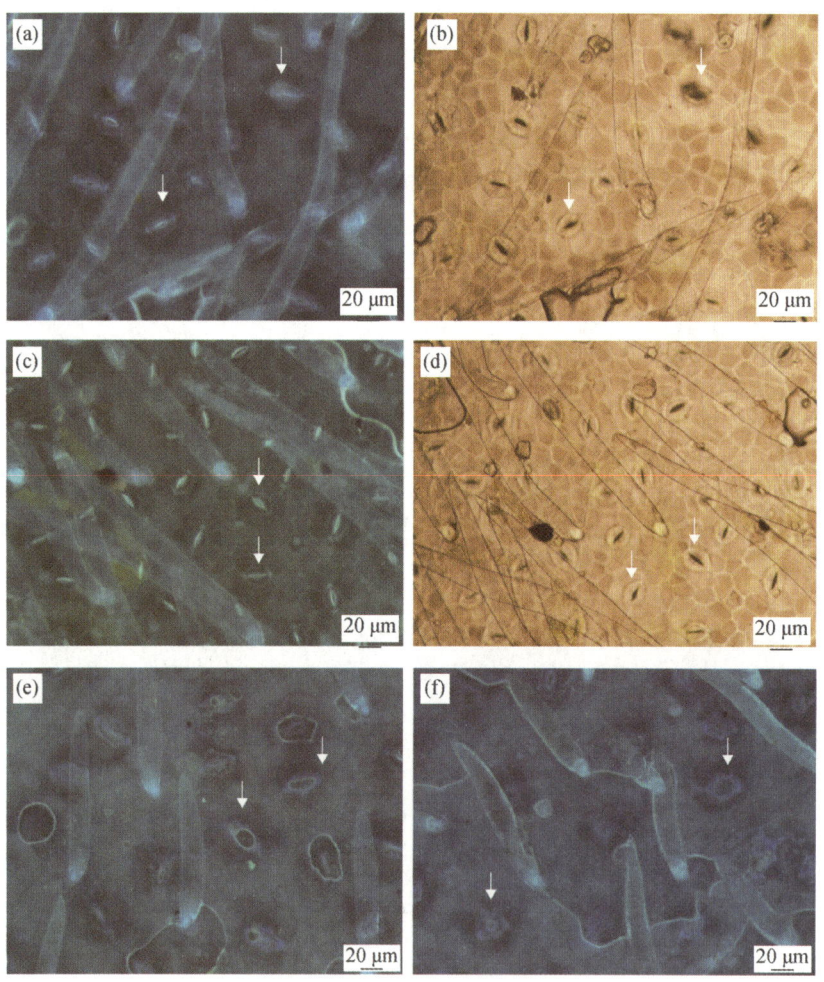

图 8-9 不同地方白刺表皮毛状体对照对比

(a)、(b) 是孪井滩白刺上表皮毛状体,其中 (a) 是荧光图,(b) 是 (a) 对应的明场下的图片;
(c)、(d) 是孪井滩白刺下表皮毛状体,其中 (c) 是荧光图,(d) 是 (c) 对应的明场下的图片;
(e)、(f) 分别是额济纳旗白刺的上、下表皮毛状体的荧光图。箭头所指位置为气孔

(d)], 额济纳旗的成熟叶毛状体短而稀 [图8-9 (e) ~ (f)]; 另外, 不管是李井滩的嫩叶, 还是额济纳旗的成熟叶, 下表皮 [图8-9 (c)、(d) 和 (f)] 比上表皮毛状体多 [图8-9 (a)、(b) 和 (e)]。

对白刺进行了短时间的荧光加湿示踪实验发现, 不论是李井滩的白刺还是额济纳旗的白刺, 在荧光加湿条件下都是毛状体散发蓝色荧光 (图8-10)。这说明白刺叶片的毛状体是其叶片的吸水部位或微结构, 另外, 从图8-10 (a) ~ (d) 可以看出, 毛状体最开始变蓝的部位为毛状体的尖端, 所以可知, 白刺毛状体尖端部位是白刺表皮毛最开始吸收大气水汽的部位。

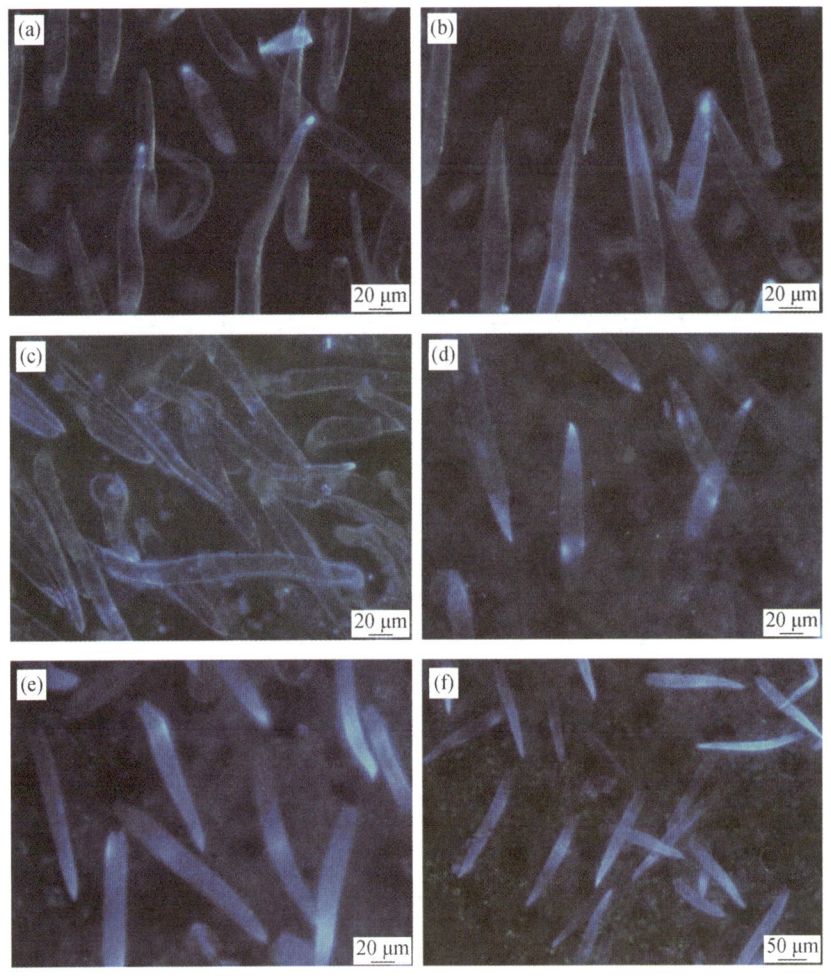

图 8-10 不同地方白刺表皮毛状体吸水荧光图
(a) ~ (c) 是短时间荧光加湿下李井滩白刺毛状体荧光吸水图, 其中, (a)、(b) 是上表皮毛状体,
(c) 是下表皮毛状体; (d) ~ (f) 是短时间荧光加湿下额济纳旗白刺毛状体荧光吸水图

从图8-11我们可以看出, 荧光加湿后, 白刺表皮上的毛状体已呈现蓝色荧光, 但气孔始终不散发蓝色荧光, 而是与图8-9中对照气孔颜色一致。说明白刺叶片上的气孔并不

最先吸收大气水汽，不是叶片的吸水部位。

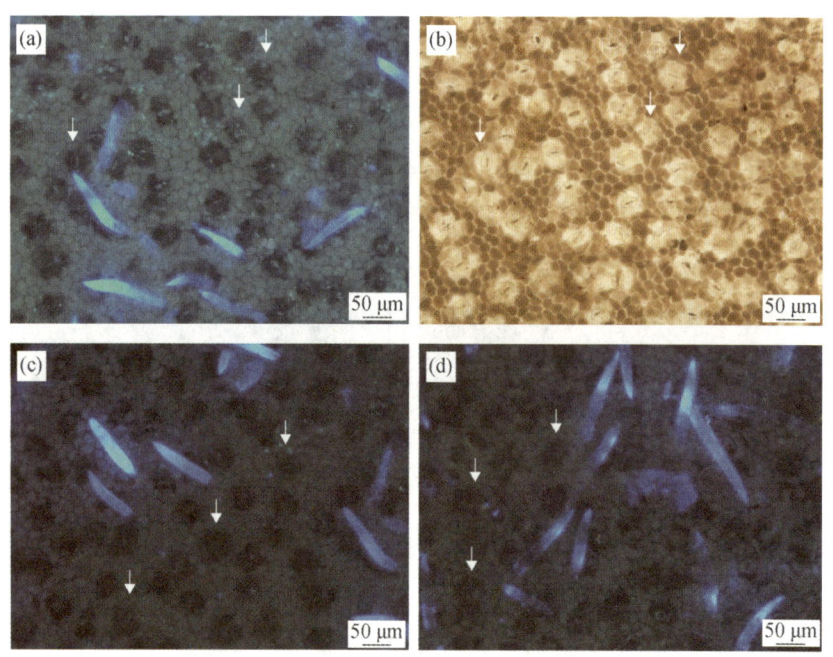

图 8-11　白刺气孔不吸收大气水汽荧光图

(a)、(c)、(d) 是白刺毛状体吸水荧光图，(b) 是 (a) 对应的明场图，明场下更容易看清气孔结构。箭头所指位置为气孔

8.1.5　红砂水汽吸收部位

1. 加湿实验和取样

使用装有荧光试剂的超声波加湿器对密封玻璃房内的植株进行一系列的加湿实验，示踪荒漠植物的地上部分哪些微结构能首先响应高湿度的大气环境，吸收大气水汽。另外，结合叶含水量称重，鉴定典型荒漠植物的叶片是否吸收大气水汽。

每次取样，将所取的一部分叶样品放入自封袋中，并于 4 ℃ 的冰箱内储藏，其余叶样品固定在装有 FAA（甲醇、冰醋酸、70% 的乙醇体积比为 5∶5∶90）的固定液中。将样品带回实验室进行检测分析。

每次加湿室取样品时，同步获取室外样品作为对照，并计算对照样叶含水量的变化，比较加湿室样品与对照样品含水量的变化，进一步判断叶片的吸水性。

加湿实验的具体操作过程参考 3.1.4 节。简单地说，我们构建一个有机玻璃房，根据野外植株大小，对植株的地上部分进行密封，并用超声波加湿器对植株进行荧光加湿，加湿程度可根据玻璃房内悬挂的温湿度计的读数来确定，加湿时间的长短可通过开和关加湿器来控制。

2. 叶片含水量的测定

采用叶片称重法计算荧光加湿前后叶片含水量变化。每次取样时，采集约 100 g 的叶片用于测试叶片吸收水分的含量,用万分之一的电子天平迅速称取其初始重量(Mass$_1$,g),称取后的叶片放在装干燥剂的信封内,带回实验室在 85 ℃下烘 48 h,称取烘干后的重量(Mass$_2$,g)。根据公式 LWC(%)=(Mass$_1$−Mass$_2$)×100%/Mass$_1$ 计算叶片含水量。

3. 荧光显微镜检测

从所采集的样品中挑选 10~15 个成熟叶片用蒸馏水清洗,清洗后进行进一步的处理。一部分叶片用于获取表皮进行叶表面观测,另一部分叶片用于切片观测,用切片机对鲜样直接进行切片,制成装片,在 Olympus BX53(Olympus Corporation,Tokyo,Japan)荧光显微镜下检测。

4. 扫描电镜检测

对固定在 FAA 固定液中的叶样品进行脱水、干燥、镀金处理后,用 SEM(Quanta200,FEI)并装有 X 射线能量色散谱(EDS;X flash 3001 Brucker)的扫描电镜观察叶表结构特征。

5. 红砂叶表微结构

我们在 2014 年 7~10 月对不同干旱区域的荒漠植物红砂地上部分进行了大气吸水荧光示踪实验,并利用扫描电镜及荧光显微镜对红砂叶表微结构进行了检测,对其吸水部位进行了鉴定,其结果如下。

图 8-12(a)表示去除叶肉细胞的表皮经干燥、镀金后,在扫描电镜下扫描的一个视野,从中可以看到红砂叶片表面有三种结构,气孔[图 8-12(b)]、吸水器[图 8-13(c)]和

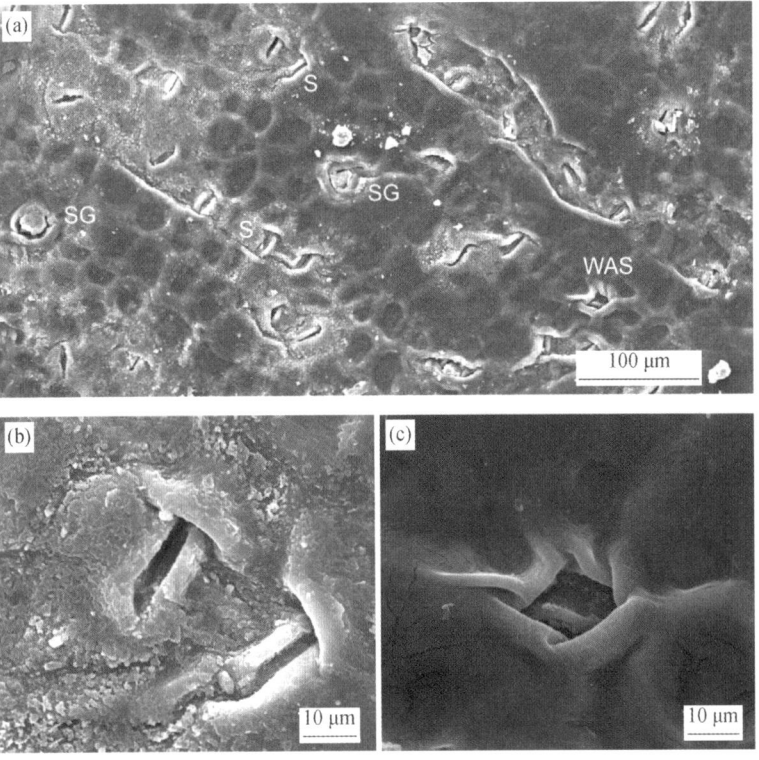

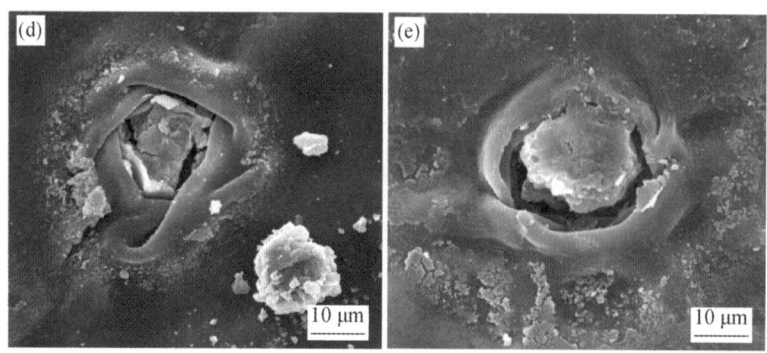

图 8-12 去除叶肉细胞的红砂叶表扫描电镜图
(a) 低倍下的叶表皮图；(b) 放大的气孔图；(c) 放大的吸水器图；
(d)、(e) 放大的盐腺图。S 指气孔；SG 指盐腺；WAS 指吸水器

盐腺［图 8-12 (d) 和 (e)］，盐腺的孔里含有大量的结晶盐，而气孔和吸水器的孔里不含盐；干燥后的叶片气孔都处于关闭状态，孔口闭合，而吸水器处于开放状态，瓣膜完全舒展开，孔口径最大。

在未将红砂叶肉细胞去除，而直接将红砂叶片干燥后，不镀金，在扫描电镜下检测红砂叶片，观察到红砂表皮由许多乳状突起构成，吸水器、盐腺和气孔穿插在乳状突起的表皮中［图 8-13 (a)］。其中气孔关闭，形成一条缝［图 8-13 (a)］，很难见到气孔。盐腺中分泌有大量的盐，形成非常明显的盐结晶体，常把盐腺孔堵住，盐腺中含有两个盐腺孔，盐分通过这两个盐腺孔分泌到叶表面的［图 8-13 (b) 和 (c)］。吸水器为多边形结构，由 4~7 个瓣膜（细胞）构成，孔口都是开放的［图 8-13 (d) ~ (g)］。

吸水器主要分布在叶片的中部和上部，由于其分布的不均一性，未计算单位面积上吸水器个数。上下表皮分布的吸水器和盐腺也不一致，通常上表皮分布的吸水器和盐腺比下表皮多。

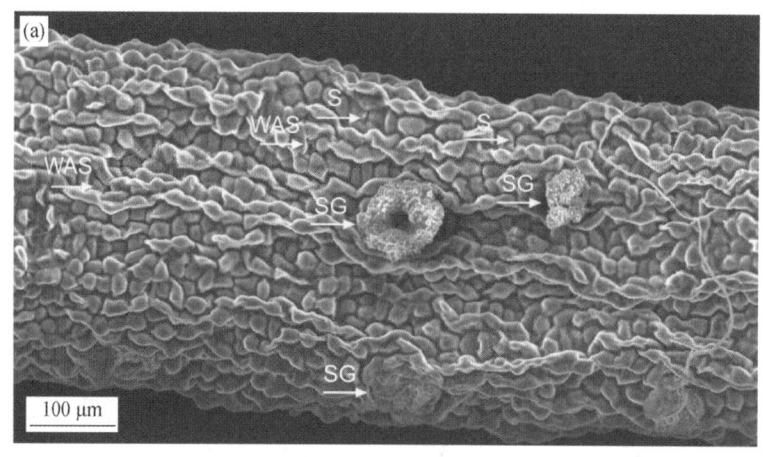

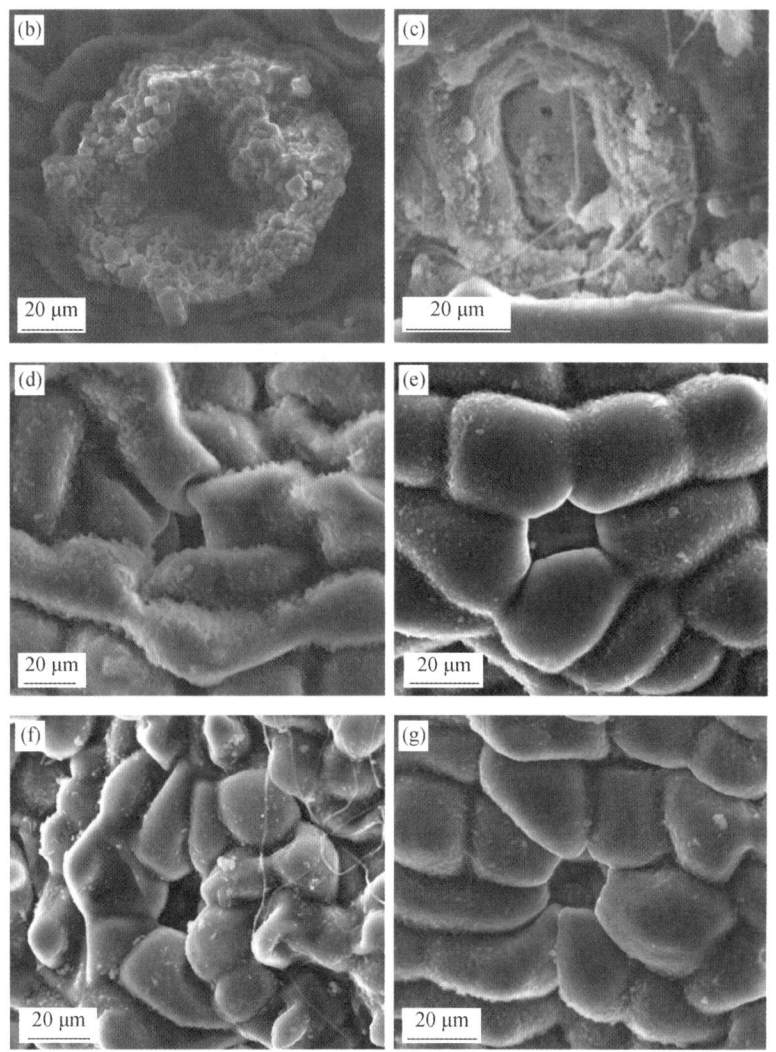

图 8-13 未去除叶肉细胞的红砂叶表扫描电镜图
(a) 低倍下的叶表面结构图；(b) 放大的盐腺图；(c) 盐腺基部有 2 个盐腺孔图；(d) 有 4 个瓣膜的吸水器表面图；
(e) 有 5 个瓣膜的吸水器表面图；(f) 有 6 个瓣膜的吸水器表面图；(g) 有 7 个瓣膜的吸水器表面图。S 指气孔；
SG 指盐腺；WAS 指吸水器

将植物的活体叶片在荧光显微镜的明场和荧光下分别观察，能看到许多皱缩形结构贯穿在表皮中，它们是由瓣膜围成的中央有孔的多边形吸水器。在 100 倍下这种皱缩结构看上去大都处于关闭状态，看不到中央有小孔 [图 8-14（a）]，但在 400 倍下能明显看到这种皱缩结构并未完全关闭，而是中央有小孔，约 5 μm [图 8-14（b）]，这种结构在荧光下比在明场下容易看到 [图 8-14（c）]；当表皮上粘有叶肉细胞时，吸水孔就像一个个下水井盖，镶嵌在植物的叶表皮上，瓣膜皱缩，周围有一个圆圈把瓣膜围住 [图 8-14（d）~（f）]。在荧光激发下瓣膜发出蓝乳色的荧光 [图 8-14（b）和（c）]，而周围的叶肉细胞发出红色的荧光［（图8-14（e）］，这是叶肉细胞中叶绿体发出来的荧光，由此可见瓣膜中基本上不含叶绿体。

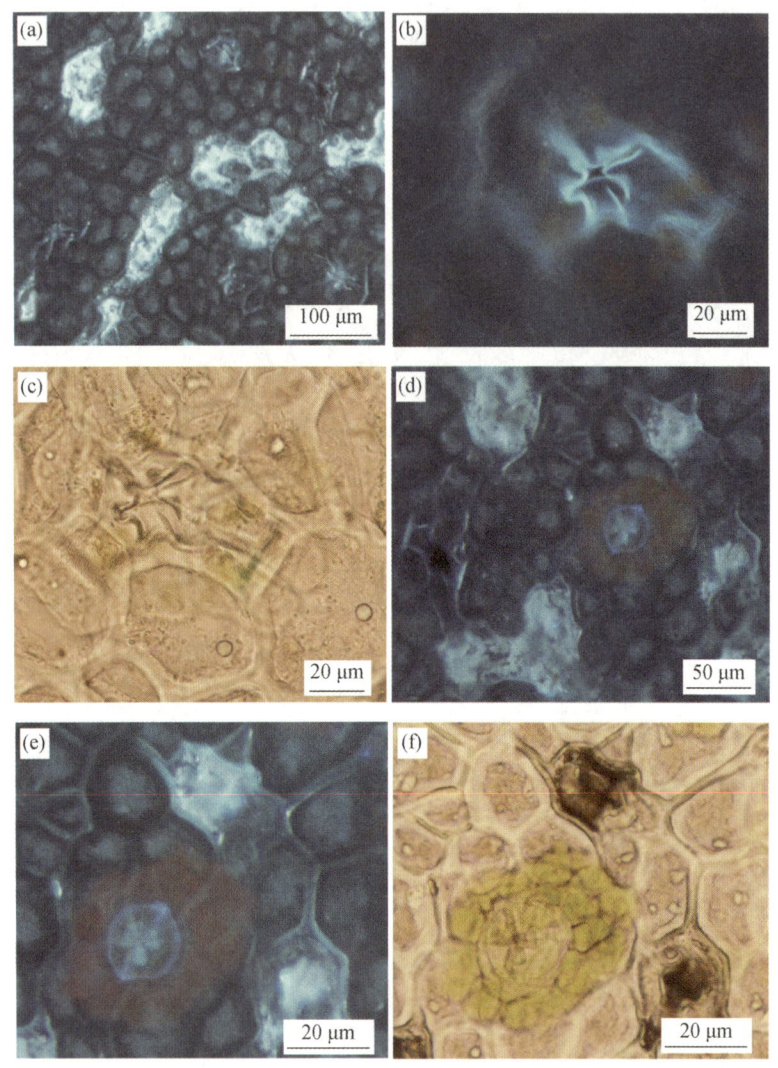

图 8-14　不同情况下观察到的红砂叶表吸水器图
(a) 叶表面，100 倍下拍摄；(b) 吸水器（WAS），400 倍下荧光拍摄；(c)、(b) WAS 明场下照片；
(d) 右边带有叶肉细胞的 WAS，左边不带叶肉细胞的 WAS；(e) 放大了的带有叶肉细胞的 WAS，类似于下水井盖；
(f) 明场下的 WAS

吸水器除了表皮瓣膜细胞之外，还包括茎细胞和基细胞。显微镜下，纵切部位不一样，所看到的吸水器的结构和外貌也不一样。图 8-15 是不同情况下吸水器的纵切图。从吸水器的中间纵切图可以看到，吸水器的茎细胞是中间的一隔层：由一个杆细胞，三个扁平的平行薄壁活细胞构成［图 8-15 (a)］；吸水时茎细胞被举起，像撑开的伞或蘑菇［图 8-15 (b)］；同时看到瓣膜细胞被举起，不再帖服在表皮细胞上［图 8-15 (a) ～

(c)], 这样有利于水分的传输。基细胞是一圆环底座 [图 8-15 (b)、(d) ~ (f)], 不吸水时茎细胞伞状膜下陷贴于圆形底座上, 从表观看上去吸水器中间呈现一小孔, 如前面所介绍的吸水器表面结构图 [图 8-15 (d) ~ (g)]。

图 8-15 (a) ~ (c) 是未进行荧光加湿的纵切图, 所以活的叶肉细胞在荧光显微镜下发红色荧光, 图 8-15 (d) ~ (f) 是进行了荧光加湿的吸水器纵切图, 因为已有荧光物质进入到叶肉细胞中, 所以导致叶肉细胞失活, 在荧光下并不显红色荧光 [图 8-15 (d) ~ (f)]。从吸水器的这些纵切图中都可以看出, 吸水器下陷深, 下陷至叶肉细胞中 [图 8-15 (a) ~ (d)、(f)], 但整个吸水器结构与叶肉细胞并非紧密粘贴在一起, 而是有些疏松 [图 8-15 (a) 和 (b)]。另外, 从荧光加湿吸水器的纵切图 8-15 (d) 和 (f) 中也可以看到茎细胞中的 3 个平行细胞。

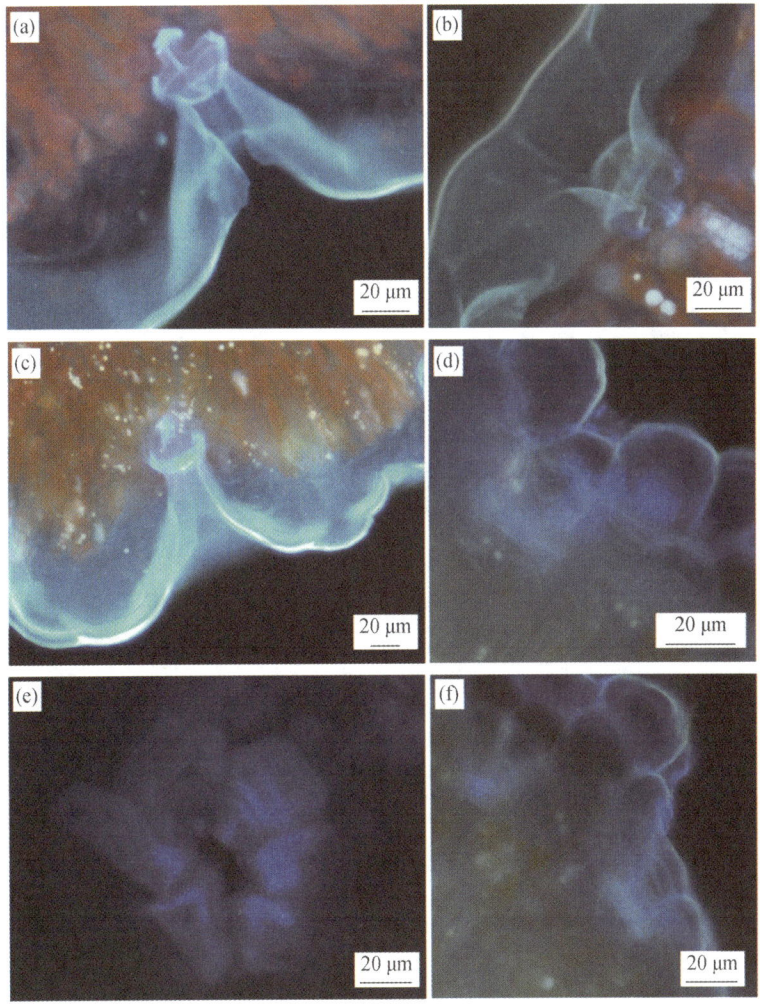

图 8-15 吸水器的茎细胞和基细胞
(a) ~ (c) 未进行荧光加湿吸水器纵切图; (d) 荧光加湿吸水器纵切;
(e) 去除叶肉细胞的表皮吸水器荧光加湿图; (f) 荧光加湿吸水器纵切图

盐腺结构与吸水器结构不一样。图 8-16 是盐腺的纵切图。从图 8-16 中可以看出，盐腺由底部呈圆碟状收集细胞 [图 8-16（a）和（b）] 和被角质层包裹成紫砂壶外形的分泌细胞 [图 8-16（c）和（d）] 构成；收集细胞与叶肉细胞紧密相连，中间并没有孔或间隙；荧光显微镜下可以看到盐腺外形上有两个光圈 [图 8-16（c）]，上下两层 [图 8-16（a）和（c）]，上部似壶盖 [图 8-16（a）]；整个结构下陷浅 [图 8-16（a）~（f）]。其中图 8-16（e）和（f）是盐腺纵向中间纵切图，从物质所发出的荧光颜色可以看出，分泌细胞中的物质与叶肉细胞中成分明显不一致。

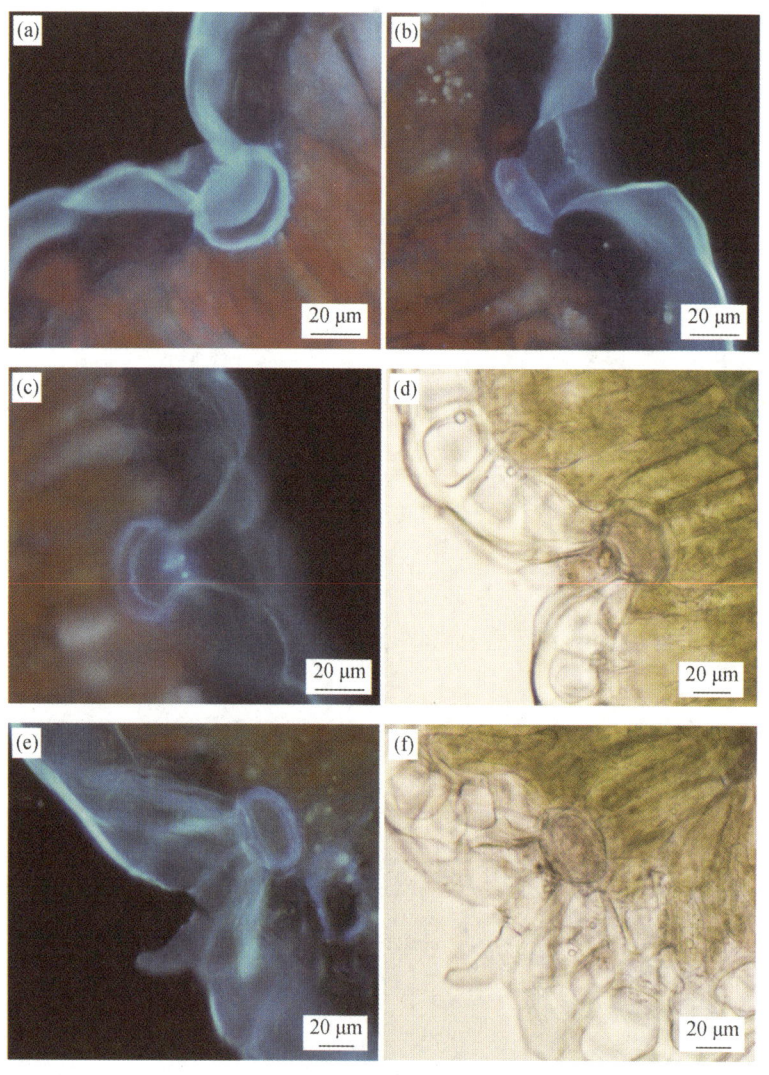

图 8-16　盐腺纵切图

（a）~（c）、（e）是荧光下盐腺纵切图；（d）、（f）是明场下盐腺纵切图；（f）是（e）对应的明场光学图

气孔结构与吸水器结构也不一样。图 8-17 是气孔纵切图。从图 8-17 中可以明显看出，气孔下有孔下室、下陷浅室。

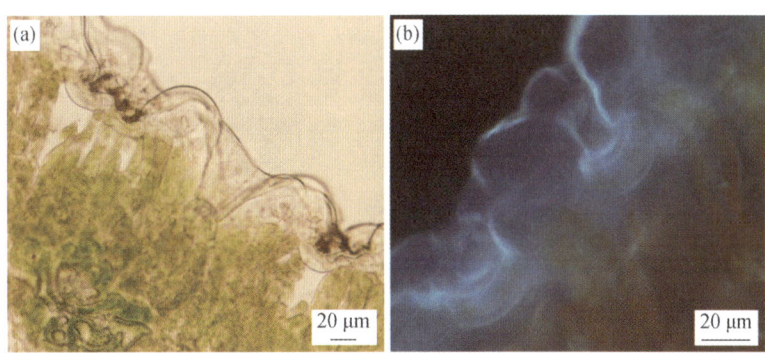

图 8-17 气孔纵切图
(a) 明场下气孔光学纵切图；(b) 气孔荧光纵切图

图 8-18 是吸水器、盐腺和气孔在同一视野中的荧光纵切图。从图 8-18 中可以看出，吸水器、气孔和盐腺三者最明显的区别是：吸水器下陷进入叶肉细胞，比气孔和盐腺下陷得深些，气孔和盐腺下陷在表皮处，未进入叶肉细胞；吸水器和盐腺没有孔下室，而气孔下有孔下室。

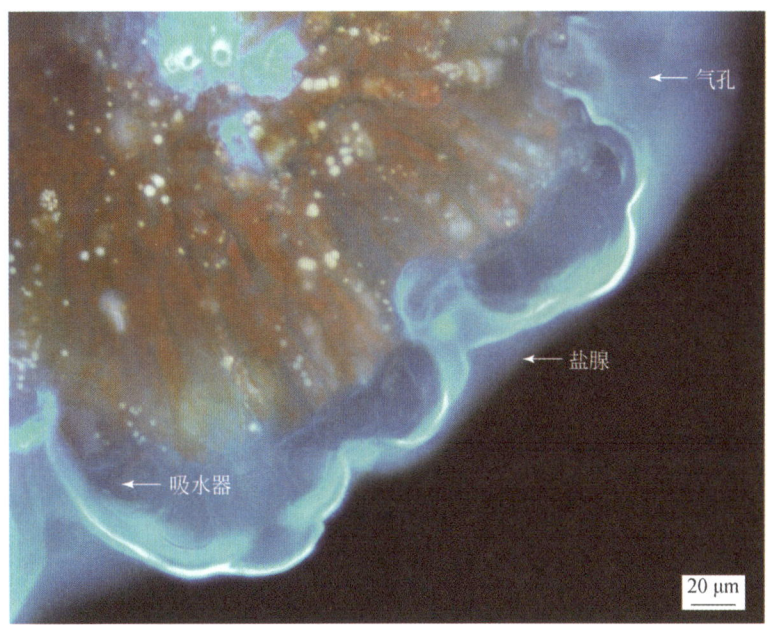

图 8-18 吸水器、盐腺和气孔同一视野中的荧光纵切比较图

从表面图上看，气孔由两个饱满的新月形保卫细胞构成 [图 8-19 (a) 和 (b)]，盐腺被角质层包裹成花菜状 [图 8-19 (c) 和 (d)]，吸水器表皮皱缩平摊，边上能看到圆环状结构 [图 8-19 (e) 和 (f)]。

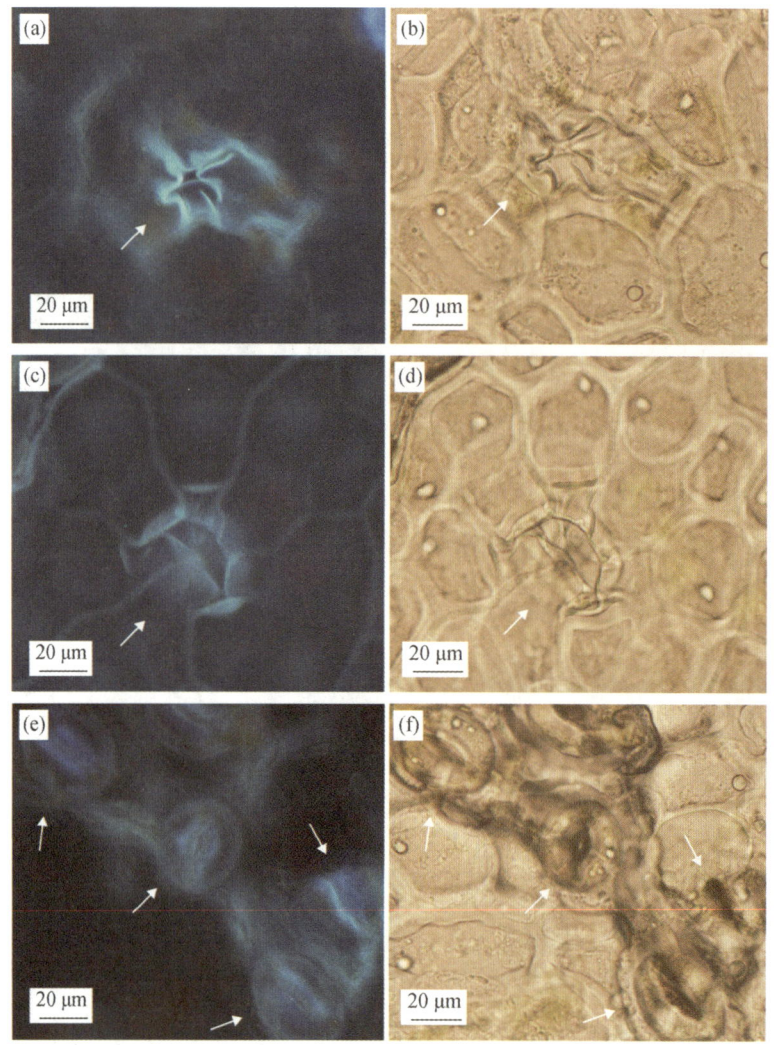

图 8-19 吸水器、盐腺和气孔表面比较图
(a)、(c)、(e) 是表面荧光图；(b)、(d)、(f) 是对应的明场光学图

6. 红砂吸水器的吸水过程和形态变化

荧光加湿显微检测能看到吸水器的外观形貌和荧光强弱发生变化。干燥时，低倍荧光显微检测下能看到很多吸水器 [图 8-14 (a)]，吸水孔处于关闭状态 [图 8-14 (b)]；图 8-20 显示，在未加湿、相对湿度为 30.11% 时，吸水器基本处于关闭状态，吸水器的瓣膜皱缩在一起，中间的孔很小，瓣膜上不见蓝色荧光 [图 8-20 (c)]；对植株进行荧光加湿，空气湿度为 70%~95%，加湿 1 h 后能看到很多的吸水器瓣膜发少量蓝色荧光 [图 8-20 (a) 和 (b)]，吸水器瓣膜半舒展开，中间孔径稍变大 [图 8-20 (d)]；当加湿 2 h 时，吸水器瓣膜全张开，中间孔变大，瓣膜发出淡淡的一层蓝色荧光，颜色并不深 [图 8-20 (e)]；当加湿 3 h 时，湿度为吸水器瓣膜完全舒展开，中间孔径变为最大，呈多边形结构，瓣膜完全变成深蓝 [图 8-20 (f)]。

在干旱时，吸水器处于关闭状态；在湿润时，吸水器吸水膨胀，形成中间为孔的多边形结构。吸水孔随湿度增大，以及加湿时间的延长，蓝色荧光增强，表明吸收的水分越来越多。

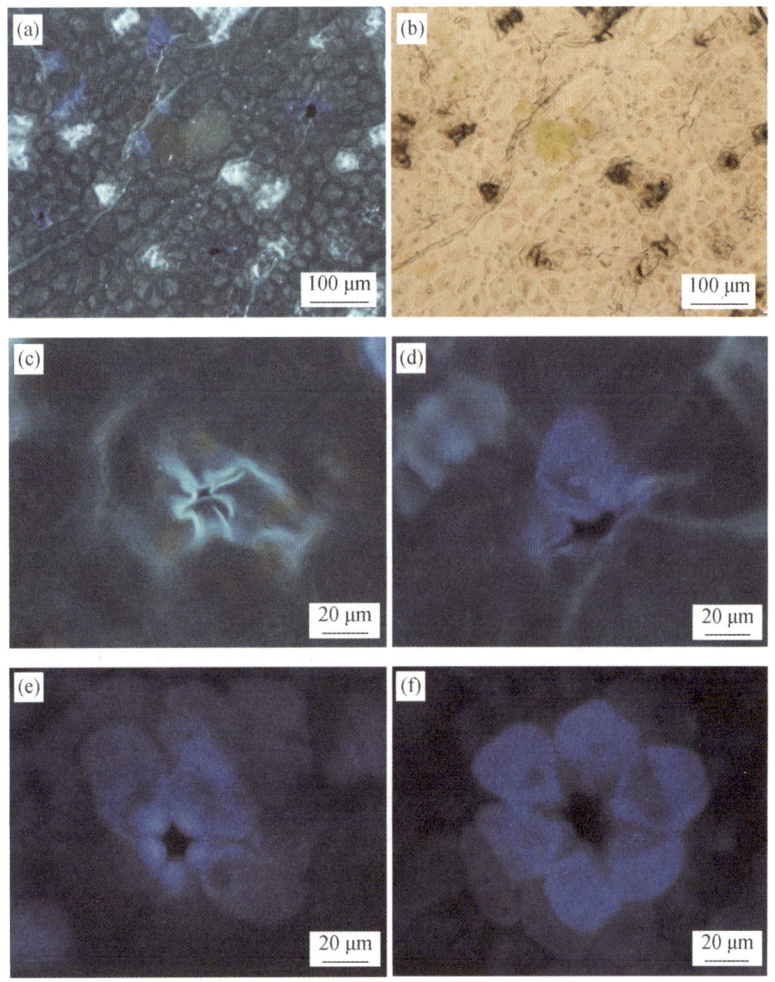

图 8-20　不同加湿时间段吸水器吸收水分瓣膜形态变化及荧光强度变化过程
（a）荧光加湿 1 h 时，100 倍下的吸水器荧光图；（b）对应（a）明场下的光学图；（c）未加湿时吸水器荧光图；
（d）荧光加湿 1h 时，400 倍下的吸水器荧光图；（e）荧光加湿 2h 时，400 倍下的吸水器荧光图；
（f）荧光加湿 3h 时，400 倍下的吸水器荧光图

荧光检测发现，吸水器吸水过程中，不仅瓣膜细胞吸水膨胀而发生形态变化，茎细胞也发生相应的变化。吸水器未吸水时，基部呈一环状结构，如图 8-21（a）以及（c）左边的吸水器图；当吸水时，茎细胞中的拉杆式细胞把茎细胞中的平行活细胞慢慢举起，由环形形状［图 8-21（a）］变成杯状［图 8-21（b）］，最后当吸水器中全部吸满水时，茎部拉杆式细胞绷紧，平行细胞全部舒展开来，成弯曲的 T 状结构，如图 8-21（c）右边吸水器图。这时，瓣膜细胞也全部舒展开来，不再帖服在表皮细胞上［图 8-21（c）］，这样

能使吸进去的水分向两侧的表皮细胞传输［图 8-21（c）］，整个结构呈倒立的喇叭状或伞状［图 8-21（c）］。

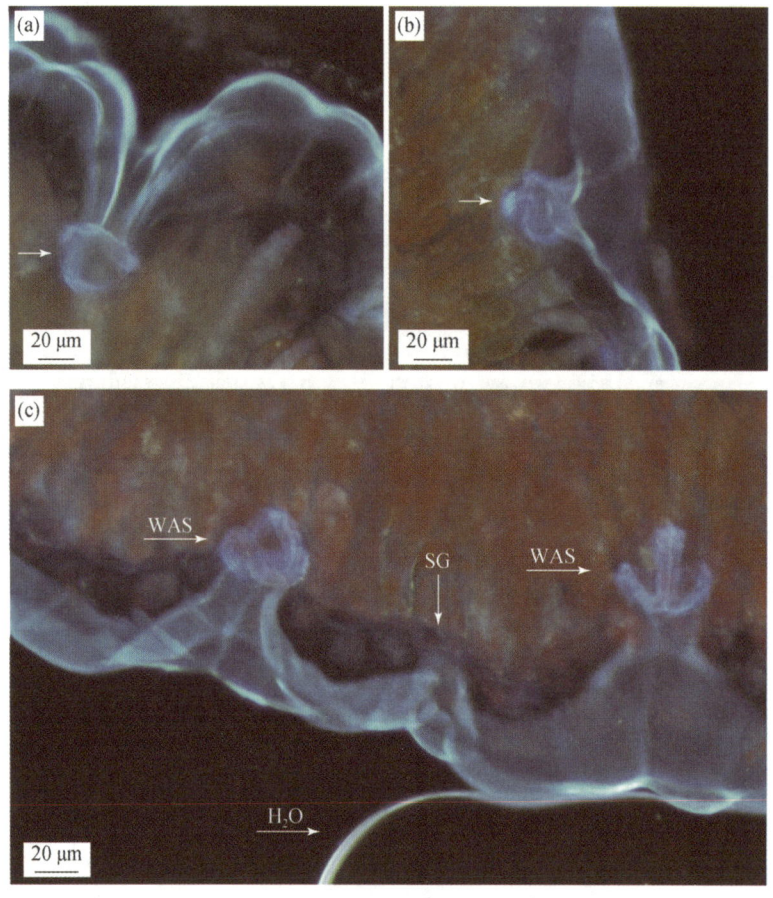

图 8-21 吸水器吸水茎细胞的变化过程

（a）当干旱时或没有加湿时；（b）开始加湿时，吸水器茎细胞的举起呈杯状结构；（c）当湿润时，吸水器的茎细胞完全被举起呈弯曲的 T 字形结构（右边），当没有湿润时，吸水器茎细胞仍然是环状结构（左边）。
SG 指盐腺；WAS 指吸水器；箭头所指位置为气孔

荧光加湿显微检测，还可以看到吸水器吸水过程中水分的传输途径。从图 8-22（a）荧光图可以看到，水分从瓣膜细胞与伞状结构相连接的部位浸润进去，通过平行细胞向两侧的表皮细胞传输，致使整个叶表湿润后，再从表皮进入叶肉细胞［图 8-22（b）］，而并不是由吸水器的基细胞直接传给周围邻近的叶肉细胞。

吸水器、气孔、盐腺是镶嵌于红砂叶表的三种结构，它们形态不一样，功能也不相同。吸水器能吸收大气中的水汽，而气孔和盐腺不能。对红砂植株进行荧光示踪加湿实验，显微检测发现红砂叶片中的吸水器瓣膜细胞很快变蓝［图 8-23（a）和（b）］，而气孔和盐腺处细胞未变蓝，还是发出乳白色荧光［图 8-23（a）和（b）］，表示吸水器在高湿度大气下能最先从大气中吸收大气水汽，而气孔和盐腺不能。

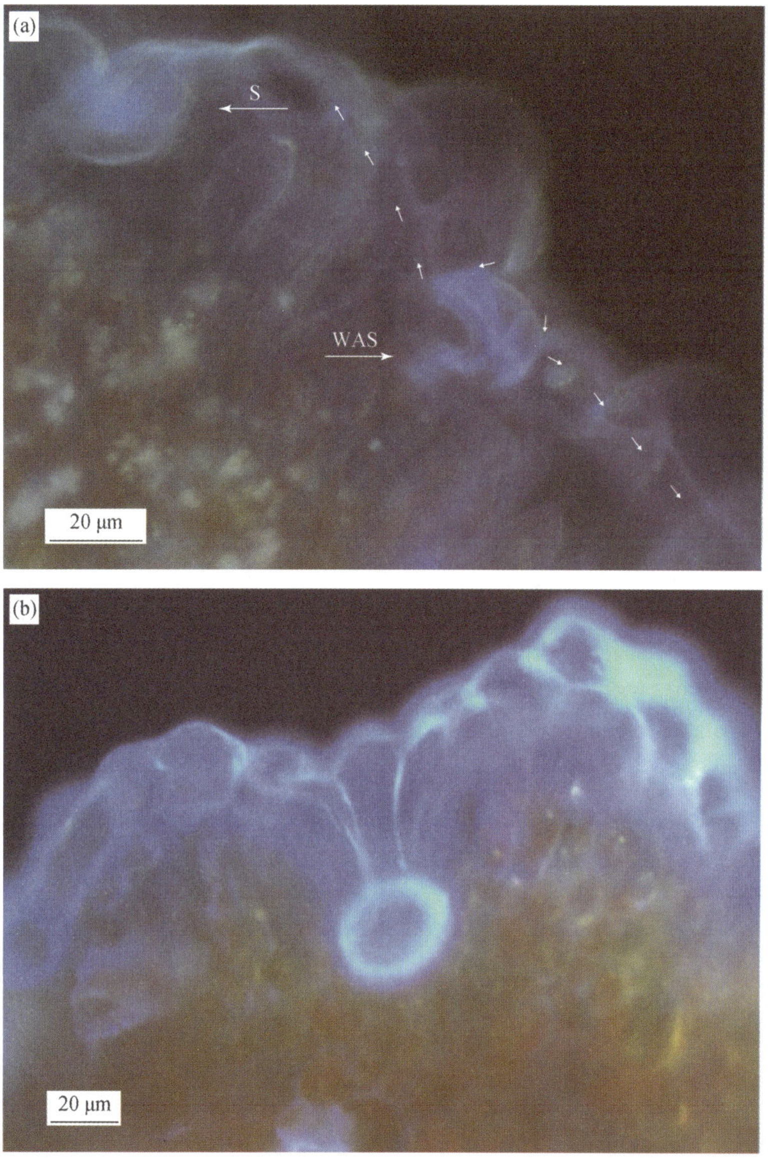

图 8-22　吸水器吸水水分扩散途径

（a）荧光加湿半小时；（b）荧光加湿 3 h。短箭头表示水分传输的途径；S 指气孔；WAS 指吸水器

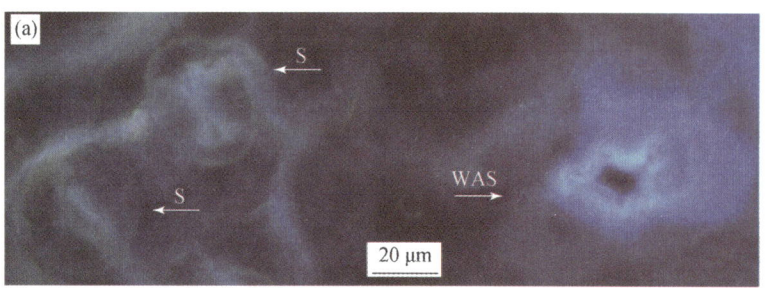

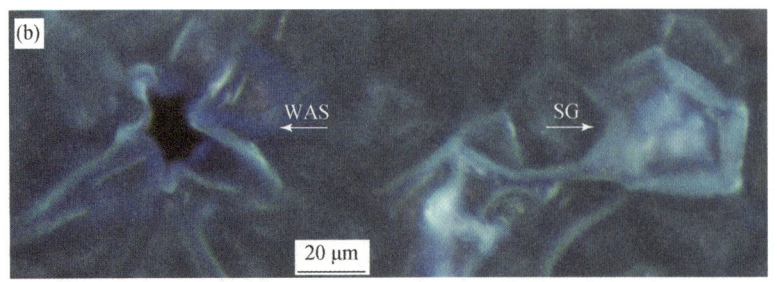

图 8-23 荧光加湿过程中气孔、盐腺和吸水器荧光颜色的比较

(a) 加湿 2 h 吸水器和盐腺的比较；(b) 加湿 1 h 吸水器和盐腺荧光颜色的比较。S 指气孔；SG 指盐腺；WAS 指吸水器

7. 红砂吸水器对大气水汽的吸收

为进一步证明叶片吸收了水分，我们采用快速称重法对每次取样带叶枝条的含水量进行了估算。从图 8-24 可以看出，在维持相对湿度为 75%~95% 的情况下，随着加湿时间的延长，枝叶的含水量一直在增加，且加湿室中枝叶的含水量都明显大于对照枝叶含水量，嫩叶含水量从 47.8% 增至 54.2%。这表明叶片从湿度较大的大气中吸收了水分。

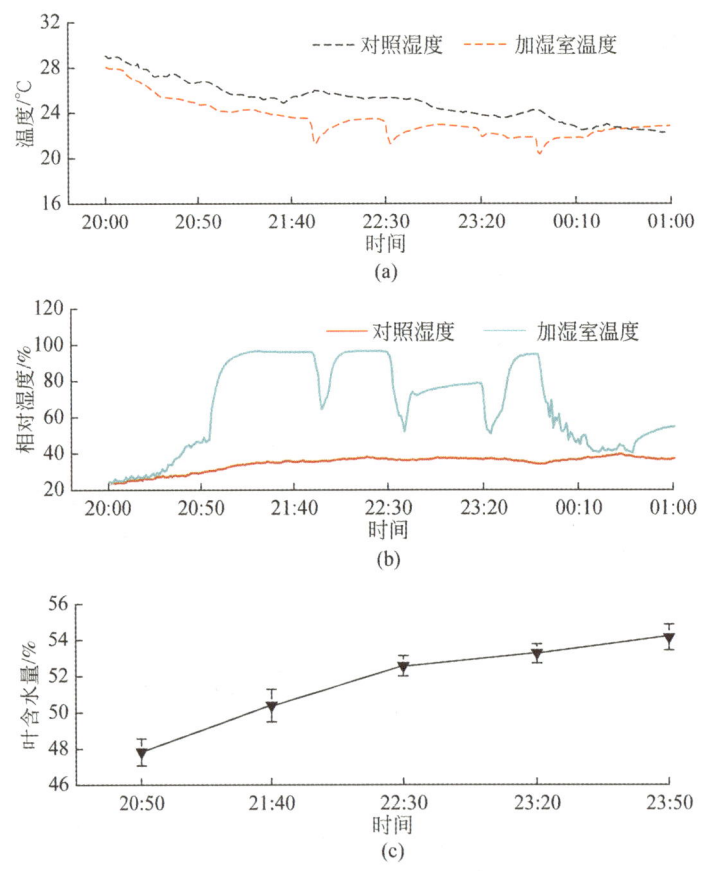

图 8-24 荧光加湿时叶片相对含水量随湿度和温度的变化

(a) 玻璃房和自然环境中温度的变化；(b) 玻璃房和自然环境中相对湿度的变化；(c) 不同荧光加湿时间段叶含水量的变化

8. 吸水器与表皮、盐腺处成分比较

为了解红砂吸水器能吸水的原因，我们利用扫描电镜（EDS）对吸水器（WAS）的瓣膜和正常叶表皮（EP）处以及盐腺（SG）处的成分分别进行了鉴定，主要的结果如图 8-25 和表 8-1 所示：EP 主要由 C（83.91%）、O（15.54%）元素构成，它们占整个元素含量的 99.45%；WASs 中除主要的 C（81.05%）、O（15.38%）元素外，还含有少量的 Cl（1.07%）、K（0.91%）、S（0.44%）、Na（0.39%）元素，SG 中 O、Ca 和 Cl 元素含量较高，分别占 44.87%、8.6% 和 2.95%，而 C 元素含量相对于 EP 及 WASs 含量较低，只有 39.71%，由此可知，EP 和 WASs 主要由有机物构成，SG 主要是由无机物构成的混合盐晶体；WASs 相对于 EP，除构成有机物的基本元素 C、O 外，还含有相对较多的 Cl、K、S、Na 元素。

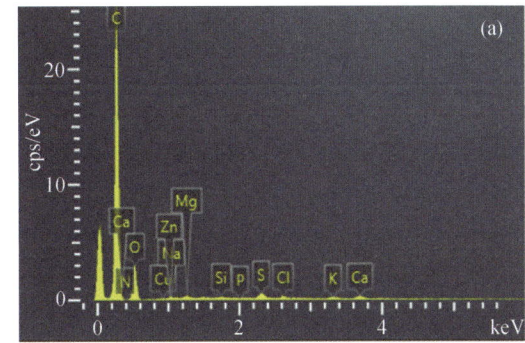
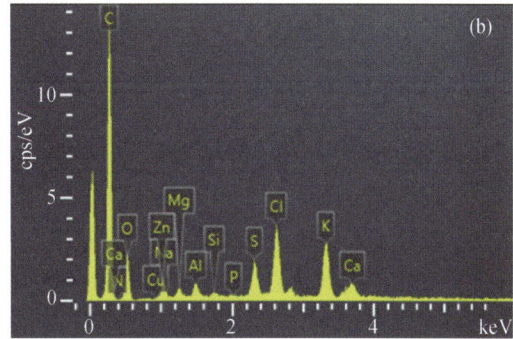
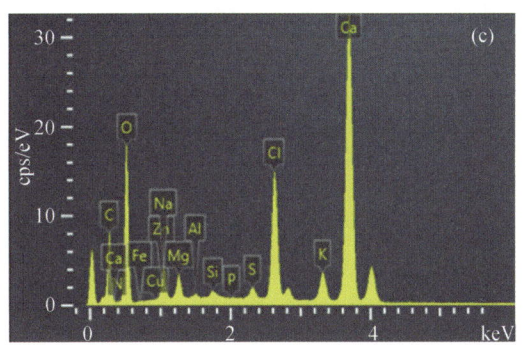

图 8-25 吸水器、正常表皮和盐腺处成分比较
(a) 正常表皮的成分；(b) 吸水器的成分；(c) 盐腺处的成分

表 8-1 红砂叶表正常表皮、吸水器和盐腺处元素成分的百分含量比较 （单位:%）

指标	C	O	Na	Mg	Al	Si	P	S	Cl	K	Ca
EP	83.91	15.54	0.04	0.1	0	0.02	0	0.14	0.07	0.06	0.14
WASs	81.05	15.38	0.39	0.19	0.23	0.05	0	0.44	1.07	0.91	0.29
SG	39.71	44.87	1.79	0.88	0.1	0.13	0.01	0.24	2.95	0.74	8.6

9. 分析与讨论

本研究取样都是野外的样本，由于影响叶面结构的环境因素很多，不同枝条同一部位甚至同一枝条同一部位的叶片其叶表面的结构也可能有差异。我们发现同样处理下，同一批样本叶片发荧光强度并非完全一致，有时甚至同一枝条同一部位同一老嫩的叶片荧光强度也有差异。图8-24反映的叶片荧光强度随加湿时间的变化，只是代表大多数的情况，并不代表全部。

目前有关叶表吸水器的报道较少，已有成果主要集中在对凤梨科植物的研究。凤梨科是一种附生植物和旱生植物，广泛分布于美洲热带地区和西印度群岛，根退化，几乎完全依赖雨水降落在叶上来维持水分的平衡。凤梨科鹦鹉凤梨（*Vriesea psittacina*）叶表中贯穿许多吸水器，每个吸水器的顶部由一个复杂的细胞结构形成，整个结构形成了一个有效的吸水区域和不能倒流的阀（Martin and Juniper, 1970）。当叶片干燥时，叶表上有许多鳞状的吸水孔，导致整个叶片看上去显白色；当叶湿润时，整个叶看上去显绿色。这种现象与我们观察到的红砂叶一致。野外下雨时，我们发现红砂叶子变绿了，如果长时间没下雨，红砂的叶片看上去则发白，这可能是由红砂叶表上有许多吸水器造成的。Dolzman（1964，1965）观察到 *Vriesea psittacina* 叶表中的吸水器的茎细胞是由3~4个扁平的、薄壁活细胞构成。在红砂叶片中也被证实有这种结构［图8-15（a）］。

图8-21显示了红砂吸水过程。当叶干燥时，红砂吸水器茎细胞中的平行细胞平摊在基部，顶端膜细胞没有被举起来，这样或多或少形成了一个不可渗透的阀，阻止里面的水分向外渗出［图8-21（c）左边吸水器］；当叶湿润时，吸水器快速吸水膨胀，茎细胞舒展开来，顶端膜细胞形成撑开的伞状结构或蘑菇状，这样有利于外边环境中的水分不断地向两侧的表皮细胞传输［图8-21（c）右边吸水器；图8-22（a）和（b）］。本研究中所发现的红砂吸水器的这种现象，在凤梨科的一些物种中也被阐述过（Haberlandt, 1914）。

另外，我们认为红砂吸水器最外面的瓣膜细胞有类似于紫花凤梨（*Tillandsia cyanea*）中吸水孔顶端死细胞的功能。大气水汽首先被这些瓣膜细胞捕获到，接着水分渗进吸水器的茎细胞中，然后水分活化所有的表皮细胞，再被传入到叶肉细胞。

Dolzman（1964，1965）推测，亲水性的活细胞可能有非常精细的结构，这些结构可能与它们的吸水能力有关，它们彼此由大量的胞间连丝相互连接着，为水通道提供可能的路径。根据图8-22（a）和（b），在吸水器周围的叶表皮细胞都呈现蓝色荧光，而在吸水器底端的叶肉细胞并没有呈现蓝色荧光，表明吸水器所吸收的水分快速地传输到吸水器周围的叶表皮细胞，而并没有快速地传输到吸水器底端周围的叶肉细胞。由此我们认为，吸水器与叶表皮细胞由大量的胞间连丝相互连接着，而吸水器与其底端或周围叶肉细胞并没有通过胞间连丝相互连接着。吸入的水分，并没有由吸水器传至吸水器底下的叶肉细胞，而是传输至两侧表皮细胞，再由表皮细胞传至附近的叶肉细胞［图8-22（a）和（b）］。也就是说，吸水器与其底部是不透水的。这一点与Dolzman认为的并不一致。Dolzman认为，吸水器结构为吸水器顶端的死细胞和表皮细胞及底端的栅栏组织提供了一个持续的吸水途径。也就是说，Dolzman认为吸水器与其底端或周围的叶肉细胞是相通的，吸水器能将吸收的水分直接传入叶肉细胞。

在吸水孔成分与乳状突起成分对比基础上，我们认为红砂吸水器上的盐分可能对吸水器吸收非饱和大气水汽起促进作用，瓣膜细胞上的这层薄薄的盐可能有助于吸水器将大气中的水分子捕获到吸水器的瓣膜上；在高湿度的空气中，越来越多的水分子被吸附到瓣膜上，最终在瓣膜细胞和吸水器中的活细胞之间形成一个持续的吸水途径。

水能被沉积的气溶胶吸附，许多气溶胶成分是由部分或全部亲水性的盐构成的（Burkhardt et al., 2012）。盐在某一特定的相对湿度（也叫潮解点）下突然变成潮湿的或液态的。例如，KCO_3和$NaCO_3$的潮解点为33%、KNO_3为95%（Schönherr, 2006）、$NaCl$和$NaClO_3$为75%、$(NH_4)_2SO_4$为80%、NH_4HSO_4为40%（Burkhardt et al., 2012）。盐在低的相对湿度（RH）下呈固态晶体，反之，在超过潮解点的较高相对湿度下呈液态，由于水蒸气和晶体结合形成含水电解质（Burkhardt, 2010）。这是由于潮解，盐能吸收重量几倍于自己的水；随着湿度的增加，盐吸收的水以指数形式增加（Pilinis et al., 1989; Zhao et al., 2008; Mauer and Taylor, 2010）。

红砂吸水器内外的盐分主要是KCO_3或$NaCO_3$、$NaCl$或KCl、Na_2SO_4或K_2SO_4。这些盐的潮解点是≤80%。这些物质能有效地从非饱和的大气中吸附或浓缩水分子至叶表面（Martin and Juniper, 1970; Mooney, 1980），引起吸湿性叶面粒子的潮解和几何形状引起的毛细凝聚。接着吸附或浓缩于叶表的水分被传输进叶肉细胞。叶表与横跨吸水器的液态水连接一旦建立，就会在叶表与叶内叶肉细胞之间产生一个持续的水流或物质流。这种现象类似于水活化气孔的功能（Burkhardt, 2010）。因此红砂叶表吸水器上的这些盐分能促进红砂叶片在低大气湿度下，也就是在相对湿度小于80%的情况下吸收大气水汽。正如我们所发现的，在相对湿度仅仅为50%~65%的情况下，也能导致红砂叶片对大气水汽的吸收。也许这正是荒漠植物红砂能在年均降水量仅为7 mm的极端干旱区戈壁上存活的原因。这些地方尽管降水量很少，但由于昼夜温差大，晚上或早晨大气湿度经常在60%以上，红砂叶片能充分利用大气中的这种水源。

本研究显示，红砂盐腺并不首先吸收大气水汽，我们认为这可能是由于盐腺上有一层厚厚的盐结晶［图8-13（a）和（b）］。盐腺所分泌的盐和大气气溶胶由于不断地潮解和风化导致盐壳的凝聚和形成（Burkhardt, 2010）。由于盐腺中含有高的O（44.87%）、Ca（8.6%）和Cl（2.95%），也含有一定数量的Mg（0.88%）［图8-25（c）和表8-1］，在盐腺里或上可能形成了一些不可溶性的$CaCO_3$和$MgCO_3$。这些物质的存在显著地减少了或推迟了水渗透进入叶肉细胞中。它可能类似于在叶表形成结壳的粒子，这种结壳的粒子像水泥一样，既含有细颗粒，又含有粗颗粒，两者结合显著地减少了其水溶性（Burkhardt, 2010）。

另外，盐结晶首先要吸收水分使其溶解掉，才能吸进去。而盐要溶解需外界湿度达到盐的潮解点，而有些物质的潮解点高，特别是大部分盐的混合物结晶的潮解点基本上为100%，所以湿度必须达到这个值，盐才会潮解，相应部位的角质层才会形成水孔，才会引起吸水。

事实上,吸水器含有高数量的 K,这有助于吸水器对大气水汽的吸收。因为吸水器中的 K 有类似于气孔保卫细胞中的 K 的功能,即通过渗透作用使细胞活化吸收和随后的膨胀,从而导致水分的吸收(Burkhardt et al., 2001)。

8.2 荒漠植物水汽吸收利用的细胞分子生物学响应机制

植物水分传输途径有两种,一种是共质体传输途径,另一种是质外体传输途径。质外体是指植物细胞原生质体外围由细胞、细胞壁和导管组成的系统,它是养分运输的重要途径,并有储存养分和活化盐分的功能。共质体是指由穿过细胞壁的胞间连丝把细胞相连,构成一个相互联系的原生质的整体。

通过荧光加湿实验结合显微镜观察,我们不仅可以检测出最先吸收大气水汽的表皮结构,而且通过纵切图还可以观察到叶内水分的细胞传输途径。由 8.1.3 节可知,霸王为多汁旱生植物,叶肉肥厚,荧光加湿实验发现,霸王最先靠叶表细胞表面的分泌物吸附大气水汽,然后沿垂周细胞壁渗透角质层表皮进入叶肉细胞。这里要介绍的是水分如何在叶内传导。

从霸王叶片纵切图 8-26 可以看出,沿细胞垂周壁进入的水分,在整个表皮细胞传导使整个表皮细胞润湿而散发蓝色荧光 [图 8-26(a)和(b)],然后沿质外体传输途径进入叶肉细胞 [图 8-26(c)和(d)],并继续往里面的叶肉细胞传导,最后进入叶内维管束 [图 8-26(e)和(f)]。因为霸王是肉质状叶片,叶内叶肉细胞有多层,如上表面有多层栅栏组织的叶肉细胞,叶肉细胞本身就能储存水分。在水分传入第一层叶肉细胞并将大部分水分储存在第一层叶肉细胞中,使第一层叶肉细胞基本上全部吸足水分,即储水足够后,再通过质外体传输途径将大部分水分传入第二层叶肉细胞,最后传入维管束中 [图 8-26(g)和(h)]。这就是在荧光图 8-26(g)和(h)上看到的有两圈蓝色荧光的原因,第一圈是表皮层细胞湿润后散发的蓝色荧光,第二圈是第一层叶肉细胞大量储存水分后散发的蓝色荧光。

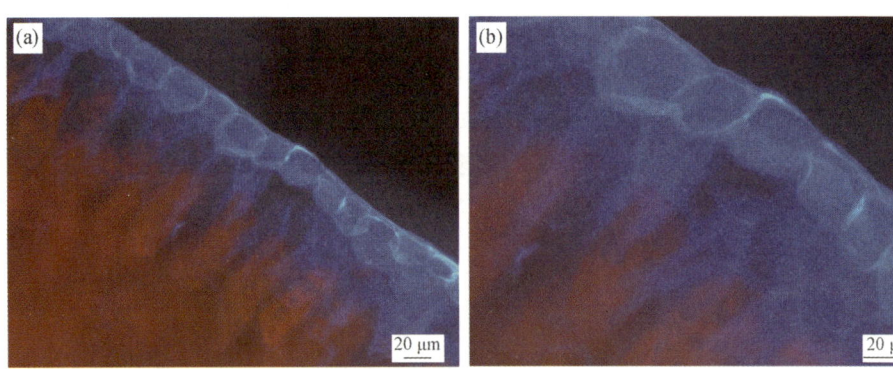

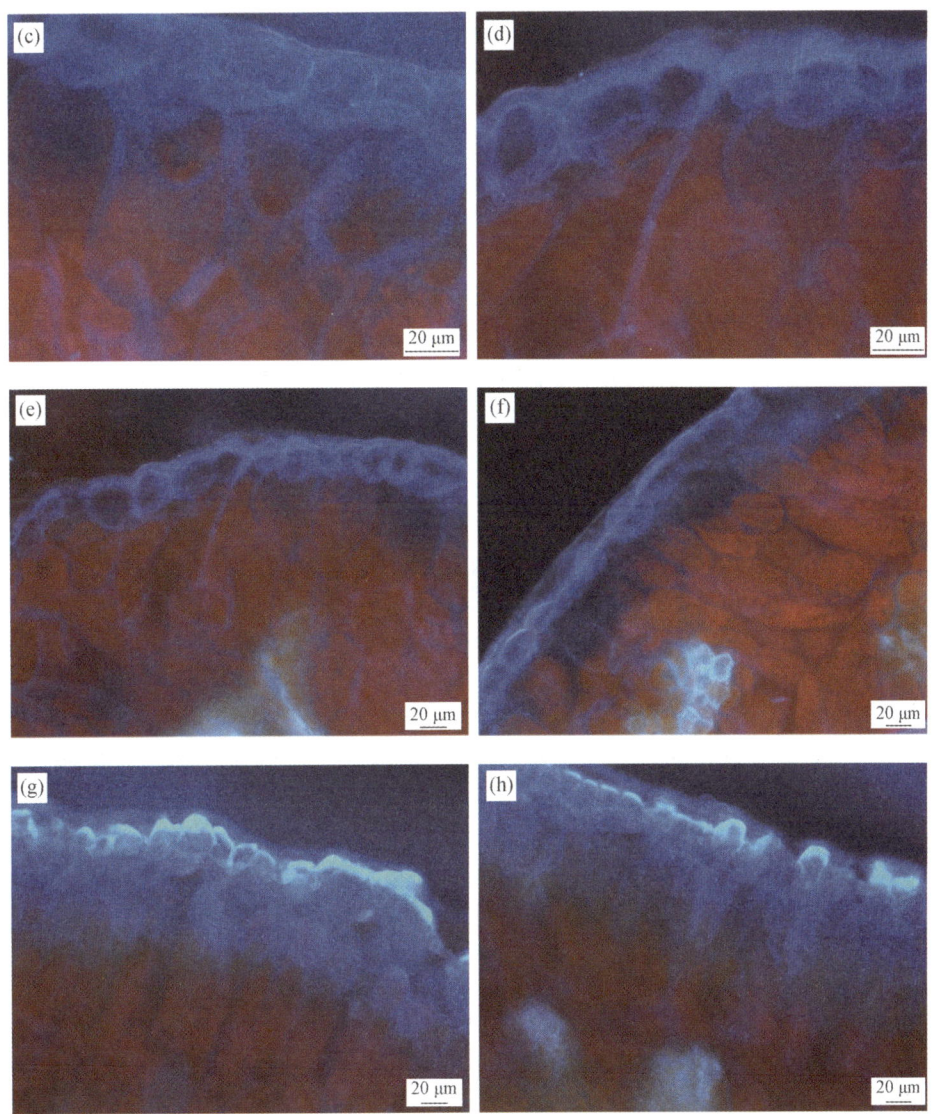

图 8-26 霸王叶片吸水传输途径

由 8.1.2 节可知，成熟的梭梭同化枝可以从气孔处吸水大气水汽，而幼嫩的梭梭同化枝从表皮细胞壁吸收大气水汽。从梭梭同化枝水分传输途径纵切图（图 8-27）可以看到，与对照相比［图 8-27（a）和（b）］，最先是梭梭气孔处细胞开始散发一点点蓝色荧光［图 8-27（c）］，嫩枝条的表皮细胞也开始散发很浅的蓝色荧光［图 8-27（d）和（e）］，随着加湿时间的延长，气孔处细胞散发的蓝色荧光越来越强［图 8-27（f）~（h）］，并通过质外体传输途径，水分从气孔处途径叶肉细胞和维管束鞘细胞，传入到梭梭同化枝中间的储水组织中以及靠近维管束鞘的小维管束组织中。

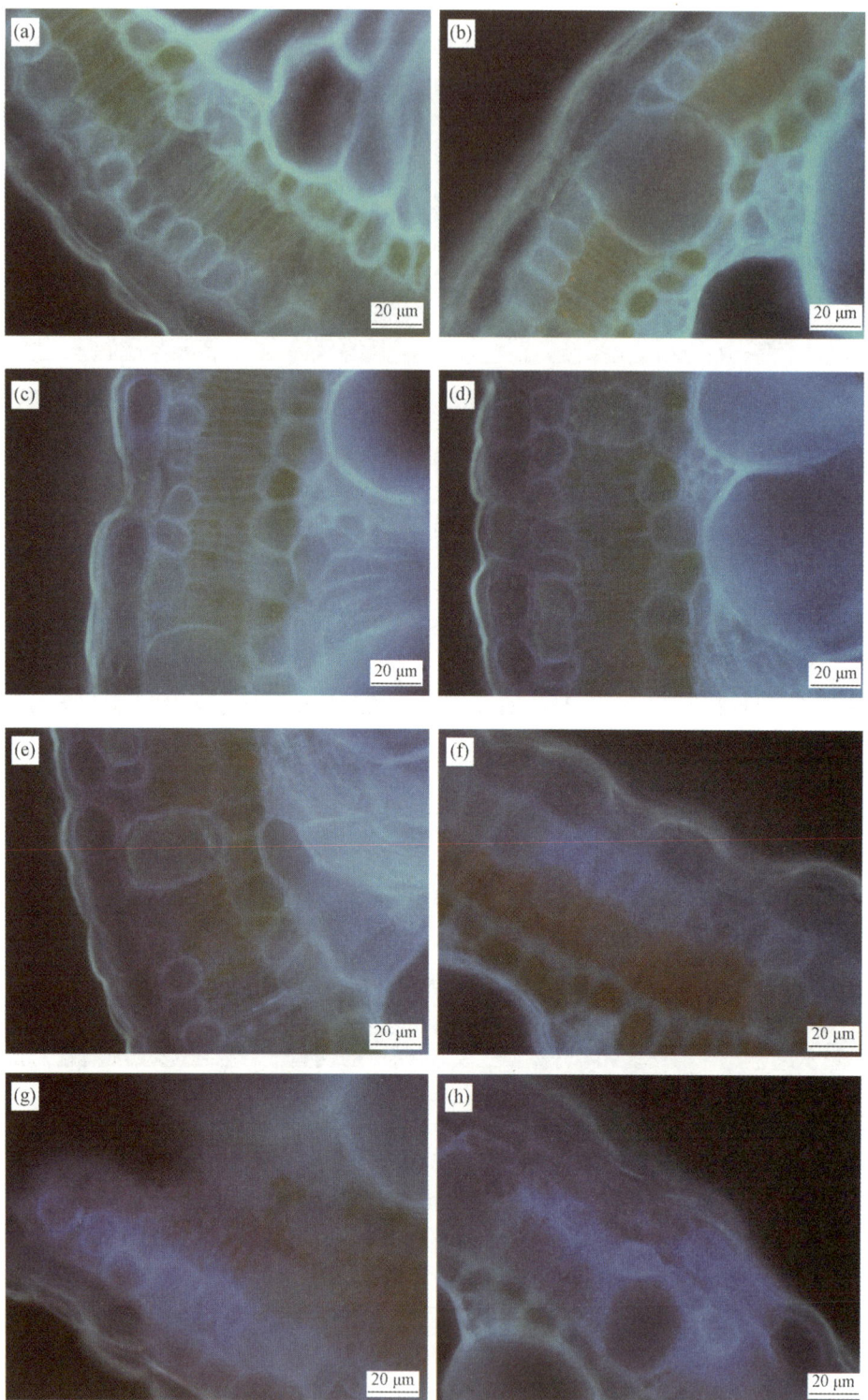

图 8-27　梭梭水分传输途径

从图 8-28 白刺对照纵切图可以看到，白刺叶表面有气孔、表皮毛［图 8-28（a）］。气孔和表皮毛自发乳白色荧光［图 8-28（a）~（c）］，其中表皮毛的底部有一个基座，乳白色荧光更强烈［图 8-28（a）~（c）］，且从基部发出射线状浅蓝色荧光［图 8-28（b）和（c）］，毛状体底部结构疏松，有腔室［图 8-28（d）］。另外，白刺叶片上表皮叶肉细胞为栅栏组织，排列紧密［图 8-28（b）和（e）］；下表皮叶肉细胞为海绵组织，排列疏松［图 8-28（b）、（d）和（f）］。叶肉细胞由于还有大量的叶绿体而发红色荧光。

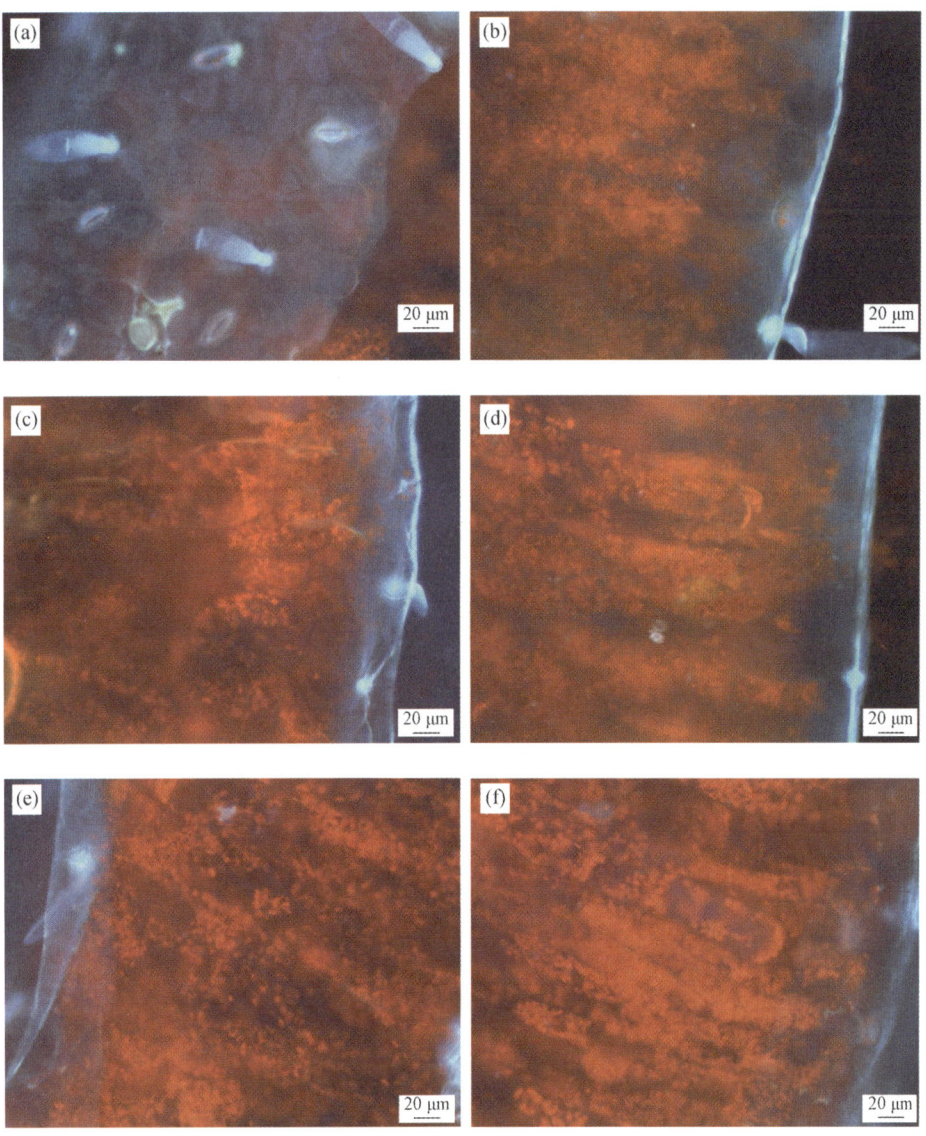

图 8-28　白刺叶片未荧光加湿传输途径对照图

从图 8-29 可以看出,在荧光加湿过程中首先是白刺叶片上的表皮毛对高湿大气水汽作出响应,最先变蓝,这一点前面我们的吸水部位中已经介绍过,其中表皮毛基部显著变蓝 [图 8-29(b)和(c)],并将水分传输给邻近表皮细胞,而气孔并不作出响应,并不变蓝 [图 8-29(a)];然后再由表皮细胞通过质外体传输途径传给叶肉细胞 [图 8-29(c)和(d)],在质外体的传输途径中,疏松叶肉细胞和有空穴的部位,水分传输更快,因为从图 8-29(e)~(g)中可以看出,在有空穴的地方,蓝色荧光更强;最后水分被传入至叶片中间维管束中的导管中 [图 8-29(h)]。

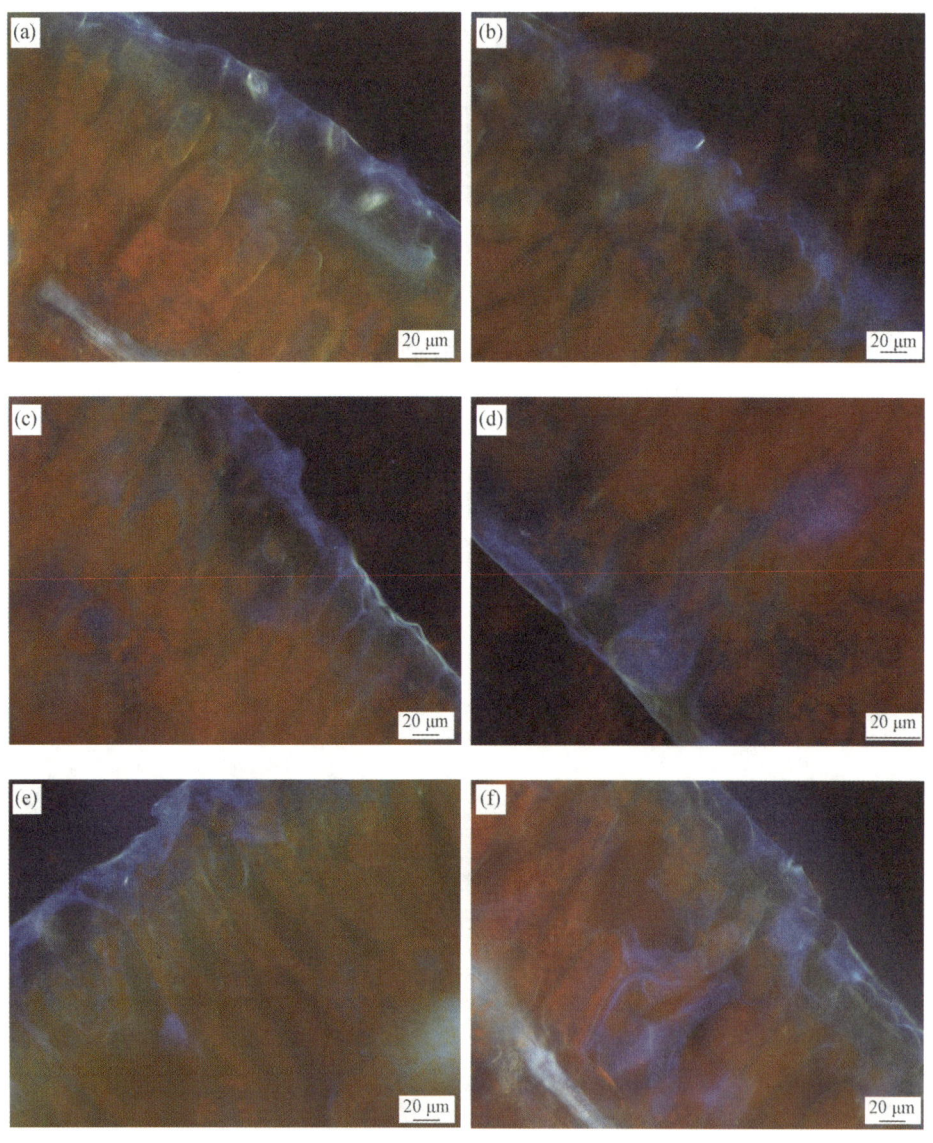

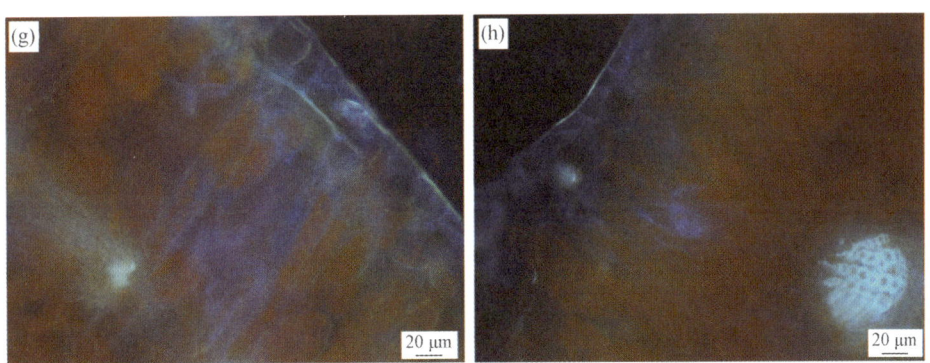

图 8-29　白刺荧光加湿叶片吸收大气水汽传输途径

综上所述，红砂、柽柳、梭梭、白刺、霸王吸进的大气水汽表皮内主要靠质外体途径传输。梭梭同化枝从气孔或表皮细胞垂直细胞壁处吸收的水分进入到表皮细胞，横向传输给邻近的表皮细胞，其次纵向传输给叶肉细胞。红砂和柽柳叶片由吸水器吸入的水分，由质外体途径向两侧表皮细胞传输，再传向叶肉细胞，但吸水器底部并不将水分传至其下的叶肉细胞。白刺叶片由表皮毛最先吸收大气水汽，由毛状体基部将水分传输给邻近表皮细胞，然后再由表皮细胞通过质外体传输途径传给叶肉细胞。霸王最先可能靠叶表细胞表面的分泌物吸附大气水汽，然后沿垂周细胞壁渗透角质层并使整个表皮细胞润湿后，沿质外体传输途径进入第一层叶肉细胞，横向传输使整个第一层叶肉细胞吸水后，继续往里面的叶肉细胞传导。

Martin 和 von Willert（2000）对纳米比亚沙漠中的青锁龙属 48 种植物进行了叶表结构研究，发现其中的 46 种植物叶表有吸水器，吸水器主要是两种类型，一种是由 5~8 个类似于气孔的小孔构成的环状吸水器结构，小孔比气孔小，通常分布在表皮的平坦处，并不下陷。另一种是下陷的，结构也类似于气孔，但体积是气孔的 2~3 倍，同时 Martin 和 von Willert 根据夜间叶片的厚度变化及二氧化碳吸收量的变化，推测这 46 种植物中有 27 种叶表能吸水，但并未直接证明吸水孔的吸水功能。我们发现的红砂及柽柳叶表中的吸水器与青锁龙属的结构明显不同，而且我们用荧光直接验证了吸水器的最先吸水功能，且在够低的大气湿度下也能吸水。

通过对五种荒漠植物的叶表结构观察及荧光吸水实验我们发现，不同的荒漠植物其叶表吸水结构并不一致，与物种本身的特性有关，且同一物种叶表有不同结构吸水，如红砂既有吸水器吸水，又有垂周细胞壁吸水，这可能是红砂能在极端干旱生境下荒漠植物存活的一种策略。

至于植物叶表气孔是否吸水，学者一直争论不休。有些人认为能吸水，有些人认为不能吸水。我们通过这五种植物的荧光加湿实验，证实了并不是所有物种的气孔都吸水，气孔是否吸水与物种有关，且同一物种同一叶片中的气孔并非都吸水，只是活化的气孔才能吸水，如梭梭。

  被叶片表皮细胞吸收的水分，表皮细胞将水分以质外体传输途径快速地传至叶肉细胞及其他组织和器官，由于质外体传输途径传输速度远远大于共质体途径，这样能快速地缓解植物需水需求，使荒漠植物能在极端干旱生境下存活。

第 9 章 荒漠植物大气水汽吸收的生理生态意义——以柽柳为例

随着生理生态识别技术的发展，水汽吸收利用对植物的生理生态效应已引起学界的关注。植物大气水汽吸收的生理生态意义主要表现在促进植物生长、补充组织水分、提高光合作用以及影响根际菌群等。本章以景泰寺滩村样地的柽柳为例，基于气体交换参数、叶绿素荧光参数及生物化学参数，分析水汽吸收对柽柳生长的生理生态学影响。

9.1 水汽吸收对柽柳气体交换参数的影响

Grantz（1990）从植物对大气湿度信号的感知、传输等方面阐述了植物对大气湿度的响应问题，认为气孔和表皮对大气湿度有较好的响应。荒漠植物叶片对大气水汽的吸收势必会影响植物的光合、荧光参数的变化。本节基于GFS-3000便携式光合仪，测定并分析对照组与加湿组柽柳光合及蒸腾速率变化特性、水分和光能利用效率，旨在揭示加湿组柽柳水汽吸收的光合与水分利用效应。

9.1.1 柽柳光合、蒸腾速率的响应

1. 主要气象因子日变化

太阳辐射、气温和空气湿度通常是影响植物光合作用与蒸腾作用动态变化的主要因子。图9-1显示了阴转多云转阴雨天气下主要气象因子的日变化。由图9-1可知，由于天气状况的影响，光合有效辐射（PAR）波动较大，整体呈明显的双峰曲线，7:00～11:30呈明显上升状态，并且在11:30出现第一个高峰，峰值为972 $\mu mol/(m^2 \cdot s)$；11:30～15:00维持在较高水平，但这期间由于云的遮挡，波动较大；14:30出现最大值后，迅速下降，由14:30的1391.2 $\mu mol/(m^2 \cdot s)$降至15:30的227.9 $\mu mol/(m^2 \cdot s)$；17:00～19:00稳定地维持在较低水平，平均值为73.2 $\mu mol/(m^2 \cdot s)$。全天气温变化和缓，与光合有效辐射的变化趋势不太一致，11:00～15:00气温一直处于慢慢上升状态，在15:00达到一天中的最大值18.51℃，气温最大值滞后于光合有效辐射最大值。由于多云、阴雨天气，气温较低，最高气温未超过20℃。相对湿度和饱和水汽压差的日变化非常同步。7:00～13:00相对湿度呈阶梯状下降（7:30～8:00出现了略微的上升），而此时饱和水汽压差呈阶梯状上升（7:30～8:00出现了略微的下降）；13:00～17:00相对湿度稳定在60.72%，而饱和水汽压差呈小幅度先上升再下降趋势，与同时段气温的变化趋势一致；17:00～19:00相对湿度近乎呈直线快速上升，由60.72%上升至96.56%，

接近饱和，此时饱和水汽压差几乎呈直线快速下降态势，由 17：00 的 7.40 hPa 降至 19：00 的 0.52 hPa。

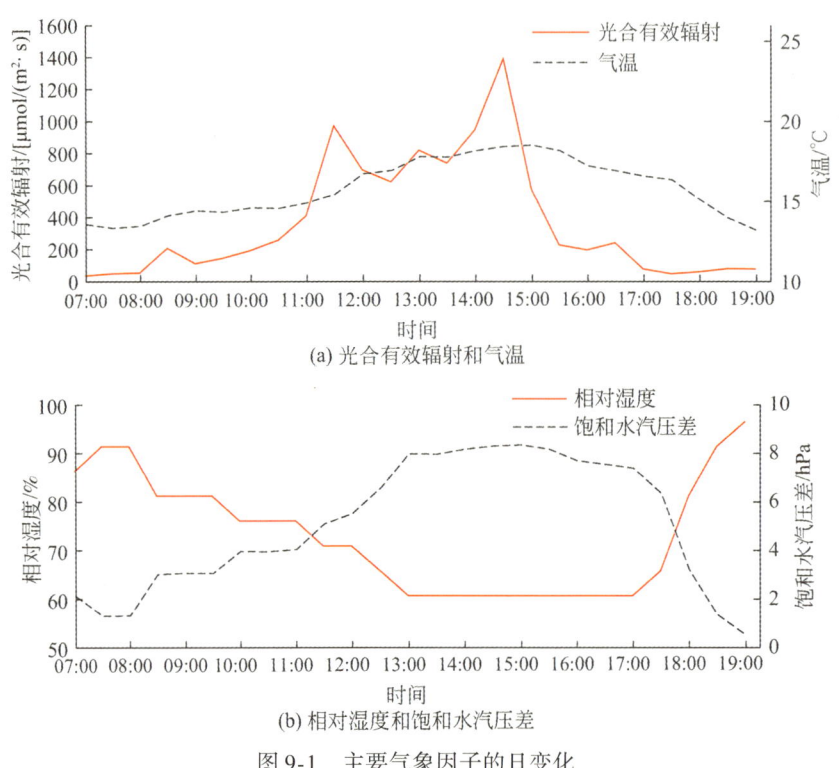

图 9-1 主要气象因子的日变化

2. 柽柳光合速率和蒸腾速率日变化

多云阴雨天气状况下，对照柽柳和加湿柽柳净光合速率（P_n）日变化曲线均呈"单峰型"曲线，接近正态分布（图 9-2），其中对照柽柳指正常生长于自然条件的柽柳，加湿柽柳指处于控制室中用于柽柳叶片吸水现象研究的柽柳，该柽柳暴露于人为加湿的高湿空气环境中。对照柽柳与加湿柽柳的净光合速率日变化进程非常一致，均呈现先增加后下降的趋势，7：00~11：00 呈快速上传阶段，加湿柽柳的上升速度快于对照柽柳，11：00~15：00 两者净光合速率均维持在较高水平，在 13：00 同时达到最大，最大值分别为 13.92 $\mu mol\ CO_2/(m^2 \cdot s)$ 和 16.35 $\mu mol\ CO_2/(m^2 \cdot s)$，15：00 之后快速下降，且下降速度大于上升速度，在 17：00 之后加湿柽柳与对照柽柳的净光合速率已经不存在差异。在整个日变化进程中，加湿柽柳的净光合速率几乎一直高于对照柽柳，在 13：00~15：00 表现得最为明显，由此可见，处于控制室的加湿柽柳经叶片吸水后可以提高柽柳的光合能力。Munné-Bosch 等（1999）也认为，叶片吸水可以增加植物气体交换，增强叶片光合速率，促进植物生长（Boucher et al., 1995）。

柽柳净光合速率的日变化与气象因子的动态变化密不可分，7：00~11：00 伴随着光照强度的增加，净光合速率迅速增加；11：30~15：00 光合有效辐射较强的时段对应高净

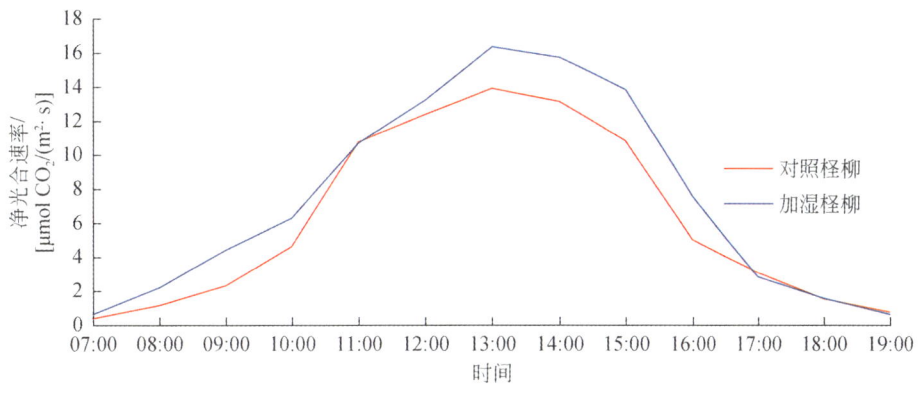

图 9-2 对照与加湿柽柳净光合速率的日变化

光合速率阶段；15：00 之后照强度明显减弱，相应地，净光合速率也快速下降。但净光合速率最大值与光合有效辐射最大值出现的时间存在差异，光合有效辐射两个峰值分别出现在 11：30 和 14：30，在这之间存在一个波谷，但净光合速率 7：00～13：00 一直处于增加趋势，并且在 13：00 达到一天中的最大值，这种差异与空气温湿度有关：全天最高气温低于 20℃，避免了植物受到高温伤害，13：00 之前空气相对湿度始终在 70% 以上，植物不会因蒸腾作用而过度失水造成叶片气孔关闭，气孔开度大，且 CO_2 浓度高，所以 13：00 之前柽柳光合速率一直处于上升阶段。13：00～17：00 相对湿度处于一天中的最低阶段，饱和水汽压差处于一天中的最高阶段，植物为了减少蒸腾耗水的损失，可能部分气孔关闭，所以在 13：00 光合速率达到最大值。13：00～15：00 柽柳净光合速率没有随着太阳辐射的增强而增大，这是受到气孔因素的限制，而 15：00 之后净光合速率快速下降是非气孔因素引起的，即太阳辐射迅速下降而致。

CO_2 是绿色植物进行光合作用的主要原料。胞间 CO_2 浓度是植物光合生理生态研究中的一个重要参数，在光合作用的气孔限制分析中，其浓度是确定叶片光合速率变化是否与气孔因素有关的依据之一。对照柽柳与加湿柽柳叶片胞间 CO_2 浓度日变化进程相似，与净光合速率呈相反的变化趋势（图9-3）。对照柽柳与加湿柽柳胞间 CO_2 浓度在早晚无明显差异，但在净光合速率较高的 11：00～15：00 相差明显，9：00 之后加湿柽柳的胞间 CO_2 浓度始终低于对照柽柳，直到 19：00 两者再次达到同一个水平，这与加湿柽柳叶片净光合速率高于对照柽柳相吻合。加湿柽柳胞间 CO_2 浓度在 7：00～13：00 不断降低，在 13：00 出现一天中的最低值（411 μmol/mol），与净光合速率最大值出现在同一时刻，这是由于上午柽柳光合速率不断增加，光合作用消耗的 CO_2 的速度超过了空气中 CO_2 向叶肉细胞间补给的速度。13：00～15：00 虽然净光合有效辐射有所下降，但仍维持在较高水平，加之轻微的气孔限制，所以叶片胞间 CO_2 浓度维持在较低水平，CO_2 的消耗量与补给量几乎持平。15：00 之后气温逐渐降低，饱和水汽压差也渐渐缩小，气孔限制下降，光合速率的下降加速了胞间 CO_2 浓度的上升，在 19：00 达到甚至略微超过了早上的水平，但净光合速率没有增加，反而呈下降趋势，这主要是由光合辐射和气温引起叶肉细胞同化能力不足造成的。对照柽柳的胞间 CO_2 浓度最低值出现时间与净光合速率最低值不在同一时刻，而是滞后大约 2 h，这是由于对照柽柳受气孔限制的程度比加湿柽柳的严重，即使净光合速率在这段时间略有下降，但光合作用消耗的CO_2量仍高于向叶肉细胞的补给量，所以胞间CO_2浓度持续下降，在15：00达到最低值，此后由于光合速率的下降，胞间CO_2浓度快速上升。

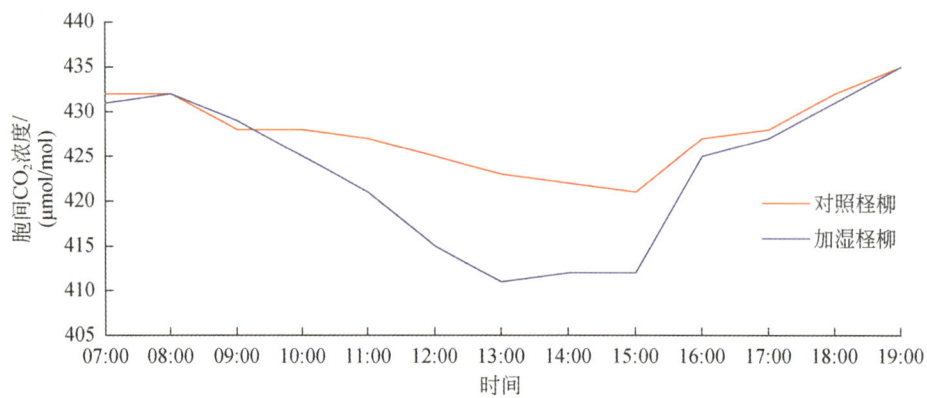

图9-3　对照柽柳与加湿柽柳叶片胞间CO_2浓度的日变化

对照柽柳与加湿柽柳的蒸腾速率日变化也呈"单峰型"曲线（图9-4），蒸腾速率的变化趋势与饱和水汽压差的变化趋势较一致，尤其是对照柽柳7：00~13：00的蒸腾速率也呈一定的阶梯状上升趋势。加湿柽柳与对照柽柳最大蒸腾速率均出现在14：00，滞后于最大净光合速率出现时间13：00，提前于最大饱和水汽压差出现时间15：00。虽然13：00开始叶片部分气孔关闭，但此时蒸腾速率并没有降低，反而继续上升，这是由于饱和水汽压差的增大一定程度上促进了叶片蒸腾耗水，掩盖了气孔部分关闭带来的影响，持续了一段时间后蒸腾速率在14：00达到最大值。13：00~17：00饱和水汽压差较大（图9-1），然而蒸腾速率达到最大值后持续下降，并且这段时间蒸腾速率下降速度大于饱和水汽压差的下降速度，说明13：00~17：00植物受到水分胁迫，通过气孔调节减缓蒸腾耗水。17：00之后随着饱和水汽压差的快速下降，蒸腾速率迅速减小。对照柽柳与加湿柽柳的蒸腾速率在早晚无明显差异，但饱和水汽压差较大的12：00~15：00两者相差较大，后者明显大于前者，由此可见，叶片吸水可以提高植物蒸腾速率。

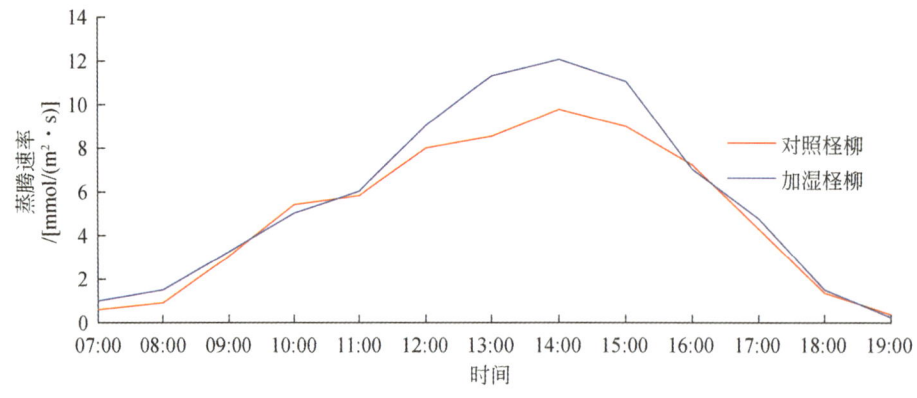

图9-4　对照柽柳与加湿柽柳蒸腾速率的日变化

9.1.2 柽柳水分、光能利用效率的响应

植物叶片水平的水分利用效率（WUE），指单位水量通过叶片蒸腾耗散时光合作用所生产的同化物量，常用净光合速率（P_n）与蒸腾速率（T_r）之比来表示，反映了植物对水分的利用效率，对干旱区植物生理生态研究具有重要意义。对照柽柳与加湿柽柳水分利用效率的日变化曲线，表明叶片吸水对柽柳叶片水分利用效率的影响在上午表现得更明显（图 9-5）。

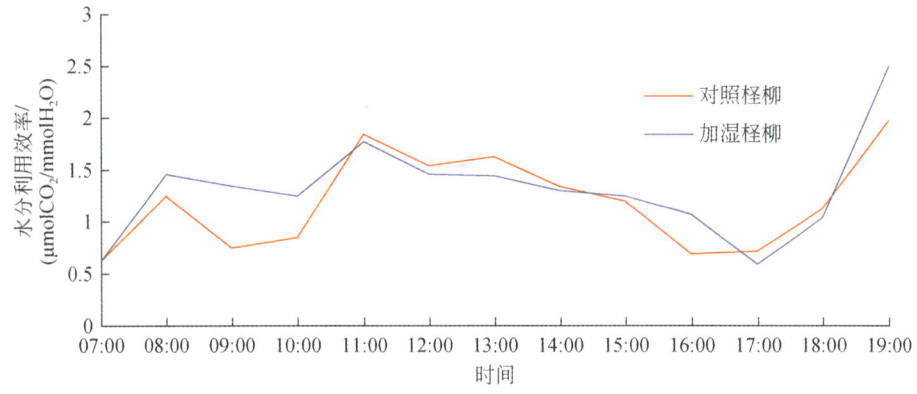

图 9-5 对照柽柳与加湿柽柳水分利用效率的日变化

11:00 之前，空气相对湿度较高，对照与加湿柽柳蒸腾速率非常接近，而加湿柽柳的净光合速率明显高于对照柽柳，所以这段时间加湿柽柳的水分利用效率大于对照柽柳；11:00~15:00 虽然加湿柽柳的净光合速率和蒸腾速率均大于对照柽柳，但蒸腾速率增加的速度更明显，因而这段时间对照柽柳的水分利用效率大于加湿柽柳；15:00~17:00 加湿柽柳的水分利用效率又明显大于对照柽柳，这是由于对照柽柳受气孔限制更显著，加之光合有效辐射的迅速下降，对照柽柳的净光合速率明显小于加湿柽柳，而蒸腾速率相差不大，所以这段时间对照柽柳的水分利用效率较低；17:00 之后两者的水分利用效率相差较小。最大水分利用效率之所以出现在 19:00 是因为此时的空气相对湿度接近饱和，蒸腾速率近乎零，突显了植物的水分利用效率。7:00~17:00 水分利用效率呈先升高再下降的趋势。如果不考虑 19:00 的最大水分利用效率，则最大水分利用效率出现在 11:00。Berry 和 Smith（2014）通过人工模拟雾环境研究了弗雷泽冷杉（Abies fraseri）和红果云杉（Picea rubens）的叶片吸水现象，认为在叶片没有水膜形成的情况下，雾侵可以提高植物的水分利用效率。而本研究柽柳加湿实验发生在晚上，白天柽柳暴露于自然条件下，仅在早上水分利用效率明显高于对照柽柳。吉小敏等（2012）认为不同水分条件下梭梭和多花柽柳的水分利用效率差别不显著。何炎红等（2014）研究了沙冬青等 3 种沙生植物的水分利用特征，相同条件下，水分利用效率越高的植物，其耐旱以及适应干旱的能力越强。

植物光能利用效率（LUE）一般指单位土地面积上植物通过光合作用制造的有机物中所

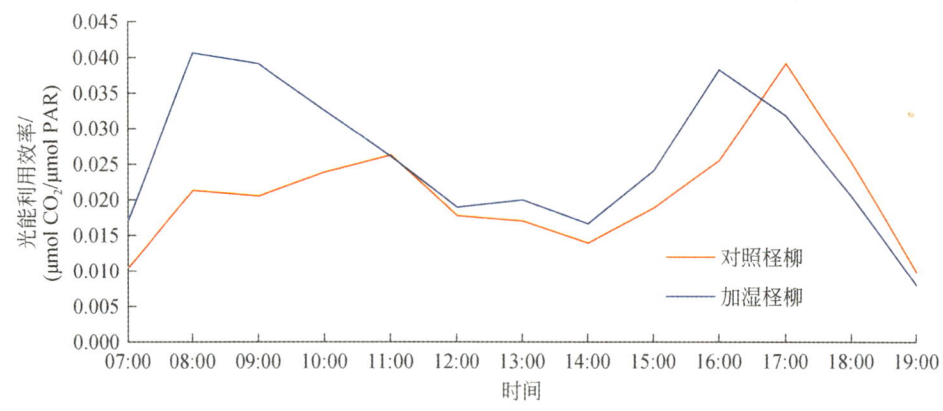

图 9-6　对照柽柳与加湿柽柳光能利用效率的日变化

含的能量与这块土地所接受的太阳辐射能的比值（刘冰和赵文智，2009），常用净光合速率（P_n）与光合有效辐射（PAR）比值表示。对照柽柳与加湿柽柳的光能利用效率曲线均呈"双峰型"，尤其是加湿柽柳表现得更明显（图9-6）。由图9-6可以看出，在日变化过程中加湿柽柳的光能利用效率高于对照柽柳，说明叶片吸水可以提高柽柳的光能利用效率。两者出现峰值的时间存在差异，加湿柽柳的两个峰值分别出现在8：00和17：00，峰值分别为0.041μmol CO_2/μmol PAR 和 0.038 μmol CO_2/μmol PAR，而对照柽柳的两个峰值分别出现在11：00和17：00，峰值分别为0.026 μmol CO_2/μmol PAR 和 0.039 μmol CO_2/μmol PAR，另外，对照柽柳在8：00也出现了一个较小的峰值。王珊珊等（2011）分析的自然状态、遮光处理、浇水处理和浇水遮光处理下多枝柽柳光能利用曲线也呈近似"双峰型"，与本研究的光能利用效率日变化曲线相似，但刘冰和赵文智（2009）测定的光能利用效率日变化曲线却呈"单峰型"，由此可见，不同生境、不同气象条件下，光能利用效率日变化曲线可以有不同的变化趋势。

9.2　水汽吸收对柽柳叶绿素荧光参数的影响

本节采用超便携式调制叶绿素荧光仪 MINI-PAM，测定并分析对照组与加湿组柽柳最大光能转换效率 F_v/F_m、电子传递量子效率 Φ_{PSII}、非光化学淬灭系数 NPQ 和实际光能捕获效率 F'_v/F'_m 4项叶绿素荧光参数变化特性、水分与光能利用效率，旨在揭示加湿组柽柳水汽吸收的叶绿素荧光效应。

F_v/F_m 是指开放的 PSⅡ 反应中心捕获激发能的效率，即内禀光能转化效率。该参数可反映植物 PSⅡ 受伤害的程度。在非胁迫条件下，植物叶片的 F_v/F_m 比较恒定，一般在0.80~0.85，不受物种和生长条件的影响（Genty et al.，1989）。在受到胁迫时，叶片的 F_v/F_m 会下降，在 0.3~0.7（Carrasco and Sanchez-Rodriguez，2002）。对照和加湿柽柳叶片的 F_v/F_m 的变化如图9-7所示。F_v/F_m 在早晨和傍晚较高，中午较低。但是中午的最低值也都大于0.7，并未发生光胁迫现象。由此说明，长期处于强光和干旱环境中的柽柳其

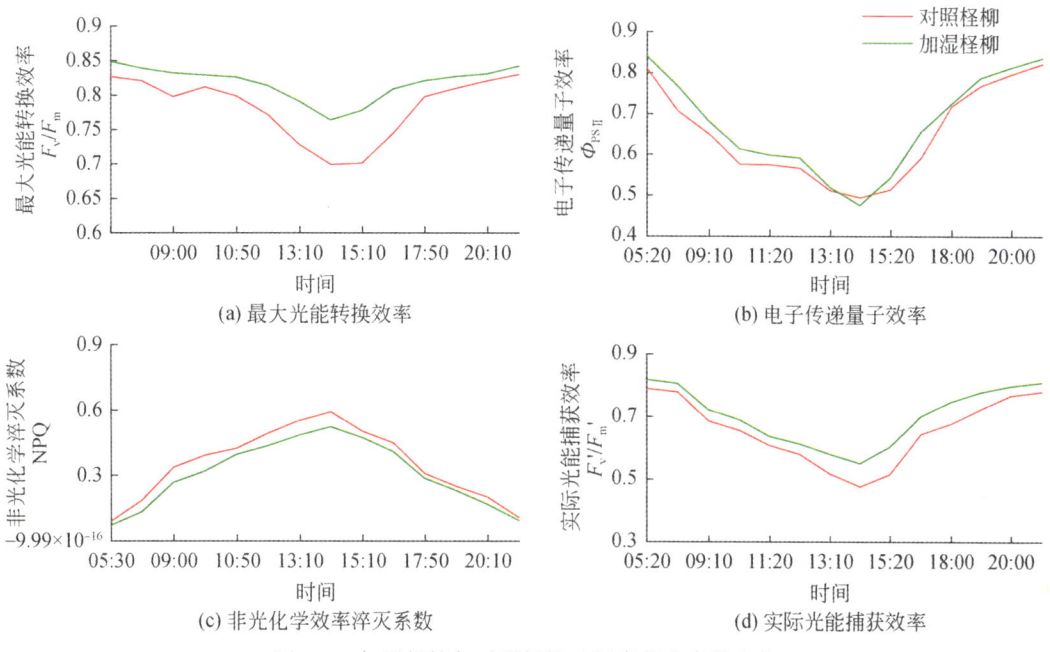

图 9-7 加湿柽柳与对照柽柳叶绿素荧光参数变化

光合机构没有受到不可恢复的伤害，午间光化学效率下降可能只是光合机构的可逆失活造成的，是一种保护性反应（Demming-Adams and Adams，1992）。

实际光化学反应量子效率 Φ_{PSII} 是光系统 PSII 的有效量子产量，表示植物体光合机构将吸收的光能进行转化的能力。如图 9-7 所示，早晨柽柳叶片的 Φ_{PSII} 值均较高，在 0.8 附近，表明柽柳未受到很大程度的胁迫，之后在中午随光照强度和环境温度的增加，相对湿度的降低，Φ_{PSII} 也降低，傍晚，随着光照强度和环境温度的减小，相对湿度的增加，Φ_{PSII} 恢复到早晨的水平，光抑制基本得到解除，植物光合机构在日间未发生明显的光伤害。加湿柽柳叶片 Φ_{PSII} 高于对照柽柳。

植物体吸收的过量光能会以热量的形式释放出来，可以用非光化学猝灭系数来反映。qN、NPQ 是非光化学猝灭的两种表现形式，NPQ 反映 PSII 天线色素吸收的光能不能用于光化学电子传递而以热的形式耗散掉的部分，非光化学能量耗散的提高，有助于耗散过剩的激发能，缓解环境对光合作用的影响。NPQ 注重由天线系统中的热耗散引起的非光化学猝灭，qN 除反映天线系统的热耗散外，对由类囊体膜的质子梯度引起的耗散尤为敏感，在进行日变化测量中，qN、NPQ 都能够很好地反映植物体对过量光能的耗散情况。图 9-7 显示了柽柳叶片 NPQ 的变化，NPQ 在早晨和傍晚较小，中午较大，加湿柽柳叶片 NPQ 低于对照。

植物光合作用日变化是一个复杂的生理过程，极易受环境影响。植物叶片光合作用的光抑制，是指光合机构进行光合作用时，所吸收光能的量超过了实际利用量时，光合机构中光合功能降低的现象（Lawlor and Cornic，2002）。光合有效辐射（PAR）从 7：00 开始逐渐上升，直到 14：00 时左右达到最高值。在没有其他胁迫因素存在时，晴天的强光是直接导致光抑制现象的一个主要原因。研究结果表明,加湿后大气水汽被植物利用,增加了光合速率,促进了蒸腾,提高了水分和光能利用效率。

叶绿素荧光参数具有反映植物"内在性"的特点,通过测定叶绿素荧光参数,可以获得有关植物叶片叶绿素光抑制和光保护机理的很多质与量的信息(温晓刚等,1996)。叶绿素荧光与光合作用中各个反应过程紧密相关,任何逆境对光合作用各过程产生的影响都可通过体内叶绿素荧光诱导动力学参数的变化反映出来(Maxwell,2000;Jiang et al.,2003)。F_v/F_m 常被用作表明环境胁迫程度的探针。NPQ 是 PSⅡ天线色素吸收的光能用于光合电子传递的光能和以热的形式耗散掉的光能(罗黄颖等,2010)。在植物抗拒胁迫的研究中,PSⅡ潜在最大光合量子 F_v/F_m 是经常采用的叶绿素荧光指标之一,原因是在胁迫条件下 F_v/F_m 会降低。

与对照柽柳叶绿素荧光参数相比,加湿柽柳吸收大气水汽后,其实际电子传递量子效率($\Phi_{PSⅡ}$)、最大光能转换效率(F_v/F_m)和实际光能捕获效率(F'_v/F'_m)均偏高,而非光化学猝灭系数(NPQ)偏低,表明叶片水汽吸收有助于提高植物的光合能力,增强光化学效率,并且降低过剩光能对植物的影响,可见柽柳叶片吸收的大气水汽被植物利用。

9.3　水汽吸收对柽柳生化参数的影响

研究不同逆境下植物体内可溶性物质、活性氧及抗氧化系统酶活性的变化对认知植物抗旱生理机制具有重要的生态学意义。干旱胁迫是干旱、半干旱地区植物遭受到的最普遍的逆境形式。目前,关于干旱胁迫下典型荒漠植物柽柳生理生化指标,如可溶性碳含量、脯氨酸(Pro)含量、丙二醛(MDA)含量、超氧化物歧化酶(SOD)活性、过氧化氢酶(CAT)活性、过氧化物酶(POD)活性等的变化已经做了大量的研究工作,这些研究主要是分析不同土壤水分条件下干旱胁迫在长时间尺度(十几天至几个月)上对植物生理生化的影响,然而关于叶片吸水后柽柳植物体内生理生化日变化的研究鲜见报道。本节测定了对照柽柳与加湿柽柳膜脂过氧化产物 MDA 含量及抗氧化酶 SOD、CAT 和 POD 活性的变化。

9.3.1　柽柳叶片中 MDA 含量的变化

当植物遭受逆境胁迫或衰老时,体内会产生一系列生理生化的改变,造成活性氧代谢失调,而活性氧代谢失调直接导致植物组织内活性氧物种的积累,从而引发或加剧膜脂过氧化作用,其中 MDA 是膜脂过氧化过程最重要的产物之一,对细胞膜有损害作用。在植物抗逆性生理研究中,MDA 常被用于评估膜系统受损程度及植物的抗逆性。图 9-8 为对照柽柳与加湿柽柳叶片中 MDA 含量的变化。20:30 的加湿柽柳样品是加湿实验开始前采集的,21:30 至次日 5:30 点的样品采集于高湿环境中,7:00 之后加湿柽柳同对照柽柳处在同一个自然环境。20:30 至次日 11:30,对照柽柳与加湿柽柳叶片中 MDA 含量波动不大,均呈现先降低再增加的趋势,这是因为夜间植物的光合作用与蒸腾作用达到了最低水平，高温胁迫和干旱胁迫在这段时间对植物的影响也降到最低，所以20：30至次日2：00，MDA含量呈下降趋势，并在22：30之后维持在较低水平。21：30至次日5：30，处于高湿环境中的柽柳叶片中MDA含量虽然略低于对照柽柳，但差异并不明显；5：30~11：30，MDA含量呈增加趋势，并且在9：00~11：30上升较快，意味着试验地柽柳在中午前后已经开始受到干旱胁迫的影响。在中午前后加湿柽柳MDA含量低于对照柽柳，说明叶片吸水后一定程度上缓解了干旱胁迫的影响。不同植物不同环境下MDA含量的日变化形式不同，杨玲等（2006）对非逆境下玉米幼苗叶片保护酶活性的昼夜变化的研究结果表明，叶片中MDA含量呈单峰波形曲线，8：00~12：00呈下降趋势，16：00~20：00为上升阶段，并在20：00达到一天中的最大值，0：00~4：00呈下降趋势，4：00~8：00为上升趋势，并在8：00达到前一天同时刻的同等水平。高天明等（2008）分析了四种沙生植物在干旱胁迫下的生理日变化，结果显示，干旱胁迫下，3种岩黄芪MDA含量早晚低，中午高，而油蒿MDA含量的日变化相对平稳，并认为与3种岩黄芪相比，油蒿的抗旱能力更强。

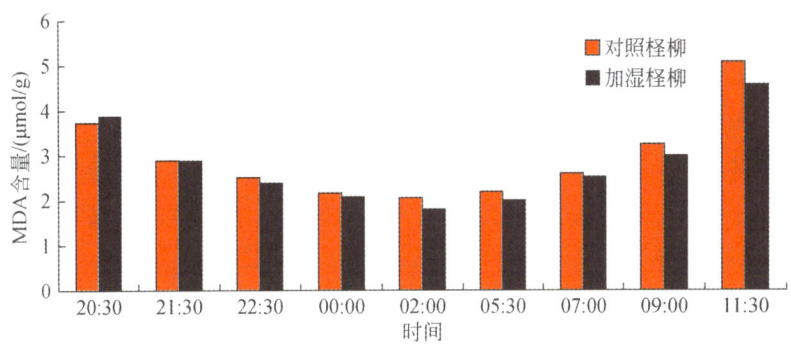

图9-8 对照柽柳与加湿柽柳叶片中MDA含量的变化

9.3.2 柽柳叶片中抗氧化酶含量的变化

SOD是一种能够通过歧化反应将超氧化物质转化为O_2和H_2O_2的酶，它的主要功能是清除超氧阴离子，对抗与阻断氧自由基对细胞膜系统的伤害。对照柽柳与加湿柽柳SOD活性的变化趋势与MDA含量相似，即呈先下降再上升的趋势（图9-9）。20：30至次日2：00对照柽柳与加湿柽柳SOD活性下降，并且处于高湿环境下的加湿柽柳SOD活性略低；0：00~5：30稳定在较低水平，平均值分别为15.731 U/（g FW·min）和14.68 U/（g FW·min）；7：00~11：30处于上升阶段，与5：30两者SOD的活性相比，7：00两者的差距缩小，在9：00加湿柽柳的SOD活性甚至超过了对照柽柳，表明加湿柽柳SOD活性上升速度大于对照柽柳，这种现象的产生并不是由于加湿柽柳受到干旱胁迫的程度大于对照柽柳，而是由于加湿柽柳光合作用等代谢速率高于对照柽柳，在代谢过程中产生的氧自由基高于对照柽柳，因为植物体内氧自由基不只是在逆境中产生，正常的新陈代谢过程中也会产生，且往往代谢速率越大，积累量越多。可见，叶片吸水后，柽柳SOD活性可能下降也可能上升，应具体情况具体分析。11:30 对照柽柳的 SOD 活性再次反超加湿柽柳,这是干旱所致,虽然此时干旱胁迫不严重,但对照柽柳受到干旱胁迫的程度大于加湿柽柳,造成 SOD 活性快速上升,以便有效地控制氧自由基对细胞膜系统的损坏。

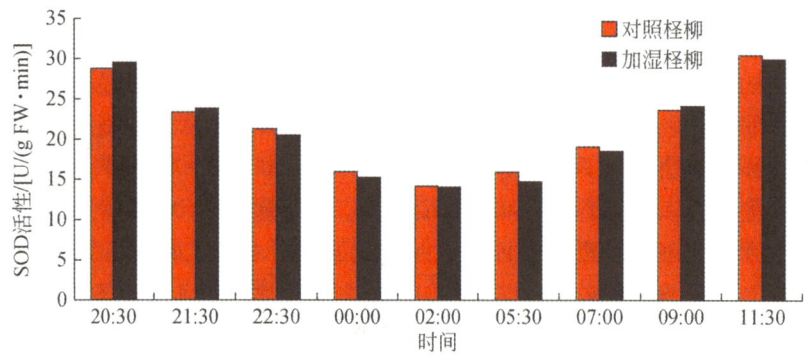

图 9-9　对照柽柳与加湿柽柳叶片中 SOD 活性变化

CAT 作为植物体内的保护酶,其生物功能主要是清除植物体内的过氧化氢,将过氧化氢催化分解成氧和水。图 9-10 为对照柽柳与加湿柽柳叶片 CAT 活性的变化,虽然 CAT 活性仍表现出先降低再增加的趋势,但与 SOD 活性的变化过程相比,CAT 在 20:30 的活性明显低于次日 11:30。总体而言,加湿柽柳的 CAT 活性略低于对照柽柳,但在 11:30 明显高于对照柽柳。

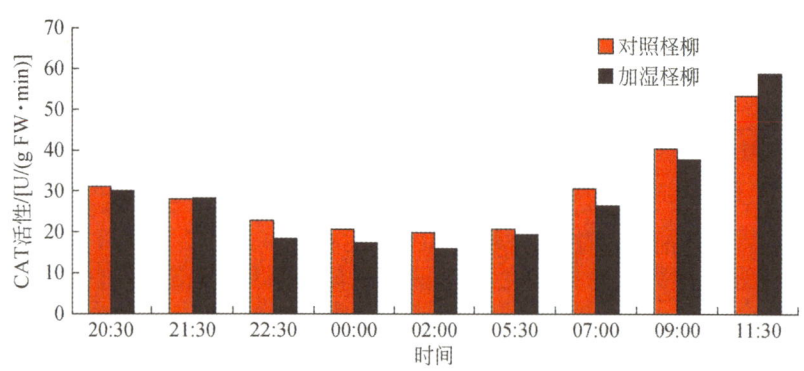

图 9-10　对照柽柳与加湿柽柳叶片中 CAT 活性变化

POD 作为植物体内的保护酶,与 CAT 一样,主要是清除多余的过氧化氢。在清理植物体内过氧化氢的过程中两者常常是互补完成的。与 SOD、CAT 活性的变化相比,POD 活性的日变化波动频率较大(图 9-11)。20:30~22:30 CAT 的活性甚至大于次日 7:00~11:30,这刚好与 CAT 活性的变化趋势相反,说明当 SOD 将氧自由基歧化为过氧化氢之后,CAT 与 POD 协同合作完成过氧化氢的清除工作。关于 CAT 和 POD 在一定逆境胁迫下的互补作用已经有相关报道(唐凤等,2005;李璇等,2013)。在夜间加湿柽柳 POD 活性并没有一直低于对照柽柳,而是不分上下,但白天前者明显低于后者。总之,对照柽柳与加湿柽柳膜脂过氧化产物 MDA 含量及保护酶 SOD、CAT 和 POD 活性的变化表明，叶片吸水现象有利于缓解植物的干旱胁迫，但对夜间植物生理生态变化的影响不明显。

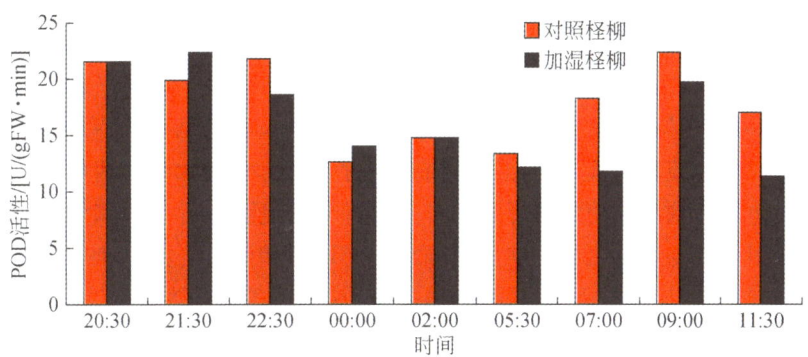

图 9-11　对照柽柳与加湿柽柳叶片中 POD 活性变化

第 10 章　研 究 展 望

　　野外大量的加湿控制实验，已经证实所选 5 种荒漠植物叶片可以利用大气水汽。我们基本掌握了植物大气水汽利用的边界条件，并对逆向液流量进行了初步估算，但对荒漠植物大气水汽利用机制与适应机理仍缺少全面深刻的理解和认知。以下几个方面为今后工作的展望。

　　1) 野外实验已经取得一些进展，但是由于野外实验条件有限，不能摸索出完整的吸收非饱和水汽的环境条件，而这些问题的解决需要依靠相对容易控制的室内实验来完成。室内实验由于培育过程中的问题，不同水分梯度的盆栽荒漠植物苗木成活率差异明显，水分胁迫较严重的苗木成活率不高，目前室内实验未能成功开展不同土壤水分梯度和气象因子水平组合下荒漠植物水汽吸收利用边界条件、利用过程以及生理影响的研究。因而，后续将加强室内实验的开展，实现对荒漠植物吸收非饱和水汽的环境条件阈值的精确定位。

　　2) 本研究的野外工作主要集中在 6~9 月，且以柽柳的观测期最长，而对其他荒漠植物大气水汽利用与适应机理的研究仅停留在日尺度，缺少月、完整生长季的监测。所以，为更加全面地掌握整个生长季干旱区荒漠植物大气水汽吸收利用过程与适应机理，应在 4~11 月逐月综合实验，并记录和拍摄植物形态参数的变化过程。

　　3) 野外已开展工作均是基于土壤本底含水量，缺少不同土壤水分梯度下荒漠植物对非饱和大气水汽的吸收研究。今后应明确在土壤本底含水量至田间持水量之间、不同土壤湿度水平下荒漠植物体利用大气水汽的气象临界条件，并构建大气水汽吸收量与水分亏缺度、气象要素的函数模型。

　　4) 进一步开展典型荒漠植物地上部分对降水的吸收利用及其生理生态效应研究，并结合年际或年代际气象资料，估算地上部分雨水吸收量及对生长季耗水量的贡献程度。许多研究表明，植物地上部分可以有效利用降水以及雾或露等凝结水，且越来越多的研究表明，植物叶片水分吸收是普遍现象。尤其在干旱区，开展叶片对雨水、大气水汽吸收利用研究对植物的生存、灌溉用水及造林技术等方面均有重要指导意义。因此，很有必要进一步探讨荒漠植物地上部分多年雨水利用状况。目前本研究仅初步开展了柽柳叶片对降水的响应过程，缺少对典型荒漠植物完整生长季的雨水吸收利用过程、利用量及其生理生态效应的系统综合研究。

　　5) 荒漠植物叶片吸收非饱和水汽之后的运移过程未进行完整研究。在非饱和水汽加湿条件下积极开展不同茎级枝条到根系的液流监测、采集不同部位的同位素和荧光示踪样品（叶、自上而下不同茎级枝条、根系），探索、分析不同相对湿度条件下持续加湿多长时间、停止加湿后持续监测与采集样品多长时间（有研究指出叶片吸收的水汽在运移过程中要先满足途径个组织、器官的水分补充，多余的才继续向下传递，故足够的水汽吸收量才可以引发持续的向下传输）才可以完整记录植物叶片吸收的大气水汽在植物体内的运移过程，以及到达各个部位的时间段和运移量。

6）对荒漠植物吸收利用非饱和水汽的量化不够细致。生长季内每个月荒漠植物吸收水汽的情况都会随着气候条件、土壤含水量、植物体水分亏缺程度、植物体自身长势与不同生长阶段器官的生理构造、成熟度等的变化而不同。后续基于2）提到的整个生长季的综合实验，利用同位素方法、茎干液流方法等不同条件组合下的荒漠植物水汽利用量最佳估算模型，可以更加真实地反映生长季大气水汽利用量对植物耗水的贡献量。基于一定的尺度转换方法，构建植物不同生长阶段单株和林分水平水汽利用量估算模型。

7）区分植物叶片对气态水和液态水的利用，在野外加湿实验控制过程中，由于夜间温度较低，大气中的部分水汽在叶片表面凝结形成了液态水，难以彻底区分植物叶片吸收了多少气态水与液态水。为解决这个问题，可在步入式人工气候模拟室中，通过恒温控制，研究不同空气湿度下植物对气态水的利用。

8）补充基因组响应和信息传递过程方面的研究，确定是否存在专门的大气水汽吸收、传输的感应基因；在转录组水平上，开展不同大气湿度、不同水势梯度下典型荒漠植物吸收利用大气水汽的转录组以及关键性基因的功能研究，认识荒漠植物吸收、利用大气水汽的分子生物学调控机制。

参 考 文 献

陈荷生，康跃虎．1992．沙坡头地区凝结水及其在生态环境中的意义．干旱区资源与环境，6（2）：63-72．

陈建生，赵洪波，詹泸成．2016．赤水林区旱季雾水对地表径流的水量贡献．水科学进展，27（3）：377-384．

陈仁升，康尔泗，张智慧，等．2005．黑河流域树木液流秋末冬初的峰值现象．生态学报，2（5）：1221-1228．

陈文瑞，陈秀贞．1965．沙坡头格状新月形沙丘水分状况研究：治沙研究．北京：科学出版社．

陈亚宁，李稚，范煜婷，等．2014．西北干旱区气候变化对水文水资源影响研究进展．地理学报，69（9）：1295-1304．

董道瑞，李霞，万红梅，等．2012．塔里木河下游柽柳灌丛地上生物量估测．西北植物学报，32（2）：384-390．

方静．2013．凝结水的生态水文效应研究进展．中国沙漠，33（2）：583-589．

方伟伟，吕楠，傅伯杰．2018．植物夜间液流的发生、生理意义及影响因素研究进展．生态学报，38（21）：7521-7529．

付爱红，陈亚宁，陈亚鹏．2008．塔里木河下游干旱胁迫下多枝柽柳茎水势的变化．生态学杂志，27（4）：532-538．

付爱红，李卫红，陈亚宁．2012．极端干旱区多枝柽柳茎水势变化影响因子分析．中国沙漠，32（3）：730-736．

高天明，闫志坚，高丽．2008．四种沙漠植物的抗旱研究．中国农业科技导报，10（2）：105-109．

公维昌，庄丽，赵文勤，等．2009．两种盐生植物解剖结构的生态适应性．生态学报，29（12）：6764-6771．

郭占荣，韩双平．2002．西北干旱地区凝结水试验研究．水科学进展，13（5）：623-628．

郭占荣，刘建辉．2005．中国干旱半干旱地区土壤凝结水研究综述．干旱区研究，22（4）：576-580．

郭忠升，邵明安．2010．黄土丘陵半干旱区柠条锦鸡儿人工林对土壤水分的影响．林业科学，46（12）：1-7．

何炎红，田有亮，李建，等．2014．沙冬青等3种沙生植物气体交换特征．干旱区资源与环境，28（7）：144-149．

侯平，尹林克．1994．沙冬青生物量研究．干旱区研究，11（2）：16-22．

吉小敏，宁虎森，梁继业，等．2012．不同水分条件下梭梭和多花柽柳苗期光合特性及抗旱性比较．中国沙漠，32（2）：399-406．

姜凤岐，卢凤勇．1982．小叶锦鸡儿灌丛地上生物量的预测模式．生态学报，2（2）：103-110．

靳立亚，符娇兰，陈发虎．2005．近44年来中国西北降水量变化的区域差异以及对全球变暖的响应，地理科学，25（5）：567-572．

李璇，岳红，王升，等．2013．影响植物抗氧化酶活性的因素及其研究热点和现状．中国中药杂志，

38（7）：973-978.

刘冰，赵文智．2009．荒漠绿洲过渡带柽柳和泡泡刺光合作用及水分代谢的生态适应性．中国沙漠，29（1）：101-107．

刘速，刘晓云．1996．琵琶柴（Reaumuria soongorica）地上植物量的估测模型．干旱区研究，13（1）：36-41．

刘贤赵，刘德林，宋孝玉．1995．西北干旱区水资源开发利用现状及对策．水资源与水工程学报，16（2）：1-6．

罗黄颖，高洪波，高志奎，等．2010．CPPU 和 6-BA 对盐胁迫下番茄活性氧代谢及叶绿素荧光的影响．西北植物学报，30（9）：1852-1858．

牛晓栋．2015．天目山老龄森林生态系统碳水通量及水汽稳定同位素观测．杭州：浙江农林大学硕士学位论文．

潘瑞炽．2001．植物生理学．北京：高等教育出版社．

潘占兵，蒋齐，郭永忠，等．2006．柠条蒸腾特征及影响因子的研究．中国生态农业学报，14（2）：70-71．

彭守璋，赵传燕，彭焕华．2010．黑河下游柽柳种群地上生物量及耗水量的空间分布．应用生态学报，21（8）：1940-1946．

单立山，李毅，张希明，等．2012．灌溉对三种荒漠植物蒸腾耗水特性的影响．生态学报，32（18）：5692-5702．

沈振西，徐丽宏，王彦辉，等．2014．宁夏六盘山沙棘液流变化及耗水特性．中国水土保持科学，12（3）：59-65．

施雅风．1995．气候变化对西北华北水资源的影响．济南：山东科学技术出版社．

施雅风，沈永平，李栋梁，等．2003．中国西北气候由暖干向暖湿转型的特征和趋势探讨．第四纪研究，23（2）：152-164．

司建华，冯起，鱼腾飞，等．2014．植物夜间蒸腾及其生态水文效应研究进展．水科学进展，25（6）：907-914．

孙慧珍．2002．东北东部山区主要树种树干液流动态及环境因子关系．哈尔滨：东北林业大学博士学位论文．

唐凤，丁小余，丁鸽，等．2005．锗对铁皮石斛原球茎的生长及抗氧化酶系的影响．南京师大学报（自然科学版），28（4）：86-89．

田立德，姚檀栋，Numaguti A，等．2001．青藏高原南部季风降水中稳定同位素波动与水汽输送过程．中国科学，（B12）：215-220．

王丁，姚健，杨雪，等．2011．干旱胁迫条件下 6 种喀斯特主要造林树种苗木叶片水势及吸水潜能变化．生态学报，31（8）：2216-2226．

王华田，马履一，孙鹏森．2002．油松、侧柏深秋边材木质部液流变化规律的研究．林业科学，38（5）：31-37．

王蕾，张宏，哈斯，等．2004．基于冠幅直径和植株高度的灌木地上生物量估测方法研究．北京师范大学学报（自然科学版），40（5）：700-704．

王珊珊，陈曦，王权，等．2011．新疆古尔班通古特沙漠南缘多枝柽柳光合作用及水分利用的生态适应性．生态学报，31（11）：3082-3089．

王亚婷，唐立松．2009．古尔班通古特沙漠不同生活型植物对小雨量降雨的响应．生态学杂志，28（6）：1028-1034．

王竹青，王欢，曹振松，等．2009．基于中红外差频激光测量水汽分子同位素丰度．光谱学与光谱分析，29（012）：3271-3274．

温晓刚,林世青,匡廷云.1996.高温胁迫对光系统Ⅱ异质性的影响.生物物理学报,12(4):714-718.

温学发.2007.大气水汽O/O和D/H的原位连续观测研究.博士后研究工作报告.

吴玉,郑新军,李彦.2013.不同功能型原生荒漠植物对小降雨的光合响应.生态学杂志,32(10):2591-2597.

辛智鸣,黄雅茹,罗凤敏,等.2015.沙棘果期茎干液流变化特征及其与气象因子的关系.干旱区资源与环境,29(11):202-207.

徐世琴,吉喜斌,金博文.2015.西北干旱区典型固沙植物夜间耗水及其影响因素.西北植物学报,35(7):1443-1450.

徐先英,孙保平,丁国栋,等.2008.干旱荒漠区典型固沙灌木液流动态变化及其对环境因子的响应.生态学报,28(3):895-905.

许浩,张希明,闫海龙,等.2007.塔克拉玛干沙漠腹地多枝柽柳茎干液流及耗水量.应用生态学报,18(4):735-741.

杨斌,谢甫绨,温学发,等.2012.华北平原农田土壤蒸发$\delta^{18}O$的日变化特征及其影响因素.植物生态学报,(6):539-549.

杨玲,吴建慧,孙国荣.2006.玉米幼苗叶片保护酶活性的昼夜变化.植物研究,26(3):313-317.

尹常亮,姚檀栋,田立德,等.2008.德令哈大气水汽中$\delta\sim(18)O$的时间变化特征——以2005年7月~2006年2月为例.中国科学:地球科学,38(6):723-731.

余武生,姚檀栋,田立德,等.2005.喜马拉雅山中段高过量氘与西风带水汽输送有关.科学通报,50(7):669-672.

余武生,田立德,马耀明,等.2006.青藏高原降水中稳定同位素研究进展.地球科学进展,(12):1314-1323.

袁国富,张娜,孙晓敏,等.2010.利用原位连续测定水汽$\delta^{18}O$值和Keeling Plot方法区分麦田蒸散组分.植物生态学报,34(2):170-178.

岳广阳,张铜会,赵哈林,等.2006.科尔沁沙地黄柳和小叶锦鸡儿液流及蒸腾特征.生态学报,26(10):3205-3213.

岳广阳,赵哈林,张铜会,等.2007.不同天气条件下小叶锦鸡儿液流及耗水特性.应用生态学报,18(10):2173-2178.

曾文炳,颉红梅,魏宝文,等.1995.用氚水示踪动力学方法对植物水平衡的研究.中国科学:B辑,25(9):929-934.

张立杰,赵文智.2008.黑河流域日降水格局及其时间变化.中国沙漠,28(4):741-747.

张娜,梁一民.2000.干旱气候对白羊草群落土壤水分和地上部生长的初步观察.生态学报,20(6):964-970.

张小由,龚家栋,周茂先,等.2003.应用热脉冲技术对胡杨和柽柳树干液流的研究.冰川冻土,25(5):585-590.

张兴鲁.1986.干旱地区沙丘水汽凝结及其意义.水文地质工程地质,(6):39-42.

张玉翠,蔡颖哲,Parkes S F,等.2011.灌溉农田水汽氢氧同位素组成特征研究初探.中国生态农业学报,19(05):1060-1066.

赵成义,宋郁东,王玉潮,等.2004.几种荒漠植物地上生物量估算的初步研究.应用生态学报,15(1):49-52.

赵文智,刘鹄.2011.干旱、半干旱环境降水脉动对生态系统的影响.应用生态学报,22(1):243-249.

郑新军,李嵩,李彦.2011.准噶尔盆地荒漠植物的叶片水分吸收策略.植物生态学报,35(9):893-905.

郑新倩，郑新军，李彦．2012．准噶尔盆地南缘降水脉冲量级分布及其变化规律．干旱区研究，29（3）：495-502．

郑玉龙，冯玉龙．2006．西双版纳地区附生与非附生植物叶片对雾水的吸收．应用生态学报，17（6）：977-981．

庄丽，陈亚宁．2006．塔里木河下游干旱胁迫条件下柽柳生理代谢的响应．科学通报，51（4）：442-447．

庄艳丽，赵文智．2008．干旱区凝结水研究进展．地球科学进展，23（1）：31-38．

庄艳丽，赵文智．2010．荒漠植物雾冰藜和沙米叶片对凝结水响应的模拟实验．中国沙漠，30（5）：1068-1074．

Allen S J．1990．Measurement and estimation of evaporation from soil under sparse barley cropsin northern Syria．Agricultural and Forest Meteorology，49（4）：291-309．

Allen S J，Grime V L．1995．Measurements of transpiration from savannah shrubs using sap flow gauges．Agricultural and Forest Meteorology，75（1）：23-41．

Allen C D，Breshears D D．1998．Drought-induced shift of a forest-woodland ecotone：rapid landscape response to climate variation．Proceedings of the National Academy of Sciences，95（25）：14839-14842．

Angadi S V，Cutforth H W，Mc Conkey B G．2003．Determination of the water use and water use response of canola to solar radiation and temperature by using heat balance stem flow gauges．Canadian Journal of Plant Science，83（1）：31-38．

Aravena R，Suzuki O，Pollastri A．1989．Coastal fog and its relation to groundwater in the IV region of northern Chile．Chemical Geology：Isotope Geoscience Section，79（1）：83-91．

Austin A T，Yahdjian M L，Stark J M，et al．2004．Water pulses and biogeochemical cycles in arid and semiarid ecosystems．Oecologia，141（2）：221-235．

Baguskas S A，Clemesha R E S，Loik M E．2018．Coastal low cloudiness and fog enhance crop water use efficiency in a California agricultural system．Agricultural and Forest Meteorology，252：109-120．

Baker E A，Hunt G M．1986．Erosion of waxes from leaf surfaces by simulated rain．New Phytologist，102（1）：161-173．

Bariac T，Klamecki A，Jusserand C，et al．1987．Isotopic composition（^{18}O）of water in the continuum soil-plant-atmosphere：An example in a wheat crop experimental site at versailles，France，June 1984．CATENA，14（1-3）：55-72．

Barradas V L，Glez-Medellín M G．1999．Dew and its effect on two heliophile understorey species of a tropical dry deciduous forest in Mexico．International Journal of Biometeorology，43（1）：1-7．

Barthlott W，Neinhuis C．1997．Purity of the sacred lotus，or escape from contamination in biological surfaces．Planta，202（1）：1-8．

Bassiouni M，Scholl M A，Torres-Sanchez A J，et al．2017．A method for quantifying cloud immersion in a tropical mountain forest using time-lapse photography．Agricultural and Forest Meteorology，243：100-112．

Bauerle T L，Richard J H，Smart D R，et al．2008．Importance of internal hydraulic redistribution for prolonging the lifespan of roots in dry soil．Plant，Cell and Environment，31（2）：177-186．

Bauerle W L，Whitlow，Pollock C R，et al．2002．A laser-diode-based system for measuring sap flow by the heat-pulse method．Agricultural and Forest Meteorology，110（4）：275-284．

Beiderwieden E，Wolff V，Hsia Y J，et al．2008．It goes both ways：measurements of simultaneous evapotranspiration and fog droplet deposition at a montane cloud forest．Hydrological Processes，22（21）：4181-4189．

Benyon R G. 1999. Nighttime water use in an irrigated Eucalyptus grandis plantation. Tree Physiology, 19 (13): 853-859.

Benzing D H, Burt K M. 1970. Foliar permeability among twenty species of the Bromeliaceae. Bulletin of the Torrey Botanical Club, 97 (5): 269-279.

Benzing D H, Seemann J, Renfrow A. 1978. Foliar epidermis in Tillandsioideae (Bromeliaceae) and its role in habitat selection. American Journal of Botany, 65: 359-365.

Berbigier P, Bonnefond J M, Loustau D, et al. 1996. Transpiration of a 64-year old maritime pine stand in Portugal. Oecologia, 107 (1): 43-52.

Berman E S F, Levin N E, Landais A, et al. 2013. Measurement of $\delta^{18}O$, $\delta^{17}O$, and ^{17}O-excess in water by off-axis integrated cavity output spectroscopy and isotope ratio mass spectrometry. Analytical Chemistry, 85 (21): 10392-10399.

Berry Z C, Smith W K. 2014. Experimental cloud immersion and foliar water uptake in saplings of *Abies fraseri* and *Picea rubens*. Trees, 28 (1): 115-123.

Bhushan B, Jung Y C. 2006. Micro- and nanoscale characterization of hydrophobic and hydrophilic leaf surfaces. Nanotechnology, 17 (11): 2758.

Boucher J F, Munson A D, Bernier P Y. 1995. Foliar absorption of dew influences shoot water potential and root growth in Pinus strobus seedlings. Tree Physiology, 15 (12): 819-823.

Breazeale E L, McGeorge W T, Breazeale J F. 1950. Moisture absorption by plants from an atmosphere of high humidity. Plant Physiology, 25 (3): 413-419.

Breazeale E L, McGeorge W T, Breazeale J F. 1951. Water absorption and transpiration by leaves. Soil Science, 72 (3): 239-244.

Breshears D D, Cobb N S, Rich P M, et al. 2005. Regional vegetation die-off in response to global-change-type drought. Proceedings of the National Academy of Sciences, 102: 15144-15148.

Breshears D D, McDowell N G, Goddard K L, et al. 2008. Foliar absorption of intercepted rainfall improves woody plant water status most during drought. Ecology, 89 (1): 41-47.

Briggs L J, Shantz H L. 1912. The wilting coefficient for different plants and its indirect determination. United States Department of Agriculture Bureau of Plant Industry Bulletin, 230.

Bruijnzeel L A, Veneklaas E J. 1998. Climatic conditions and tropical montane forest productivity: the fog has not lifted yet. Ecology, 79 (1): 3-9.

Bruijnzeel L A, Waterloo M J, Proctor J, et al. 1993. Hydrological observations in montane rain forests on Gunung Silam, Sabah, Malaysia, with special reference to the Massenerhebung'effect. Journal of Ecology, 81: 145-167.

Brunel J P, Simpson H J, Herczeg A L, et al. 1992. Stable isotope composition of water vapor as an indicator of transpiration fluxes from rice crops. Water Resources Research, 28 (5): 1407-1416.

Bucci S J, Scholz F G, Goldstein G, et al. 2004. Processes preventing nocturnal equilibration between leaf and soil water potential in tropical savanna woody species. Tree Physiology, 24 (10): 1119-1127.

Burgess S S O, Dawson T E. 2004. The contribution of fog to the water relations of *Sequoia sempervirens* (D. Don): foliar uptake and prevention of dehydration. Plant, Cell and Environment, 27 (8): 1023-1034.

Burgess S S O, Adams M A, Turner N C, et al. 1998. The redistribution of soil water by tree root systems. Oecologia, 115: 306-311.

Burkhardt J. 2010. Hygroscopic particles on leaves: nutrients or desiccants. Ecological Monographs, 80 (3): 369-399.

Burkhardt J, Hunsche M. 2013. "Breath figures" on leaf surfaces-formation and effects of microscopic leaf wetness. Frontiers in Plant Science, 4: 422.

Burkhardt J, Kaiser H, Kappen L, et al. 2001. The possible role of aerosols on stomatal conductivity for water vapour. Basic and Applied Ecology, 2 (4): 351-364.

Burkhardt J, Hunsche M, Pariyar S. 2009. Progressive wetting of initially hydrophobic plant surfaces by salts-a prerequisite for hydraulic activation of stomata? // The Proceedings of the International Plant Nutrition Colloquium XVI.

Burkhardt J, Basi S, Pariyar S, et al. 2012. Stomatal penetration by aqueous solutions- an update involving leaf surface particles. New Phytologist, 196 (3): 774-787.

Burton Z, Bhushan B. 2006. Surface characterization and adhesion and friction properties of hydrophobic leaf surfaces. Ultramicroscopy, 106: 709-719.

Canny M J. 1999. Theforgotten component of plant water potential. Plant Biology, 1 (6): 595-597.

Capesius I, Barthlott W. 1975. Isotope labeling and scanning electron-microscope studies of velamen radicum of orchids. Zeitschrift fur Pflanzenphysiologie, 75: 436-448.

Carrasco, Sanchez-Rodriguez J. 2002. Changes in chlorophyll fluorescence during the course of photoperiod and in response to drought in *Casuarina equisetifolia* Forst. & Forst. Photosynthetic, 40: 363-368.

Chamel A, Gambonnet B, Arnaud L. et al. 1991. Foliar absorption of ^{14}C paclobutrazol: Study of cuticular sorption and penetration using isolated cuticles. Plant Physiology and Biochemistry, 29 (5): 395-401.

Clor M A, Crafts A S, Yamaguchi S. 1963. Effects of high humidity on translocation of foliar- applied labeled compounds in plants. Ⅱ. Translocation from starved leaves. Plant Physiology, 38 (5): 501-507.

Conti G, Enrico L, Casanoves F, et al. 2013. Shrub biomass estimation in the semiarid Chaco forest: a contribution to the quantification of an underrated carbon stock. Annals of Forest Science, (5): 515-524.

Corbin J D, Thomsen M A, Dawson T E, et al. 2005. Summer water use by California coastal prairie grasses: fog, drought, and community composition. Oecologia, 145 (4): 511-521.

Craig H, Gordon L I. 1965. Deuterium and oxygen-18 variations in the ocean and the marine atmosphere// Tongiorgi E. Proceedings of a conference on stable isotopes in oceanographic studies and paleotemperatures. Laboratory of Geology and Nuclear Science Pisa, 9-130.

Daum C R. 1967. A method for determining water transport in trees. Ecology, 48 (3): 425-431.

Dawson T E. 1993. Hydraulic lift and water use by plants: implications for water balance, performance and plant-plant interactions. Oecologia, 95: 565-574.

Dawson T E. 1997. Water loss from tree roots influences soil water and nutrient status and plant performance//Flore H E, Lynch J P, Eissenstat D M. Radical biology: advances and perspectives on the function of plant roots. Rockville, MD, USA: American Society of Plant Physiologists: 235-250.

Dawson T E. 1998. Fog in the California redwood forest: Ecosystem inputs and use by plants. Oecologia, 117 (4): 476-485.

Dawson T E, Burgess S S O, Tu K P, et al. 2007. Nighttime transpiration in woody plants from contrasting ecosystems. Tree Physiology, 27 (4): 561-575.

Demming-Adams B, Adams W W. 1992. Photoprotection and other responses of plants to high light stress. Annual Review of Plant Physiology and Plant Molecular Biology, 43: 599-626.

Dodd M B, Lauenroth W K, Welker J M. 1998. Differential water resource use by herbaceous and woody plant life-forms in a shortgrass steppe community. Oecologia, 117 (4): 504-512.

Dolzman P. 1964. Elektronen mikroskopische Untersuchungen an den Sanghaaren von Tillandsia usneoides (Bromeliaceae). I. Einige Beobachtungen zur Feinstruktur der Plasmodesmen. Planta, 60: 461-472.

Dolzman P. 1965. Elektronen mikroskopische Untersuchungen an den Sanghaaren von Tillandsia usneoides (Bromeliaceae). Ⅱ. Einige Beobachtungen zur Feinstruktur der Plasmodesmen. Planta, 64: 76-80.

Domec J C, Scholz F G, Bucci S J, et al. 2006. Diurnal and seasonal variation in root xylem embolism in neotropical savanna woody species: impact on stomatal control of plant water status. Plant, Cell and Environment, 29 (1): 26-35.

Domec J C, Warren J M, Meinzer F C. 2004. Native root xylem embolism and stomatal closure in stands of Douglas-fir and ponderosa pine: mitigation by hydraulic redistribution. Oecologia, 141 (1): 7-16.

Dongmann G, Nürnberg H, Förstel H et al. 1974. On the enrichment of $H_2^{18}O$ in the leaves of transpiring plants. Radiation and Environmental Biophysics, 11 (1): 41-52.

Dougherty R L, Lauenroth W K, Singh J S. 1996. Response of a grassland cactus to frequency and size of rainfall events in a North American shortgrass steppe. Journal of Ecology, 177-183.

Drable R E. 1907. The relation between the osmotic strength of cell-sap in plants and their physical environment. Biochemical Journal, 2: 117-132.

Duvdevani S. 1964. Dew in Israel and its effect on plants. Soil Science, 98 (1): 14-21.

Ebner M, Miranda T, Roth-Nebelsick A. 2011. Efficient fog harvesting by Stipagrostis sabulicola (Namib Desert bushman grass). Journal of Arid Environments, (6): 524-531.

Ehleringer J R, Schwinning S, Gebauer R. 1999. Water-use in arid land ecosystems//Press M C. Advances in Plant Physiological Ecology. Oxford: Blackwell Science: 347-365.

Ehleringer J R, Roden J, Dawson T E, 2000. Assessing ecosystem-level water relations through stable isotope ratio analyses//Sala O E, Jackson R B, Mooney H A, et al. Methods in Ecosystem Science. New York: Springer: 181-198.

Eichert T, Burkhardt J. 2001. Quantification of stomatal uptake of ionic solutes using a new model system. Journal of Experimental Botany, 52 (357): 771-781.

Eichert T, Goldbach H E. 2008. Equivalent pore radii of hydrophilic foliar uptake routes in stomatous and astomatous leaf surfaces e further evidence for a stomatal pathway. Physiologia Plantarum, 132: 491-502.

Eichert T, Goldbach H E, Burkhardt J. 1998. Evidence for the uptake of large anions through stomatal pores. Botanica Acta, 111: 461-466.

Eller C B, Lima A L, Oliveira R S. 2013. Foliar uptake of fog water and transport belowground alleviates drought effects in the cloud forest tree species, *Drimys brasiliensis* (Winteraceae). New Phytologist, 199 (1): 151-162.

Eller C B, Lima A L, Oliveira R S. 2016. Cloud forest trees with higher foliar water uptake capacity and anisohydric behavior are more vulnerable to drought and climate change. New Phytologist, 211 (2): 489-501.

Ellsworth P Z, Williams D G. 2007. Hydrogen isotope fractionation during water uptake by woody xerophytes. Plant and Soil, 291: 93-107.

Emery N C. 2016. Foliar uptake of fog in coastal California shrub species. Oecologia, 182 (3): 1-12.

Fabeiro C, de santa Olalla F M, de Juan J A. 2001. Yield and size of deficit irrigated potatoes. Agricultural Water Management, 48 (3): 255-266.

Fisher J B, Baldocchi D D, Misson L, et al. 2007. What the towers don't see at night: nocturnal sap flow in trees and shrubs at two AmeriFlux sites in California. Tree Physiology, 27 (4): 597-610.

Fogg G E. 1947. Quantitative Studies on the Wetting of Leaves by Water. Proc R Soc Med, 134 (877): 503-522.

Franke W. 1967. Mechanisms of foliar penetration of solutions. Annual Review of Plant Physiology, 18 (1): 281-300.

Franke W, Bonn W. 1986. The basis of foliar absorption of fertilizers with special regard to//foliar fertilization: proceddings of the first international symposium on foliar fertilization. Springer Netherlands, 22: 17-25.

Fredrik L, Anders L. 2002. Transpiration response to soil moisture in pine and spruce trees in Sweden. Agricultural and Forest Meteorology, 112: 67-85.

Fu P L, Liu W J, Fan Z X, et al. 2015. Is fog an important water source for woody plants in an Asian tropical karst forest during the dry season? Ecohydrology, 9 (6): 964-972.

Gat J R, Klein B, Kushnir Y, et al. 2003. Isotope composition of air moisture over the Mediterranean Sea: an index of the air-sea interaction pattern. Tellus Series B-Chemical and Physical Meteorology, 55 (5): 953-965.

Genty B, Briantais J M, Baker N R. 1989. The relationship between the quantum yield of photosynthetic electron transport and quenching of chlorophyll fluorescence. Biochimica et Biophysica Acta (BBA) -General Subjects, 990: 87-92.

Gerleinsafdi C, Gauthier P, Caylor K K. 2018. Dew-induced transpiration suppression impacts the water and isotope balances of Colocasia leaves. Oecologia, 187: 1041-1051.

Goldsmith G R, Matzke N J, Dawson T E. 2013. The incidence and implications of clouds for cloud forest plant water relations. Ecology Letters, 16 (3): 307-314.

Gotsch S G, Asbjornsen H, Holwerda F, et al. 2014. Foggy days and dry nights determine crown - level water balance in a seasonal tropical montane cloud forest. Plant, Cell and Environment, 37 (1): 261-272.

Gouvra E, Grammatikopoulos G. 2003. Beneficial effects of direct foliar water uptake on shoot water potential of five chasmophytes. Botany, 81 (12): 1278-1284.

Grammatikopoulos G, Manetas Y. 1994. Direct absorption of water by hairy leaves of *Phlomis fruticosa* and its contribution to drought avoidance. Revue Canadienne De Botanique, 72 (12): 1805-1811.

Grantz D A. 1990. Plant response to atmospheric humidity. Plant, Cell and Environment, 13 (7): 667-679.

Gutierrez M V, Harrington R A, Meinzer F C, et al. 1994. The effect of environmentally induced stem temperature gradients on transpiration estimates from the heat balance method in two tropical woody species. Tree Physiology, 14 (2): 179-190.

Gutterman Y, Shem-Tov S. 1997. Mucilaginous seed coat structure of Carrichtera annua and Anastatica hierochuntica from the Negev Desert highlands of Israel, and its adhesion to the soil crust. Journal of Arid Environments, 35 (4): 695-705.

Haberlandt G. 1914. Physiology plant anatomy. Macmillan Lond, 75 (86): 218-274.

Haines F M. 1952. The absorption of water by leaves in an atmosphere of high humidity. Journal of Experimental Botany, 3 (1): 95-98.

Haines F M. 1953. The absorption of water by leaves in fogged air. Journal of Experimental Botany, 4 (1): 106-107.

Ham J M, Heilman J L, Lascano R J. 1990. Determination of soil water evaporation and transpiration from energy balance and stem flow measurements. Agricultural and Forest Meteorology, 52 (3-4): 287-301.

Harwood K G. 1998. Diurnal variation of Delta (CO_2) -C-13, Delta (COO) -O-18-O-16 and evaporative site enrichment of delta (H_2O) -O-18 in Piper aduncum under field conditions in Trinidad. Plant Cell and Environment, 21: 269-283.

Helfter C, Shephard D J, Martínez-Vilalta J, et al. 2007. A noninvasive optical system for the measurement of xylem and phloem sap flow in woody plants of small stem size. Tree Physiology, 27 (2): 169-179.

Helliker B R. 2002. A rapid and precise method for sampling and determining the oxygen isotope ratio of atmospheric water vapor. Rapid Communications in Mass Spectrometry, 16: 929-932.

Helliker B R. 2011. On the controls of leaf-water $\delta^{18}O$ in the atmospheric CAM epiphyte Tillandsia usneoides. Plant Physionlogy, 155: 2096-2107.

Higuchi H, Sakuratani T. 2006. Water dynamics in mango (Mangifera indica L.) fruit during the young and mature fruit seasons as measured by the stem heat balance method. Journal Japanese Society for Horticultural Science, 75 (1): 11-19.

Horna V, Schuldt B, Brix S, et al. 2011. Environment and tree size controlling stem sap flux in a perhumid tropical forest of Central Sulawesi, Indonesia. Annals of Forest Science, 68 (5): 1027-1038.

Huber B. 1932. Beobachtung und Messung pflanzichen Sartströme. Berichte der Deutschen Botanischen Gesellschaft, 50: 89-109.

Hultine K R, Scott R L, Cable W L, et al. 2004. Hydraulic redistribution by a dominant, warm-desert phreatophyte: Seasonal patterns and response to precipitation pulses. Functional Ecology, 18 (4): 530-538.

Huxman T E, Snyder K A, Tissue D, et al. 2004. Precipitation pulses and carbon fluxes in semiarid and arid ecosystems. Oecologia, 141 (2): 254-268.

Ingraham N L, Matthews R A. 1995. The importance of fog-drip water to vegetation: Point Reyes Peninsula, California. Journal of Hydrology, 164 (1-4): 269-285.

Ingraham N L, Mark A F. 2000. Isotopic assessment of the hydrologic importance of fog deposition on tall snow tussock grass on southern New Zealand uplands. Austral Ecology, 25 (4): 402-408.

Irizarry R A, Warren D, Spencer F, et al. 2005. Multiple-laboratory comparison of microarray platforms. Nature Methods, 2 (5): 345-350.

Ishida T, Campbell G S, Calissendorff C. 1991. Improved heat balance method for determining sap flow rate. Agricultural and Forest Meteorology, 56 (1): 35-48.

Jacobs A F, Heusinkveld B G, Berkowicz S M. 2000. Dew measurements along a longitudinal sand dune transect, Negev Desert, Israel. International Journal of Biometeorology, 43 (4): 184-190.

Jankju-Borzelabad M, Griffiths H. 2006. Competition for pulsed resources: an experimental study of establishment and coexistence for an arid-land grass. Oecologia, 148 (4): 555-563.

Jenkins J P, Richardson A D, Braswell B H, et al. 2007. Refining light-use efficiency calculations for a deciduous forest canopy using simultaneous tower-based carbon flux and radiometric measurements. Agricultural and Forest Meteorology, 143 (15): 64-79.

Jensen R D, Taylor S A, Wiebe H H. 1961. Negative transport and resistance to water flow through plants. Plant Physiology, 36: 633-638.

Jiang G M, Wang B S, Kuang T Y. 2003. PhotosystemII and photosynthetic pigment composition in salt-adapted halophyte Artimisia anethifolia grown under outdoor conditions. Journal of Plant Physiology, 160 (4): 403-408.

Katz C, Oren R, Schulze E D, et al. 1989. Uptake of water and solutes through twigs of *Picea abies* (L.) Karst. Trees, 3 (1): 33-37.

Keller M, Smith J P, Bondada B R. 2006. Ripening grape berries remain hydraulically connected to the shoot. Journal of Experimental Botany, 57 (11): 2577-2587.

Kerstiens G. 1996. Cuticular water permeability and its physiological significance. Journal of Experimental Botany, 47 (305): 1813-1832.

Kidron G J, Yair A, Danin A. 2000. Dew variability within a small arid drainage basin in the Negev Highlands, Israel. Quarterly Journal of the Royal Meteorological Society, 126 (562): 63-80.

Kjelgaard J F, Stockle C O, Black R A, et al. 1997. Measuring sap flow with the heat balance approach using constant and variable heat inputs. Agricultural and Forest Meteorology, 85 (3): 239-250.

Knapp A K, Fay P A, Blair J M, et al. 2002. Rainfall variability, carbon cycling, and plant species diversity in a mesic grassland. Science, 298 (5601): 2202-2205.

Koch K, Blecher I C, Kcenig G, et al. 2009. The superhydrophilic and superoleophilic leaf surface of Ruellia devosiana (Acanthaceae): a biological model for spreading of water and oil on surfaces. Functional Plant Biology, 36 (4): 339-350.

Lauenroth W K, Bradford J B. 2009. Ecohydrology of dry regions of the United States: precipitation pulses and intraseasonal drought. Ecohydrology, 2 (2): 173-181.

Lawlor D W, Cornic G. 2002. Photosynthetic carbon assimilation and associated metabolism in relation to water deficits in higher plants. Plant, Cell and Environment, 25: 275-294.

Le Houérou H N. 1984. Rain use efficiency: a unifying concept in arid land ecology. Journal of Arid Environments, 7 (3): 213-247.

Le Houérou H N, Bingham R L, Skerbek W. 1988. Relationship between the variability of primary production and the variability of annual precipitation in world arid lands. Journal of arid Environments, 15 (1): 1-18.

Lee X, Sargent S, Smith R, et al. 2005. In Situ Measurement of the Water Vapor ~ (18) O / ~ (16) O Isotope Ratio for Atmospheric and Ecological Applications. Journal of Atmospheric and Oceanic Technology, 22 (5): 555-565.

Letts M G, Mulligan M. 2005. The impact of light quality and leaf wetness on photosynthesis in north-west Andean tropical montane cloud forest. Journal of Tropical Ecology, 21 (5): 549-557.

Li S, Xiao H L, Zhao L, et al. 2014. Foliar water uptake of Tamarix ramosissima from an atmosphere of high humidity. The Scientific World Journal, 2014: 529308.

Limm E B, Dawson T E. 2010. *Polystichum munitum* (*Dryopteridaceae*) varies geographically in its capacity to absorb fog water by foliar uptake within the redwood forest ecosystem. American Journal of Botany, 97 (7): 1121-1128.

Limm E B, Simonin K A, Bothman A G, et al. 2009. Foliar water uptake: a common water acquisition strategy for plants of the redwood forest. Oecologia, 161 (3): 449-459.

Liu Z Q, Gaskin R E. 2004. Visualisation of the uptake of two model xenobiotics into bean leaves by confocal laser scanning microscopy: diffusion pathways and implication in phloem translocation. Pest Management Science, 60 (5): 434-439.

Loik M E, Brashears D D, Lauenroth W K, et al. 2004. A multi-scale perspective of water pulses in dryland ecosystems: climatology and ecohydrology of the western USA. Oecologia, 141 (2): 269-281.

Lu P, Urban L, Zhao P. 2004. Granier's thermal dissipation probe (TDP) method for measuring sap flow in trees: theory and practice. Acta Botanica Sinica, 46 (6): 631-646.

Marshall D C. 1958. Measurement of sap flow in conifers by heat transport. Plant Physiology, 33 (6): 385-396.

Martin C E, von Willert D J. 2000. Leaf epidermal hydathodes and the ecophysiological consequences of foliar water uptake in species of *Crassula* from the Namib Desert in Southern Africa. Plant Biology, 2 (2): 229-242.

Martin J T, Juniper B E. 1970. The cuticles of plants. London: Edward Arnold.

Martorell C, Ezcurra E. 2002. Rosette scrub occurrence and fog availability in arid mountains of Mexico. Journal of Vegetation Science, 13 (5): 651-662.

Mauer L J, Taylor L S. 2010. Water-solids interactions: deliquescence. Annual Review of Science and Technology, 1: 41-63.

Maxwell. 2000. Chlorophyll fluorescence a practical guide. Journal of Experimental Botany, 51 (345): 659-668.

Meidner H. 1954. Measurements of water intake from the atmosphere by leaves. New Physiologist, 53: 423-426.

Metzner R, Thorpe M R, Breuer U, et al. 2010. Contrasting dynamics of water and mineral nutrients in stems shown by stable isotope tracers and cryo-SIMS. Plant, Cell and Environment, 33 (8): 1393-1407.

Milburn J A. 1979. Water Flow in Plants. London: Longman.

Monteith J L. 1963. Dew: facts and fallacies//Rutter A V, Whitehead F H. The water relations of plants. London: Blackwell.

Monteith J L. 1995. A reinterpretation of stomatal responses to humidity. Plant, Cell and Environment, 18 (4): 357-364.

Mooney H A, Gulmon S L, Ehleringer J, et al. 1980. Atmospheric water uptake by an Atacama desert shrub. Science, 209: 693-694.

Moore G W, Cleverly J R, Owens M K. 2008. Nocturnal transpiration in riparian Tamarix thickets authenticated by sap flux, eddy covariance and leaf gas exchange measurements. Tree Physiology, 28 (4): 521-528.

Moreira M, Sternberg L, Martinelli L et al. 1997. Contribution of transpiration to forest ambient vapour based on isotopic measurements. Global Change Biology, 3: 439-450.

Munné-Bosch S. 2010. Direct foliar absorption of rainfall water and its biological significance in dryland ecosystems. Journal of Arid Environments, 74 (3): 417-418.

Munné-Bosch S, Nogués S, Alegre L. 1999. Diurnal variations of photosynthesis and dew absorption by leaves in two evergreen shrubs growing in Mediterranean field conditions. New Phytologist, 144 (1): 109-119.

Nakai T, Abe H, Muramoto T, et al. 2005. The relationship between sap flow rate and diurnal change of tangential strain on inner bark in Cryptomeria japonica saplings. Journal of Wood Science, 51 (5): 441-447.

Neilson R P. 1995. A model for predicting continental-scale vegetation distribution and water balance. Ecological Application, 5 (2): 362-385.

Nelson S T. 2000. A simple, practical methodology for routine VS-MOW/SLAP normalization of water samples analyzed by continuous flow methods. Rapid Commun. Mass Spectrom, 14: 1044-1046.

Nobel P S. 1976. Water relations and photosynthesis of a desert CAM plant, Agave deserti. Plant Physiology, 58 (4): 576-582.

Noy-Meir I. 1985. Desert ecosystems structure and function//Evenari M, Noy-Meir I, Goodall D W. Ecosystems of the World Amsterdam: Elsevier: 92-103.

Oliveira R S, Dawson T E, Burgess S S O. 2005. Evidence for direct water absorption by the shoot of the desiccation-tolerant plant Vellozia flavicans in the savannas of central Brazil. Journal of Tropical Ecology, 21: 585-588.

Otten A, Herminghaus S. 2004. How plants keep dry: a physicist's point of view. Langmuir, 20 (6): 2405-2408.

O-atibia G R, Aguiar M R, Cipriotti P A, et al. 2010. Individual plant and population biomass of dominant shrubs in Patagonian grazed fields. Ecologia Austral, 20: 269-279.

Pang J, Wang Y, Lambers H, et al. 2013. Commensalism in an agroecosystem: hydraulic redistribution by deep-rooted legumes improves survival of a droughted shallow rooted legume companion. Physiologia Plantarum, 149 (1): 79-90.

Pataki D E, Oren R, Smith W K. 2000. Sap flux of co-occurring species in a western subalpine forest during seasonal soil drought. Ecology, 81 (9): 2557-2566.

Patrick L. 2008. Effects of altered precipitation regimes on North American desert plant physiology. Texas: Texas Tech University.

Phillips D L, Gregg J W. 2003. Source partitioning using stable isotopes: coping with too many source. Oecologia, 136: 261-269.

Pilinis C, Seinfeld J H, Grosjean D. 1989. Water content of atmospheric aerosols. Atmospheric Environment, 23: 1601-1606.

Qu Y, Kang S, Li F, et al. 2007. Xylem sap flows of irrigated Tamarix elongate Ledeb and the influence of environmental factors in the desert region of Northwest China. Hydrological Processes, 21 (10): 1363-1369.

Querejeta J I, Egerton-Warburton L M, Allen M F. 2007. Hydraulic lift may buffer rhizosphere hyphae against the negative effects of severe soil drying in a California oak savanna. Soil Biology and Biochemistry, 39 (2): 409-417.

Rasmusson E M. 1968. Atmospheric water vapor transport and the water balance of North America: Part 1. Characteristics of the water vapor flux field. Monthly Weather Review, 95 (96): 403.

Reynolds J F, Kemp P R, Ogle K, et al. 2004. Modifying the "pulse-reserve" paradigm for deserts of North America: precipitation pulses, soil water, and plant responses. Oecologia, 141 (2): 194-210.

Richards K. 2004. Observation and simulation of dew in rural and urban environments. Progress in Physical Geography, 28 (1): 76-94.

Rittenhouse L R, Sneva F A. 1977. A technique for estimating big sagebrush production. Journal of Range Management, 30 (1): 68-70.

Ritter A, Regalado C M, Aschan G. 2009. Fog reduces transpiration in tree species of the Canarian relict heath-laurel cloud forest (Garajonay National Park, Spain). Tree Physiology, 29 (4): 517-528.

Rundel P W. 1982. Water uptake by organs other than roots//Physiological plant ecology II". Berlin, Germany: Springer: 111-134.

Rundel P W, Ehleringer J, Mooney H A, et al. 1980. Patterns of drought response in leaf-succulent shrubs of the coastal Atacama Desert in Northern Chile. Oecologia, 46 (2): 196-200.

Sakuratani T, Aoe T, Higuchi H. 1999. Reverse flow in roots of Sesbania rostrata measured using the constant power heat balance method. Plant, Cell and Environment, 22 (9): 1153-1160.

Sala O E, Lauenroth W K. 1982. Small rainfall events: an ecological role in semiarid regions. Oecologia, 53 (3): 301-304.

Sala O E, Lauenroth W K. 1985. Root profiles and the ecological effect of light rainshowers in arid and semiarid regions. American Midland Naturalist, 114: 406-408.

Sano Y, Okamura Y, Utsumi Y. 2005. Visualizing water-conduction pathways of living trees: selection of dyes and tissue preparation methods. Tree Physiology, 25 (3): 269-275.

Schill R, Barthlott W. 1973. Kakteendornen als wasserabsorbierende Organe. Naturwissenschaften, 60: 202-203.

Schwinning S, Sala O. 2004. Hierarchy of responses to resource pulses in arid and semi-arid ecosystems. Oecologia, 141 (2): 211-220.

Schwinning S, Davis K, Richardson L, et al. 2002. Deuterium enriched irrigation indicates different forms of rain use in shrub/grass species of the Colorado Plateau. Oecologia, 130 (3): 345-355.

Schwinning S, Starr B I, Ehleringer J R. 2003. Dominant cold desert plants do not partition warm season precipitation by event size. Oecologia, 136 (2): 252-260.

Schönherr J. 2000. Calcium chloride penetrates plant cuticles via aqueous pores. Planta, 212 (1): 112-118.

Schönherr J. 2006. Characterization of aqueous pores in plant cuticles and permeation of ionic solutes. Journal of Experimental Botany, 57 (11): 2471-2491.

Senock R S, Ham J M. 1995. Measurements of water use by prairie grasses with heat balance sap flow gauges. Journal of Range Management, 48 (2): 150-158.

Senock R S, Leuschner C. 1999. Axial water flux dynamics in small diameter roots of a fast growing tropical tree. Plant and Soil, 208 (1): 57-71.

Shackel K A, Johnson R S, Medawar C K, et al. 1992. Substantial errors in estimates of sap flow using the heat balance technique on woody stems under field conditions. Journal of the American Society for Horticultural Science, 117 (2): 351-356.

Shepherd T, Griffiths D W. 2006. The effects of stress on plant cuticular waxes. New Phytologist, 171 (3): 469-499.

Snyder K A, Richards J H, Donovan L A. 2003. Night-time conductance in C_3 and C_4 species: do plants lose water at night? Journal of Experimental Botany, 54 (383): 861-865.

Steinberg S, van Bavel C H M, McFarland M J. 1989. A gauge to measure mass flow rate of sap in stems and trunks of woody plants. Journal of the American Society for Horticultural Science, 114 (3): 466-472.

Stone E C. 1957a. Dew as an Ecological Factor: I. A Review of the Literature. Ecology, 38: 407-413.

Stone E C. 1957b. Dew as an ecological factor II: The effect of artificial dew on the survival of *Pinus ponderosa* and associated species. Ecology, 38 (3): 414-422.

Stone E C. 1963. The ecological importance of dew. The Quarterly Review of Biology, 38: 328-341.

Stone E C, Went F W, Young C L. 1950. Water absorption from the atmosphere by plants growing in dry soil. Science, 111 (2890): 546-548.

Sveshnikova V M. 1972. Absorption of water vapor by the aboveground parts of the Karakum sesert plants. (in Russian). BOT ZH, 57: 880-888.

Tian Y, Su D, Li F, et al. 2003. Effect of rainwater harvesting with ridge and furrow on yield of potato in semiarid areas. Field Crops Research, 84 (3): 385-391.

Vaadia Y, Waisel Y. 1963. Water absorption by the aerial organs of plants. Physiologia Plantarum, 16 (1): 44-51.

Varney G T, Canny M J. 1993. Rates of water uptake into the mature root system of maize plants. New Phytologist, 123 (4): 775-786.

Varney G T, Mc Cully M E, Canny M J. 1993. Sites of entry of water into the symplast of maize roots. New Phytologist, 125 (4): 733-741.

Vieweg G H, Ziegler H. 1960. Thermoelektrische Registrierung der Geschwindigkeit des Transpirationsstromes. Berichteder Deutschen Botanischen Gesellschaft, 73: 221-226.

Wang A, Jin C, Diao Y, et al. 2005. Estimation of water vapor source/sink distribution and evapotranspiration over broadleaved Koreanpine forest in Changbai Mountain using inverse Lagrangian dispersion analysis. Journal of Geophysical Research Atmospheres, 110: D08102.

Wang R Z, Yuan Y Q. 2001. Photosynthesis, transpiration, and water use efficiency of two puccinellia species on the Songnen Grassland, Northeastern China. Photosynthetica, 39 (2): 283-287.

Wang X H, Xiao H L, Cheng Y B, et al. 2016. Leaf epidermal water-absorbing scales and theirabsorption of unsaturated atmospheric water in Reaumuria soongorica, a desert plant from the northwest arid region of China. Journal of Arid Environments, 128: 17-29.

Weibel F P, de Vos J A. 1994. Transpiration measurements on apple trees with an improved stem heat balance method. Plant and Soil, 166 (2): 203-219.

Weibel F P, Boersma K. 1995. An improved stem heat balance method using analog heat control. Agricultural and Forest Meteorology, 75 (1): 191-208.

Went F W. 1975. Water vapor absorption in Prosopis//Vernberg F J. Physiological Adaptation to the Environment. New York: Intext Educational Publishers: 67-75.

Wetzel K. 1924. Die Wasseraufnahme der hheren Pflanzen gem igter Klimate durch oberirdische Organe. Flora, 117: 221-269.

White J W C, Cook E R, Lawrence J R, et al. 1985. The D/H ratios of sap in trees: Implications of water resources and tree ring D/H ratios. Geochimica Et Cosmochimica Acta, 49 (1): 237-246.

White J, Gedzelman S. 1984. The isotopic composition of atmospheric water vapour and the concurrent meteorological conditions. Journal of Geophysical Research, 89 (D3): 4937-4939.

Wood J B. 1925. The selective absorption of chlorine ions and the absorption of water by the leaves in the genus Atriplex. Immunology and Cell Biology, 2 (1): 45-56.

Xu H, Li Y. 2006. Water-use strategy of three central Asian desert shrubs and their responses to rain pulse events. Plant and Soil, 285 (1-2): 5-17.

Yates D J, Hutley L B. 1995. Foliar Uptake of Water by Wet Leaves of Sloanea woollsii, an Australian Subtropical Rainforest Tree. Australian Journal of Botany, 43 (2): 157-167.

Yoshimitsu Z, Nakajima A, Watanabe T, et al. 2002. Effects of Surface Structure on the Hydrophobicity and Sliding Behavior of Water Droplets. Langmuir, 18 (15): 5818-5822.

Yue G, Zhao H, Zhang T, et al. 2008. Evaluation of water use of Caragana microphylla with the stem heat-balance method in Horqin Sandy Land, Inner Mongolia, China. Agricultural and Forest Meteorology, 148 (11): 1668-1678.

Zhang J, Kirkham M B. 1995. Sap flow in a dicotyledon (sunflower) and a monocotyledon (sorghum) by the heat-balance method. Agronomy Journal, 87 (6): 1106-1114.

Zhao L J, Wang F, Zhang K, et al. 2008. Deliquescence and efflorescence processes of aerosol particles studied by in situ FTIR and Raman spectroscopy. Chinese Journal of Chemical Physics, 21 (1): 1-11.

Zhao W, Liu B. 2010. The response of sap flow in shrubs to rainfall pulses in the desert region of China. Agricultural and Forest Meteorology, 150 (9): 1297-1306.

Zimmermann U, Schneider H, Lars H W, et al. 2004. Water ascent in tall trees: does evolution of land plants rely on a highly metastable state? New Phytologist, 162 (3): 575-615.

Zimmermann D, Westhoff M, Zimmermann G, et al. 2007. Foliar water supply of tall trees: evidence for mucilage-facilitated moisture uptake from the atmosphere and the impact on pressure bomb measurements. Protoplasma, 232 (1-2): 11-34.

索 引

B

霸王	16，115，134，169
白刺	16，73，114，133，172
边界条件	8，59，208

C

超纯水	42，71，95，124，161
柽柳	121，137，165，197
尺度转换	145，209

D

大气水汽	1，2
大气水汽监测	2，41
大气水汽同位素	3，66，161
大气水汽吸收现象	59

F

非饱和大气水汽	90，95，189
分子生物学响应机制	165，190
负蒸腾	1，5，121

G

估算模型	58，146，209

H

耗水特性	100，137
红砂	16，74，113，132
环境因子	16，113，117
荒漠植物	1，16，59，100，121，165，197

J

降水事件	4，150

茎干温度	44，119
茎干液流	8，59，121，150
茎干液流与气象因子的关系	100，108

L

利用机制	4，165，208

N

逆向传输	1，9，57
逆向液流	41，99，161

Q

气体交换参数	54，103，197
氢氧稳定同位素	8，46，126

S

生化参数	204
生理生态响应	1，41，58
生态环境	16，24，100
示踪水源	48，84，124
水汽传输过程	121，123
水汽利用量	5，125，161
水汽浓度	68，72，75，82，132
水汽吸收现象	59，66，84
梭梭	16，46，117，135，165

T

同位素示踪	8，46，85，123
土壤-植物-大气连续体（SPAC）	1，52

W

微降水	12，152
微形态特征	165

Y

叶表吸水部位	95
叶绿素荧光参数	41，58，197，202
叶片吸水	59，159，161
叶片吸水现象	7，60，154，198
荧光示踪	51，90，165
荧光显微镜	8，90，165，175

Z

重氧水	42，87，161